西南河流源区能量收支关键参量的估算与数据集制备

周　纪　马燕飞　丁利荣　等　著

科学出版社
北　京

内 容 简 介

本书以青藏高原尤其是西南河流源区为研究对象，着重论述地表能量收支关键参量研究的新方法及生成的新型科学数据集。全书内容包括：全天候地表温度的反演与生成，近地表气温降尺度，地表长波辐射估算，地表短波辐射产品验证，基于优化 SEBS 模型的地表蒸散发估算和基于数据同化的地表蒸散发时间扩展以及地表蒸散发的时空特征。其中，全天候地表温度的遥感反演与生成和地表蒸散发估算模型与同化是西南河流源区地表能量收支研究的重要方向，也是本书的重点内容和特色。本书对于青藏高原水文气象监测、遥感反演与应用有一定参考价值。

本书可供从事遥感科学、地理学、气象学等学科的科研工作者参考，也可供地理学、遥感、地理信息等专业的高校师生特别是研究生参考。

审图号：GS(2021)5609 号

图书在版编目(CIP)数据

西南河流源区能量收支关键参量的估算与数据集制备 / 周纪等著. —北京：科学出版社，2022.2
ISBN 978-7-03-069752-3

Ⅰ. ①西… Ⅱ. ①周… Ⅲ. ①河流-能量估算-参量-研究-西南地区 Ⅳ. ①P941.77

中国版本图书馆 CIP 数据核字（2021）第 186566 号

责任编辑：李小锐 / 责任校对：彭 映
责任印制：罗 科 / 封面设计：墨创文化

科 学 出 版 社 出版
北京东黄城根北街16 号
邮政编码：100717
http://www.sciencep.com

成都锦瑞印刷有限责任公司印刷
科学出版社发行 各地新华书店经销
*
2022 年 2 月第 一 版 开本：B5（720×1000）
2022 年 2 月第一次印刷 印张：11 1/4
字数：269 000

定价：128.00 元
（如有印装质量问题，我社负责调换）

《西南河流源区能量收支关键参量的估算与数据集制备》著者名单

周　纪　　马燕飞　　丁利荣

张晓东　　徐同仁　　刘绍民

温　馨　　张　旭　　雷添杰

龙智勇　　马　晋　　和鑫磊

前　言

位于青藏高原东部、东南部和南部的西南河流源区，是我国西南诸河的发源地，孕育了长江、黄河以及雅鲁藏布江、澜沧江和怒江等大型河流。因此，西南河流源区径流资源直接关乎我国的能源安全和经济发展。同时，该地区地表类型多样、冰川发育丰富、地形起伏大、生态脆弱，是区域与全球气候变化的敏感地区。在气候变化和人类活动的双重影响下，西南河流源区地表能量收支变化过程剧烈，并正在面临冰川消融、冻土和草地退化以及沙漠化等威胁，这些现象的后续效应必将进一步改变该地区的地表能量收支格局，进而对降水、径流以及其他地表水热过程产生显著影响。此外，由于西南河流源区地理位置和国际河流的特殊性，其地表能量收支还间接影响国家战略规划。

西南河流源区长期以来是地面观测数据的稀缺之地。虽然卫星遥感为大范围、快速和重复观测获取西南河流源区的地表能量收支参量提供了有效手段，然而，该地区长期复杂多变的天气特征严重降低了光学遥感的实用性；特殊下垫面和起伏地形则使得一些能量收支参数估算模型的适用性受限，一些大气驱动数据或已有遥感产品尚不足以满足需求。因此，必须针对西南河流源区发展相应的模型方法，制备专门的参量数据集，才能更有效地支撑西南河流源区的相关研究和应用需求。

鉴于此，2016 年国家自然科学基金委员会“西南河流源区径流变化和适应性利用”重大研究计划立项开展“基于多源遥感协同与时空融合的西南河流源区地表蒸散发估算研究”，该研究由电子科技大学牵头、北京师范大学和邯郸学院参与，项目历时 3 年。项目组围绕西南河流源区全天候地表温度，近地表气温，长波与短波辐射，地表蒸散发的估算、验证、分析与部分参量数据集制备开展了集中攻关。此后，项目组在国家重点研发计划项目“复杂山区泥石流灾害监测预警与技术装备研发”和国家自然科学基金项目“多源遥感协同下的全天候地表温度反演方法”的支持下，继续围绕青藏高原的地表能量收支遥感建模与估算等问题开展了进一步的深入与优化研究。中国水利水电科学研究院和国防科技大学也参与了相关工作。本书的主体内容正是来源于上述项目的研究成果。

本书由周纪和刘绍民拟定大纲。全书共 8 章，各章具体写作分工为：第 1 章由周纪、刘绍民和丁利荣撰写；第 2 章由张晓东、周纪和马晋撰写；第 3～5 章由丁利荣、周纪、张旭和龙智勇撰写；第 6 章由马燕飞和刘绍民撰写；第 7 章由徐同仁、刘绍民和和鑫磊撰写；第8章由温馨、丁利荣、马燕飞和雷添杰撰写。全书由周纪、丁利荣、刘绍民和张旭负责统稿、校稿。周子杰、孟令宣和王伟等参与了本书的整理和编辑工作。

在本书的研究工作过程中，国家自然科学基金委员会“西南河流源区径流变化和适应性利用”重大研究计划专家组，中国科学院・水利部成都山地灾害与环境研究所胡凯衡研究员，美国马里兰大学梁顺林教授、汪冬冬教授，清华大学龙笛研究员、阳坤教授，北京师范大学李京教授、陈云浩教授，南京大学占文凤教授，成都信息工程大学文军教授，四川大学张文江教授，德国卡尔斯鲁厄理工学院 Frank-Michael Göttsche 博士等给予了大力支持和帮助，在此一并表示感谢。

本书的出版得到了国家自然科学基金项目（91647104、41871241 和 41701426）、国家重点研发计划课题（2018YFC1505205）、电子科技大学中央高校基本科研业务费项目（ZYGX2019J069）和中欧“龙计划”五期项目（59318）的资助。

本书的主体内容来源于上述项目的研究成果和参与项目的研究生的学位论文，部分成果已作为学术论文在国内外期刊上发表。在研究工作和成文的过程中，我们参考了大量专著和学术论文，在此对相关同行致以诚挚的谢意！虽然我们试图在参考文献中列出全部文献并在正文中标注，然而挂一漏万，望相关同行予以谅解。本书的研究工作是我们这一支年轻的队伍围绕青藏高原特别是西南河流源区开展的尝试与探索，由于水平所限，疏漏之处在所难免，恳请各位读者批评指正！

作　者

2022年1月

目　录

第1章 绪 论

1.1 青藏高原与西南河流源区

1.1.1 地理区位

青藏高原西起帕米尔高原，东到横断山，北界为昆仑山、阿尔金山和祁连山，南抵喜马拉雅山；其东西长约 2800 km，南北宽约 300～1500 km，总面积约 250 万 km^2(张镱锂等，2002；贾文毓和李引，2005)。作为世界上海拔最高的高原，青藏高原具有除南极和北极外世界上最大的冰川。因此，它是亚洲诸多河流的发源地，是数十亿人的基本水源，被誉为“亚洲水塔”。青藏高原山地占比很大，这些山地区域地形陡峭、地势多变。该区海拔可低至 60 m，高至 8000 m 以上，其平均高程超过 4000 m，与同纬度地区相比要高很多，最高峰珠穆朗玛峰高程达到 8848.86 m。青藏高原东南部山区高程变化十分剧烈，西北部则分布着大量冰川，中部则属于高原区域，大气稀薄。由于独特的地理条件和复杂的自然环境，青藏高原对亚洲乃至全球的气候都有重要影响。

西南河流源区处于以青藏高原为主的“泛第三极”核心区域，主要包括青藏高原的东部、东南部和南部及其毗邻地区(图 1.1)。众所周知，西南地区是我国水资源最丰富的地区，统计表明，2012～2014 年我国西南诸河地区水资源总量为 5256.2 亿～5449.5 亿 m^3，占全国比例为 17.8%～20.0%。西南地区水资源的集中，又以西南河流源区为最。该地区孕育了长江、黄河以及雅鲁藏布江、澜沧江和怒江等大型河流。按照流域划分，西南河流源区可分为雅鲁藏布江流域、澜沧江流域、河西走廊内陆河(南部部分)、长江上游、怒江流域(包括伊洛瓦底江)、黄河上游、藏南诸河及青海湖水系共 8 个一级流域。西南河流源区大型河流的常年径流深位于全国主要水系前列，如藏南诸河常年径流深约为 1200 mm，雅鲁藏布江约为 600 mm，澜沧江约为 400 mm(长江水利委员会，2014)。同时，西南河流源区又是我国水资源的战略储备区，怒江、澜沧江和雅鲁藏布江每年的出境水量约为 5000 亿 m^3，与我国年总用水量的 6000 亿 $m^3$①接近。

在气候变化的背景下，西南河流源区的水资源情势受到显著影响。鉴于地表

① 据“西南河流源区径流变化和适应性利用”国家自然科学基金重大研究计划，http://swchinarivers.cn/index.php?g=&m=index&a=index

能量收支是水资源研究的关键环节之一，本书围绕西南河流源区的地表能量收支参量开展了持续研究。需要说明的是，“西南河流源区”这一概念尚未有严格的地理范围界定，本书以北纬 25°～40°、东经 74°～104° 为界，根据流域确定其范围。在能量收支关键参量中，选取地表温度、近地表气温、短波辐射和长波辐射四个参量，考虑到更为广泛的科学意义和实用价值，针对这 4 个参量的研究围绕整个青藏高原进行。考虑到西南河流源区水资源研究和水电资源开发的直接需求，地表蒸散发这一关键参量的研究则围绕西南河流源区进行。

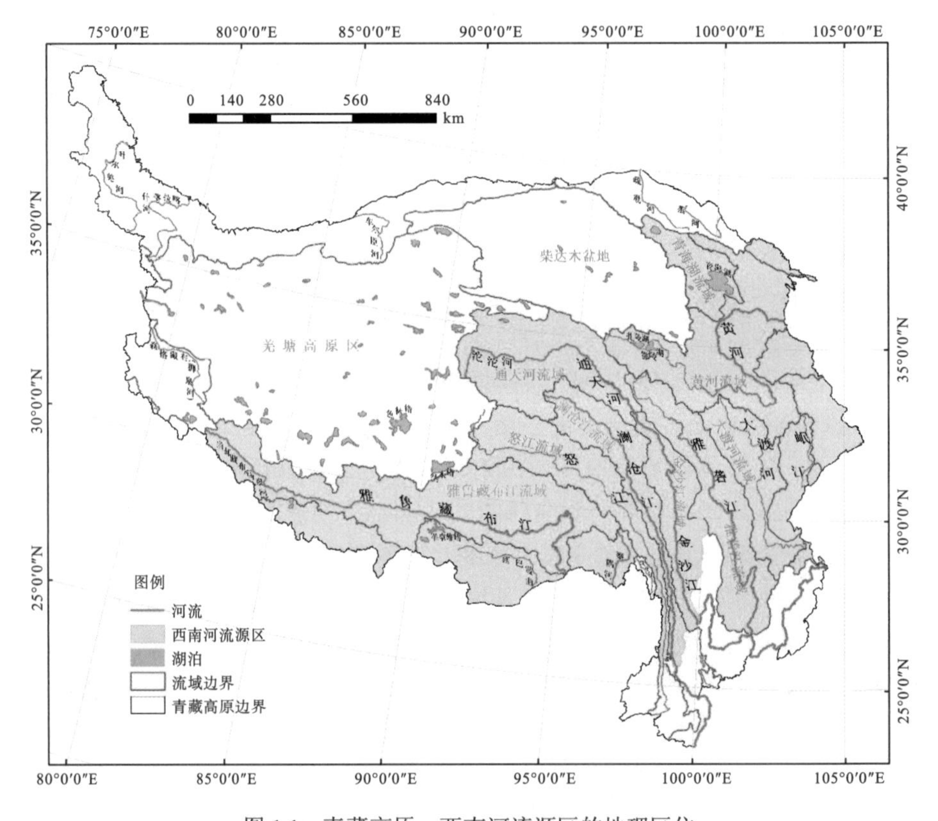

图 1.1　青藏高原、西南河流源区的地理区位

1.1.2　自然环境

1. 地形

图 1.2 展示了青藏高原的数字高程模型，并叠加了西南河流源区边界。青藏高原是一个东宽西窄、被高大山脉环抱所烘托拔起的庞大高台，其南北两侧地形陡峭，向内地势和缓降低；高原东南部群山遍布；高原西部的帕米尔高原地势很高(戴加洗，1990)。从地形上看，青藏高原可分为藏北高原、藏南谷地、柴达木

盆地、祁连山脉、青海高原和川藏高山峡谷区等 6 个部分。行政区划上包括我国西藏自治区全部和青海、新疆、甘肃、四川、云南等省(自治区)的部分以及不丹、尼泊尔、印度、巴基斯坦、阿富汗、塔吉克斯坦、吉尔吉斯斯坦等国家的部分或全部(周存忠，1991；王杰和罗正齐，1997；王嘉良，2001)。西南河流源区绝大部分区域为山地，水系发达，地表径流纵横交错。西南河流源区西部和北部分布有众多海拔超过 4000 m 的高山地区，西部很多区域的海拔超过 5000 m；西南河流源区东南部及边缘地区则分布有较多海拔低于 4000 m 的区域，部分区域海拔在 2000～4000 m 及 2000m 以下剧烈变化，呈现出山谷纵横的特点。

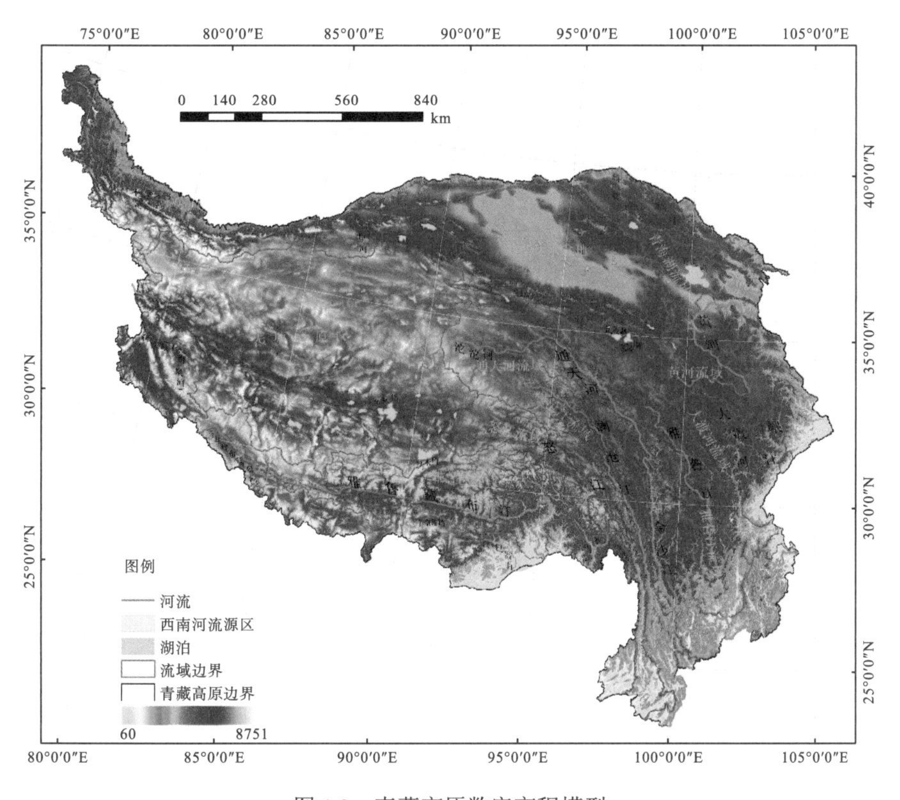

图 1.2 青藏高原数字高程模型

2. 下垫面类型

图 1.3 为根据 MODIS 地表覆盖分类产品(MCD12Q1)提取的青藏高原 2015 年的地表覆盖类型，并与西南河流源区边界叠加。总体上，青藏高原西南河流源区下垫面类型多样，如冰雪、高原湖泊分布较广。不同地表覆盖类型的分布具有明显的地带性。就西南河流源区而言，下垫面以草地为主，在其东部、东南部和边缘等较低海拔的地区，分布有较多的森林。在西南河流源区南部的雅鲁藏布江

流域和怒江流域等高海拔地区，还分布有较多的永久性积雪。此外，大型河流沿西—东、西北—东南分布。开展西南河流源区能量收支参量研究，有必要对特殊下垫面予以专门考虑。

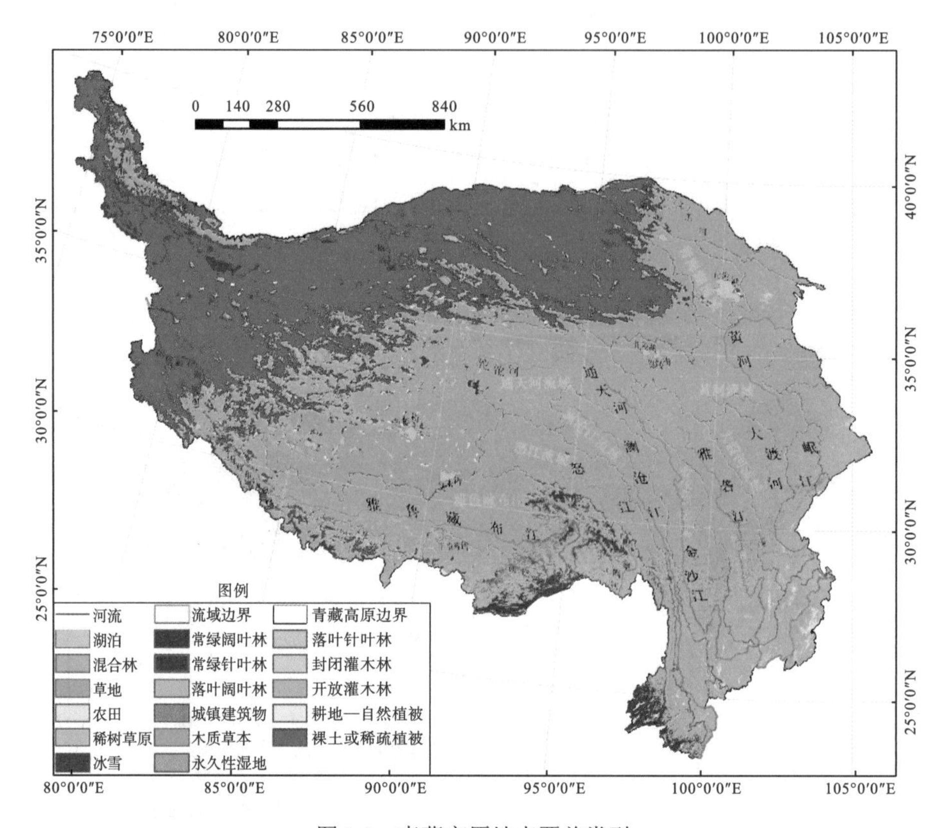

图 1.3 青藏高原地表覆盖类型

3. 气候气象

由于地形地貌、大气环流和天气系统的综合影响，青藏高原总体表现出气温低、温度年较差小、太阳辐射与日照充足的特点。就温度分布而言，青藏高原表现出自东南向西北“高—低—高”的格局，这与其海拔走势一致(海拔越高温度越低)；降水量则表现出从东南向西北逐渐减少的特点(徐丽娇等，2019)。干洁稀薄的大气对太阳辐射的削弱作用较小，使得强烈的太阳辐射作用在地表上，可以加速地面的升温，在部分地区形成“热岛效应”，使积雪融化。发达的水系和复杂的地形造就了青藏高原-西南河流源区多云雾的天气特征。图 1.4 展示的是根据 Aqua MODIS 地表温度产品统计得到的 2014 年 1 月和 7 月该产品缺失像元的情况，直

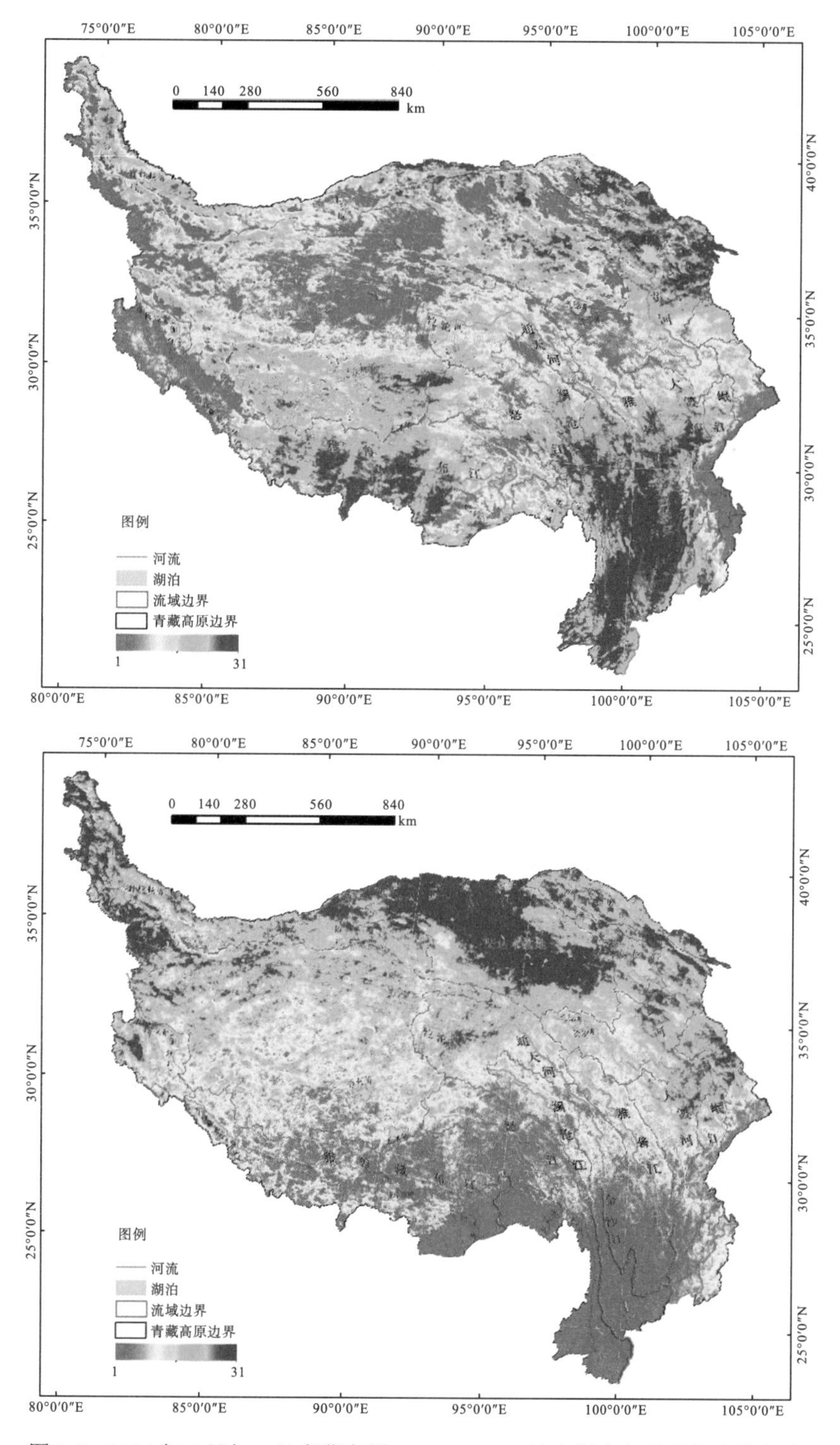

图 1.4　2014 年 1 月与 7 月青藏高原 Aqua MODIS 地表温度产品的缺失值统计

接反映了云覆盖的概率。在 2014 年 1 月，源区东南部受云影响较小，而西北部受影响则较大，极少数地区缺失天数长达 25 天以上；在 2014 年 7 月，青藏高原西部云出现的概率降低，而整个西南河流源区云出现的概率增大，光学卫星观测受到很大的影响。因此，该地区多云雾的天气特征给卫星光学遥感的应用带来巨大挑战。

1.2　地表能量收支

地表能量平衡方程不考虑平流引起的能量输送，认为地表接收的地表净辐射通过感热通量、潜热通量和土壤热通量的形式支出，地表净辐射与这三个分量之和相等。在辐射平衡环节，地表接收的辐射分量主要包括下行短波辐射（downward shortwave radiation）和下行长波辐射（downward longwave radiation）。其中，下行短波辐射主要来自太阳辐射，而太阳辐射在传送到地球的过程中会被大气吸收、散射，而吸收太阳辐射后的大气又通过下行长波辐射向地表传送能量。下行短波辐射和下行长波辐射减去地表反射的短波辐射（上行短波辐射：upward shortwave radiation）和地表发射及反射的长波辐射（上行长波辐射：upward longwave radiation）后就是地表接收的净辐射。

地表接收的净辐射是地表水热过程的能量基础。地表与大气之间交换的热量可以分为感热通量和潜热通量。感热通量是指由于温度变化而引起的大气与下垫面之间发生的湍流形式的热交换。其更广泛的定义是在加热或冷却过程中，温度升高或降低情况下物体维持原有相态所需吸收或放出的热量通量。自然界潜热通量的主要形式为水的相变，因此大气科学和遥感科学也将其定义为下垫面与大气之间水分的热交换。地面蒸发（水体或裸地表面）或植被蒸腾统称为蒸散发（evapotranspiration，ET）。蒸散发与下垫面表面温度、下垫面饱和水汽压、参考高度空气水汽压、空气动力学阻抗、下垫面表面阻抗等有关。土壤热通量则是地表层温差引起的热量传送，与土壤类别、水分等相关。综上可知，地表能量收支是一个十分复杂的过程，其中涉及众多的能量收支参数和热量交换过程。加之前文所述的西南河流源区的复杂特点，该地区能量收支的研究面临比常规研究区更大的挑战。

1.2.1　地表温度与近地表气温

地表温度（land surface temperature，LST）是地球表面与大气之间界面的重要参量之一，一方面它是地表与大气能量交互作用的结果和直接体现，另一方面它对于地气过程具有复杂的反馈作用(Wu et al., 2015; Xia et al., 2019)。因此,地表温度不仅是气候变化的敏感指示因子和掌握气候变化规律的重要前提,还是众多地气模型的直接输入参数,在许多领域有广泛的应用,如气象气候(Zhang et al., 2017)、环境生态(Meng et al., 2018)、水循环和水文过程(Kalma et al., 2008; Bai et al., 2019)、地表辐射平衡与能量收支(Liang et al., 2010; Kustas et al., 2016)等。独立的地表温度数据还是检验、率定和改进诸多陆面过程模型的重要依据(Cammalleri et al., 2014; Gong et al., 2017; Lei et al., 2018)。鉴于地表温度的重要性,政府间气候变化专门委员会(Intergovernmental Panel on Climate Change, IPCC)的历次评估报告均将其作为表征气候变化的关键参量之一;世界气象组织(World Meteorological Organization, WMO)则将其列为观测的重要参量;很多地学或相关领域的学者开展了与地表温度相关的直接或间接研究(Zhou et al., 2012)。

相对于地面站点,卫星遥感在观测地表温度方面具有空间覆盖密度高、可重复观测和成本低等突出优势(Ford and Quiring, 2019; Schollaert Uz et al., 2019),长期以来一直是遥感科学中的热点研究方向。通过卫星遥感观测信息来获取地表温度的基本原理在于地表温度的外在表征为地表热辐射,而后者则可被热红外或被动微波传感器远距离测量得到。随着地学及相关领域研究的深入和精细化,学术界对卫星遥感地表温度的时间分辨率(如一天中多次过境的地表温度等)提出了更高的要求(Wu et al., 2015; Long et al., 2019),特别是对全天候地表温度(即在晴空和非晴空条件下的地表温度,All-weather LST)有迫切的需求(Kang et al., 2018; Fu et al., 2019)。一些学者相继发展了时间尺度扩展模型,有助于提高遥感地表温度的时间分辨率(GÖttsche and Olesen, 2001; Zhou et al., 2013; Duan et al., 2017)。这些模型可以在一定程度上解决由遥感传感器性能和卫星轨道特点所决定的时间分辨率不足的问题,但目前大部分时间尺度扩展模型在实用性和扩展性等方面尚存在不足。更为重要的是,受物理机制所限,被广泛用于估算地表温度的卫星热红外遥感在非晴空条件下无法克服云覆盖的影响,从而无法获得有效的地表温度观测信息(Wentz et al., 2000)。虽然通过静止气象卫星的高时频观测或者多卫星组网,热红外遥感可以最大程度地扩大地表温度的获取时空范围,但在多云雾地区仍然存在局限。统计表明,无论是在中低纬度地区还是在高纬度地区,均有高频率的云覆盖(Østby et al., 2014),地球表面大致有60%的区域被云覆盖(Prigent et al., 2016)。如前文所述,青藏高原地区以及所包含的西南河流源区是云频繁出现的地区,这给利用卫星遥感获取地表温度带来较大的困难。

近地表气温(near surface air temperature, NSAT)是全球和区域尺度上辐射平衡、能量收支和水循环的关键参数,它作为陆面过程模拟的一个重要输入数据

(Sicart et al.，2008)，可用于地表蒸散发估算、农业监测和气候变化分析(Jones et al.，1999；Juknys et al.，2011)。获取近地表气温的传统手段是地面站点观测。然而，单点观测值难以反映广阔区域的面上近地表气温。如何得到大面积、空间连续覆盖的近地表气温数据是一个急需解决的问题。空间插值可以将地面站点观测得到的离散的近地表气温扩展到面上，得到空间分布的气温。在进行空间插值时，距离是经常被考虑的因素(Dodson and Marks，1997)。除了考虑近地表气温本身的空间变化外，学术界还进一步发展了考虑其他因素的近地表气温空间插值方法，这些因素包括海拔、经度和纬度等(Willmott and Matsuura，1995)。另一方面，随着气候模式、陆面数据同化模型的不断发展，很多长时间序列的近地表气温产品已被广泛投入使用，如美国国家环境预报中心(National Centers for Environmental Prediction，NCEP)和美国国家大气研究中心(National Center for Atmospheric Research，NCAR)的再分析数据集、欧洲中期天气预报中心(European Centre for Medium-Range Weather Forecasts，ECMWF)的ERA-interim(ERAI)再分析数据集(Kalnay et al.，1996；Wang et al.，2015)等。这些全球或区域尺度的近地表气温产品的空间分辨率较粗，在起伏地形地区适用性降低，其精度也存在一定的不确定性。

1.2.2 地表短波辐射、长波辐射和净辐射

短波辐射是太阳辐射中波长为0.3～3 μm的部分。地表短波辐射主要包括下行短波辐射和上行短波辐射两个分量。下行短波辐射与上行短波辐射的差值就是地表短波净辐射(shortwave net radiation，SNR)。下行短波辐射绝大部分来自太阳辐射，是地表能量的主要来源；上行短波辐射的估算依赖于下行短波辐射和地表宽波段反照率。因此，下行短波辐射是地表辐射平衡与能量收支的一个至关重要的参量。除基于地面台站观测之外，估算地表下行短波辐射的方法主要有辐射传输模型，大气对太阳辐射的吸收、散射、反射过程的参数化公式，经验模型和查找表方法等(梁顺林等，2013)。辐射传输模型计算精确，常用的模型有低光谱分辨率的大气辐射传输模型LOWTRAN和中等光谱分辨率大气透过率计算模型MODTRAN等。但辐射传输模型依赖于较多的大气参数实测值，且模型计算过程复杂，难以用于获取大范围的地表下行短波辐射。参数化公式包括波谱模型和宽波段模型，可以直接应用于卫星遥感数据。经验模型根据相关地面观测参数，建立其与地表下行短波辐射之间的函数关系式，从而实现地表下行短波辐射的计算。相关参数包括云参数、常规气象参数和日照时长等。然而，经验模型的精度依赖于大量的实测数据，对站点密度有很高的要求，且往往普适性较低。查找表方法

则面向卫星传感器直接获取大气顶层辐射，建立其与大气状况、地表下行短波辐射的映射关系，实现后者的直接计算。此外，全球或区域尺度的大气动力学模型、同化资料和再分析资料可提供地表下行短波辐射等数据。

地表长波辐射是太阳辐射中波长为 4～100 μm 的辐射能量，包括地表下行长波辐射和地表上行长波辐射两个分量。如前文所述，太阳辐射主要集中在短波范围，因此地表下行长波辐射并不直接来源于太阳辐射，而是太阳辐射经过大气发射和散射的结果，地表下行长波辐射主要由接近地球表面的一薄层大气向地表的辐射所决定(梁顺林等，2013)。估算地表下行长波辐射主要有三类方法：①基于大气廓线的物理方法。将大气廓线输入辐射传输模型中进行大气辐射传输模拟，得到地表下行长波辐射。②混合模型方法。通过辐射传输模拟构建大气层顶辐亮度与地表下行长波辐射的关系。③基于气象参数的方法。使用近地表常规气象参数(如气温和湿度等)进行估算(梁顺林等，2013)。地表上行长波辐射主要是地表自身发射的长波辐射，同时还包括地表反射的地表下行长波辐射。在根据遥感数据确定地表温度和宽波段发射率后，即可计算地表上行长波辐射。此外，一些学者还构建了直接根据大气层顶辐亮度或亮温估算地表上行长波辐射的混合模型(梁顺林等，2013)。

地表净辐射是从短波到长波的辐射能量收支代数和。在代数相加的过程中，规定入射到地表的部分为正，从地表发射或者反射出去的部分为负，则地表净辐射可根据式(1.1)计算得到：

$$R_{\mathrm{n}} = R_{\mathrm{s}}(1-\alpha) + R_{\mathrm{L}}^{\downarrow} - R_{\mathrm{L}}^{\uparrow} \tag{1.1}$$

式中，R_{n} 为地表净辐射；R_{s} 为地表下行短波辐射；α 为地表宽波段反照率；$R_{\mathrm{L}}^{\downarrow}$、$R_{\mathrm{L}}^{\uparrow}$ 分别为地表下行长波辐射和地表上行长波辐射。

1.2.3　地表蒸散发

地表蒸散发是土壤-植被-大气系统中能量和水循环的重要环节，主要包括水面、植被表面截留降水、土壤的蒸发以及植被蒸腾。它既是地表辐射与能量收支的结果，又是大气圈、生物圈和水圈之间水分的交换方式。地表蒸散发对降水、温度等有显著的影响(Shukla and Mintz，1982)，同时与植被的分布关系密切，故地表蒸散发数据的获取是掌握径流演变规律的重要前提(Goulden and Bales，2014)。在流域尺度上，地表蒸散发是降雨径流形成过程中的主要损失，因此是流域水量平衡计算中的关键项目之一。此外，独立的地表蒸散发数据也可以作为检验水文模型模拟结果的基础数据(Li et al.，2009)。

地表蒸散发可通过地面观测、模式模拟和遥感估算获得(刘绍民等，2010；张圆等，2020)。地面观测借助蒸发皿或蒸发池、蒸渗仪、波文比系统、涡动相关仪和大孔径闪烁仪等仪器进行地面直接测量或间接推算。但限于仪器的观测范围和地面站点的数目，地面观测无法满足大范围和非均匀下垫面地表蒸散发的获取需求。模式模拟则依赖于具有物理基础的陆面过程模型、水文模型和生态模型等过程模型，它是获取大范围地表蒸散发的一种有效手段。但模式模拟对于输入参数的需求和其内部数学物理方程的准确性要求较高，使得其在应用于复杂地区时可能存在困难。现有模式模拟的地表蒸散发产品包括 LandFlux-EVAL 产品(Mueller et al.，2013)、GLDAS 产品(Rodell et al.，2004)和 ERA-Interim 产品(Dee et al.，2011)等。

卫星遥感在空间高密度覆盖和连续观测方面具有突出的优势，已被证明是获取地表蒸散发的有效手段。目前基于卫星遥感获取的地表蒸散发已形成了多种业务化产品，包括 MODIS 产品(8 天，1km)(Mu et al.，2011)、LSA-SAF 产品(30 分钟/日，3km，只覆盖欧洲、非洲和南美)(Ghilain et al.，2011)、ETWatch 产品(日/月，1km)(吴炳方等，2008；Wu et al.，2010，2012)、GLASS 产品(8 天，2000 年前 5km，2000 年后 1km)(Yao et al.，2013)和 ETMonitor 产品(日/8 天，1km)(Hu and Jia，2015)等。此外，还有 Zhang 等(2010)发展的全球地表蒸散发产品(月，8km)、Loew 等(2015)发展的全球 HOLAPS(high resolution land surface fluxes from satellite data)产品(0.5h，5km)和 Chen 等(2014)发展的中国地表能量通量数据集(月，0.1°，可转换得到地表蒸散发)等。

观测表明，青藏高原地表蒸散发强烈(Coners et al.，2016)。近年来，青藏高原经历了显著的气候变化，陆地水循环显著增强(Yin et al.，2013；Yang et al.，2014)，并正在面临气候变化剧烈，冰川消融，冻土、草地退化，森林砍伐和沙漠化等威胁，这些现象的后续效应必将进一步改变该区的地表蒸散发格局，进而对径流、水资源产生显著影响(Cui et al.，2016；Qiu，2016)。因此，对于西南河流源区而言，准确可信、长时间序列、空间全覆盖和较高时空分辨率的地表蒸散发数据集及其揭示的地表蒸散发时空演变特征，对于客观反映径流时空变化、全盘掌握演变规律进而开展径流预测至关重要。

1.3 西南河流源区地表能量收支研究面临的问题

西南河流源区地理区位特殊，其地表能量收支状况及相关科学数据集的重要性不言而喻，但迄今为止有针对性的研究还较少。特殊的地形、下垫面和气候气象等特点，给从遥感角度估算该区域的地表能量收支状况、制备相应的较高质量的科学数据集带来极大的制约与挑战。

如前文所述，地表温度对于直接估算地表上行长波辐射和从能量平衡的角度估算地表蒸散发具有重要意义。由于该区域多云雾的天气特征，卫星热红外遥感无法满足全天候地表温度的获取。目前通过卫星热红外与被动微波遥感集成估算长时间序列全天候地表温度的研究，大多面向 MODIS 与 Aqua 卫星搭载的先进微波扫描辐射计(advanced microwave scanning radiometer-earth observing system，AMSR-E)和 GCOM-W1 卫星搭载的第二代先进微波扫描辐射计(advanced microwave scanning radiometer 2，AMSR2)。然而，将 AMSR-E 和 AMSR2 数据应用于全天候地表温度估算面临两类“缺失”带来的困难，即二者在时间序列上有长达 8 个月的时间断档缺失和极轨运行方式造成的轨道间隙缺失。这两种缺失使得目前热红外和被动微波遥感观测直接集成的全天候地表温度在空间维度上并不能达到“空间无缝”，在时间维度上不能达到严格意义上的“全天候”。因此，如何解决这两类缺失，进而生成长时间序列并且空间分辨率为 1 km 的全天候地表温度是本书拟解决的问题之一。

与地表温度相比，近地表气温的波动在地形起伏较小的下垫面较小。然而，青藏高原尤其是西南河流源区大部分地区地形起伏剧烈，受气温垂直递减率等因素影响，气温的空间波动幅度较大。青藏高原现有气象台站较少，使得利用台站观测信息进行空间插值难以满足获取准确、空间全覆盖气温数据的要求。同时，如前文所述，现有的具有再分析数据等功能的气温产品虽然能够在宏观尺度上反映气温的空间格局，但其空间格点较粗，难以捕捉到气温在精细尺度上的变化，尤其是在地形变化剧烈的山地区域(Pan et al.，2012；Hofer et al.，2015)。因此，如何获取适用于该区域的更高空间分辨率的近地表气温数据同样是亟待解决的问题之一。

下行短波辐射与下行长波辐射是地表的两个能量收入项。目前已有若干种地表下行短波辐射产品发布。学术界十分关注这些产品在不同地区的精度，尤其是瞬时地表下行短波辐射在一些复杂区域的精度。由于先前大多数研究评价的都是日均或者月均地表下行短波辐射在较大区域乃至全球的精度，其在青藏高原尤其是西南河流源区的适用性未知。对于地表下行长波辐射而言，现有的大多数用于估算的参数化模型都是基于地面实测数据在不同区域通过训练得到的。这些参数化模型在不同区域的适用性是不一样的。因此，当在青藏高原等特殊区域使用这些参数化模型时，有必要对其进行检验与评估。

青藏高原/西南河流源区历来是气候变化、水循环等研究的热点地区，但专门针对地表蒸散发的研究较少。已有研究大多集中在基于观测资料、卫星遥感数据和模式模拟资料的分析上。这些研究均证实最近几十年以来青藏高原地表蒸散发呈现出显著增加的趋势(Yin et al.，2013；Li et al.，2014；Shen et al.，2015)。马耀明等针对青藏高原/西南河流源区地表能量通量的遥感研究开展了大量、长期和系统的工作，并基于试验观测的模型发展上，取得了一大批成果(Ma et al.，2006，2011，2018；马耀明等，2006)。青藏高原/西南河流源区地表蒸散发产品的真实性检验工作也取得一些成果(Chen et al.，2014；Li et al.，2014；Peng et al.，2016)。总体上，现有大多数卫星遥感与模式产品未专门针对西南河流源区特殊的自然环境特点进行参数化方案改进和优化，在西南河流源区的精度也缺乏深入检验，故其有效性和适用性尚不明确。近年来也有大量针对青藏高原地表能量通量的模型发展等研究工作。这些工作为发展西南河流源区的地表蒸散发模型提供了宝贵的思路，但限于该区域特殊的自然环境特征，已有研究主要采用少数、单一的遥感数据，尚未形成空间全覆盖、时间序列长且空间分辨率较高的西南河流源区地表蒸散发产品。

参 考 文 献

戴加洗, 1990. 青藏高原气候[M]. 北京: 气象出版社.

贾文毓, 李引, 2005. 中国地名辞源[M]. 北京: 华夏出版社.

梁顺林, 李小文, 王锦地, 2013. 定量遥感: 理念与算法[M]. 北京: 科学出版社.

刘绍民, 李小文, 施生锦, 等, 2010. 大尺度地表水热通量的观测、分析与应用[J]. 地球科学进展, 25(11): 1113-1127.

马耀明, 仲雷, 田辉, 等, 2006. 青藏高原非均匀地表区域能量通量的研究[J]. 遥感学报, 10(4): 542-547.

王嘉良, 2001. 新编文史地辞典[M]. 杭州: 浙江人民出版社.

王杰, 罗正齐, 1997. 长江大辞典[M]. 武汉: 武汉出版社.

吴炳方, 熊隽, 闫娜娜, 等, 2008. 基于遥感的区域蒸散量监测方法——ETWatch[J]. 水科学进展, 19(5): 671-678.

徐丽娇, 胡泽勇, 赵亚楠, 等, 2019. 1961—2010 年青藏高原气候变化特征分析[J]. 高原气象, 38(5): 911-919.

张镱锂, 李炳元, 郑度, 2002. 论青藏高原范围与面积[J]. 地理研究, 21(1): 1-8.

张圆, 贾贞贞, 刘绍民, 等, 2020. 遥感估算地表蒸散发真实性检验研究进展[J]. 遥感学报, 24(8): 975-999.

长江水利委员会, 2014. 长江流域及西南诸河水资源公报[M]. 武汉: 长江出版社.

周存忠, 1991. 地震词典[M]. 上海: 上海辞书出版社.

Bai L, Long D, Yan L, 2019. Estimation of surface soil moisture with downscaled land surface temperatures using a data fusion approach for heterogeneous agricultural land[J]. Water Resources Research, 55(2): 1105-1128.

Cammalleri C, Anderson M C, Gao F, et al, 2014. Mapping daily evapotranspiration at field scales over rainfed and irrigated agricultural areas using remote sensing data fusion[J]. Agricultural and Forest Meteorology, 186: 1-11.

Chen X, Su Z, Ma Y, et al, 2014. Development of a 10-year (2001-2010) 0.1 data set of land-surface energy balance for mainland China[J]. Atmospheric Chemistry and Physics, 14(23): 13097-13117.

Coners H, Babel W, Willinghöfer S, et al, 2016. Evapotranspiration and water balance of high-elevation grassland on the

Tibetan Plateau[J]. Journal of Hydrology, 533: 557-566.

Cui Y, Long D, Hong Y, et al, 2016. Validation and reconstruction of FY 3B/MWRI soil moisture using an artificial neural network based on reconstructed MODIS optical products over the Tibetan Plateau[J]. Journal of Hydrology, 543: 242-254.

Dee D P, Uppala S M, Simmons A, et al, 2011. The ERA-Interim reanalysis: Configuration and performance of the data assimilation system[J]. Quarterly Journal of the Royal Meteorological Society, 137 (656) : 553-597.

Dodson R, Marks D, 1997. Daily air temperature interpolated at high spatial resolution over a large mountainous region[J]. Climate Research, 8: 1-20.

Duan S B, Li Z L, Leng P, 2017. A framework for the retrieval of all-weather land surface temperature at a high spatial resolution from polar-orbiting thermal infrared and passive microwave data[J]. Remote Sensing of Environment, 195: 107-117.

Ford T W, Quiring S M, 2019. Comparison of contemporary in situ, model, and satellite remote sensing soil moisture with a focus on drought monitoring[J]. Water Resources Research, 55 (2) : 1565-1582.

Fu P, Xie Y, Weng Q, et al, 2019. A physical model-based method for retrieving urban land surface temperatures under cloudy conditions[J]. Remote Sensing of Environment, 230: 111191.

Ghilain N, Arboleda A, Gellens-Meulenberghs F, 2011. Evapotranspiration modelling at large scale using near-real time MSG SEVIRI derived data[J]. Hydrology and Earth System Sciences, 15 (3) : 771-786.

Gong T, Lei H, Yang D, et al, 2017. Monitoring the variations of evapotranspiration due to land use/cover change in a semiarid shrubland[J]. Hydrology and Earth System Sciences, 21 (2) : 863-877.

Göttsche F M, Olesen F S, 2001. Modelling of diurnal cycles of brightness temperature extracted from METEOSAT data[J]. Remote Sensing of Environment, 76 (3) : 337-348.

Goulden M L, Bales R C, 2014. Mountain runoff vulnerability to increased evapotranspiration with vegetation expansion[J]. Proceedings of the National Academy of Sciences, 111 (39) : 14071-14075.

Hofer M, Marzeion B, Mölg T, 2015. A statistical downscaling method for daily air temperature in data-sparse, glaciated mountain environments[J]. Geoscientific Model Development, 8 (3) : 579-593.

Hu G, Jia L, 2015. Monitoring of evapotranspiration in a semi-arid inland river basin by combining microwave and optical remote sensing observations[J]. Remote Sensing, 7 (3) : 3056-3087.

Jones P D, New M, Parker D E, et al, 1999. Surface air temperature and its changes over the past 150 years[J]. Reviews of Geophysics, 37 (2) : 173-199.

Juknys R, Duchovskis P, Sliesaravičius A, et al, 2011. Response of different agricultural plants to elevated CO_2 and air temperature[J]. Zemdirbyste-Agriculture, 98 (3) : 259-266.

Kalma J D, McVicar T R, McCabe M F, 2008. Estimating land surface evaporation: A review of methods using remotely sensed surface temperature data[J]. Surveys in Geophysics, 29 (4) : 421-469.

Kalnay E, Kanamitsu M, Kistler R, et al, 1996. The NCEP/NCAR 40-year reanalysis project[J]. Bulletin of the American Meteorological Society, 77 (3) : 437-472.

Kang J, Tan J, Jin R, et al, 2018. Reconstruction of MODIS land surface temperature products based on multi-temporal information[J]. Remote Sensing, 10(7): 1112.

Kustas W P, Nieto H, Morillas L, et al, 2016. Revisiting the paper "using radiometric surface temperature for surface energy flux estimation in Mediterranean drylands from a two-source perspective"[J]. Remote Sensing of Environment, 184: 645-653.

Lei H, Gong T, Zhang Y, et al, 2018. Biological factors dominate the interannual variability of evapotranspiration in an irrigated cropland in the North China Plain[J]. Agricultural and Forest Meteorology, 250: 262-276.

Li X, Li X W, Li Z, et al, 2009. Watershed allied telemetry experimental research[J]. Journal of Geophysical Research: Atmospheres, 114(D22): 2191-2196.

Li X, Wang L, Chen D, et al, 2014. Seasonal evapotranspiration changes (1983-2006) of four large basins on the Tibetan Plateau[J]. Journal of Geophysical Research: Atmospheres, 119(23): 13079-13095.

Liang S, Liang S, Zhang X, et al, 2010. Review on estimation of land surface radiation and energy budgets from ground measurement, remote sensing and model simulations[J]. IEEE Journal of Selected Topics in Applied Earth Observations and Remote Sensing, 3(3): 225-240.

Loew A, Peng J, Borsche M, 2015. High resolution land surface fluxes from satellite data (HOLAPS v1. 0): Evaluation and uncertainty assessment[J]. Geoscientific Model Development Discuss, 8(12): 10783-10842.

Long D, Bai L, Yan L, et al, 2019. Generation of spatially complete and daily continuous surface soil moisture of high spatial resolution[J]. Remote Sensing of Environment, 233: 111364.

Ma Y, Liu S, Song L, et al, 2018. Estimation of daily evapotranspiration and irrigation water efficiency at a Landsat-like scale for an arid irrigation area using multi-source remote sensing data[J]. Remote Sensing of Environment, 216: 715-734.

Ma Y, Zhong L, Su Z, et al, 2006. Determination of regional distributions and seasonal variations of land surface heat fluxes from Landsat-7 enhanced thematic mapper data over the central Tibetan Plateau area[J]. Journal of Geophysical Research: Atmospheres, 111(D10): D10305.

Ma Y, Zhong L, Wang B, et al, 2011. Determination of land surface heat fluxes over heterogeneous landscape of the Tibetan Plateau by using the MODIS and in-situ data[J]. Atmospheric Chemistry and Physics Discuss, 11(20): 10461-10469.

Meng Q, Zhang L, Sun Z, et al, 2018. Characterizing spatial and temporal trends of surface urban heat island effect in an urban main built-up area: A 12-year case study in Beijing, China[J]. Remote Sensing of Environment, 204: 826-837.

Mu Q, Zhao M, Running S W, 2011. Improvements to a MODIS global terrestrial evapotranspiration algorithm[J]. Remote Sensing of Environment, 115(8): 1781-1800.

Mueller B, Hirschi M, Jimenez C, et al, 2013. Benchmark products for land evapotranspiration: LandFlux-EVAL multi-data set synthesis[J]. Hydrology and Earth System Sciences, 17(10): 3707-3720.

Østby T I, Schuler T V, Westermann S, 2014. Severe cloud contamination of MODIS land surface temperatures over an Arctic ice cap, Svalbard[J]. Remote Sensing of Environment, 142: 95-102.

Pan X, Li X, Shi X, et al, 2012. Dynamic downscaling of near-surface air temperature at the basin scale using WRF-a case study in the Heihe River Basin, China[J]. Frontiers of Earth Science, 6(3): 314-323.

Peng J, Loew A, Chen X, et al, 2016. Comparison of satellite-based evapotranspiration estimates over the Tibetan Plateau[J]. Hydrology and Earth System Sciences, 20(8): 3167-3182.

Prigent C, Jimenez C, Aires F, 2016. Toward "all weather, " long record, and real-time land surface temperature retrievals from microwave satellite observations[J]. Journal of Geophysical Research: Atmospheres, 121(10): 5699-5717.

Qiu J, 2016. Trouble in Tibet: Rapid changes in Tibetan grasslands are threatening Asia' s main water supply and the livelihood of nomads[J]. Nature, 529(7585): 142-146.

Rodell M, Houser P R, Jambor U, et al, 2004. The global land data assimilation system[J]. Quarterly Journal of the Royal Meteorological Society, 85(3): 381-394.

Schollaert Uz S, Ruane A C, Duncan B N, et al, 2019. Earth observations and integrative models in support of food and water security[J]. Remote Sensing in Earth Systems Sciences, 2(1): 18-38.

Shen M, Piao S, Jeong S J, et al, 2015. Evaporative cooling over the Tibetan Plateau induced by vegetation growth[J]. Proceedings of the National Academy of Sciences, 112(30): 9299-9304.

Shukla J, Mintz Y, 1982. Influence of land-surface evapotranspiration on the earth' s climate[J]. Science, 215(4539): 1498-1501.

Sicart J E, Hock R, Six D, 2008. Glacier melt, air temperature, and energy balance in different climates: The Bolivian Tropics, the French Alps, and northern Sweden[J]. Journal of Geophysical Research: Atmospheres, 113(D24): D24113.

Wang S, Zhang M, Sun M, et al, 2015. Comparison of surface air temperature derived from NCEP/DOE R2, ERA-Interim, and observations in the arid northwestern China: A consideration of altitude errors[J]. Theoretical and Applied Climatology, 119(1-2): 99-111.

Wentz F J, Gentemann C, Smith D, et al, 2000. Satellite measurements of sea surface temperature through clouds[J]. Science, 288(5467): 847-850.

Willmott C J, Matsuura K, 1995. Smart interpolation of annually averaged air temperature in the United States[J]. Journal of Applied Meteorology and Climatology, 34(12): 2577-2586.

Wu B, Xiong J, Yan N, 2010. ETWatch: Models and methods[J]. Remote Sensing, 15(2): 224-230.

Wu H, Zhang X, Liang S, et al, 2012. Estimation of clear-sky land surface longwave radiation from MODIS data products by merging multiple models[J]. Journal of Geophysical Research: Atmospheres, 117(D22): 107.

Wu P, Shen H, Zhang L, et al, 2015. Integrated fusion of multi-scale polar-orbiting and geostationary satellite observations for the mapping of high spatial and temporal resolution land surface temperature[J]. Remote Sensing of Environment, 156(2015): 169-181.

Xia H, Chen Y, Li Y, et al, 2019. Combining kernel-driven and fusion-based methods to generate daily high-spatial-resolution land surface temperatures[J]. Remote Sensing of Environment, 224: 259-274.

Yang K, Wu H, Qin J, et al, 2014. Recent climate changes over the Tibetan Plateau and their impacts on energy and water cycle: A review[J]. Global and Planetary Change, 112: 79-91. https://doi.org/10.1016/j.gloplacha.2013.12.001.

Yao Y, Liang S, Li X, et al, 2013. Bayesian multimodel estimation of global terrestrial latent heat flux from eddy covariance, meteorological, and satellite observations[J]. Journal of Geophysical Research: Atmospheres, 119(8):

4521-4545.

Yin Y, Wu S, Zhao D, 2013. Past and future spatiotemporal changes in evapotranspiration and effective moisture on the Tibetan Plateau[J]. Journal of Geophysical Research: Atmospheres, 118(19): 10850-10860.

Zhang K, Kimball J S, Nemani R R, et al, 2010. A continuous satellite-derived global record of land surface evapotranspiration from 1983 to 2006[J]. Water Resources Research, 46(9): 109-118.

Zhang X, Zhou J, Yin C, 2017. Direct estimation of 1-KM land surface temperature from AMSR2 brightness temperature[C]//Geoscience and Remote Sensing Symposium (IGARSS): 4845-4847.

Zhou J, Chen Y, Zhang X, et al, 2013. Modelling the diurnal variations of urban heat islands with multi-source satellite data[J]. International Journal of Remote Sensing, 34(21): 7568-7588.

Zhou L, Tian Y, Baidya Roy S, et al, 2012. Impacts of wind farms on land surface temperature[J]. Climatic Change, 2(7): 539-543.

第 2 章 全天候地表温度生成

目前，空间分辨率为 1 km 的全天候地表温度遥感产品可通过对搭载在 Aqua 卫星上的中分辨率成像光谱仪(moderate resolution imaging spectroradiometer，MODIS)和 AMSR-E 或搭载在 Aqua MODIS 和 GCOM-W1 卫星上的 AMSR2 的观测信息集成得到(Zhang et al.，2019)。然而，应用于地表温度估算中的 AMSR-E 和 AMSR2 的被动微波亮温数据存在两类缺失，即长达 9 个月的时间断档缺失和极轨运行方式造成的轨道间隙缺失。被动微波亮温对诸多水文参数非常敏感，是估算这类参数的重要依据，前述两种微波亮温的缺失亦会造成亮温衍生遥感参数(如地表温度、积雪厚度、雪水当量和土壤湿度等)在时空维度上的不连续(Min et al.，2010；Che et al.，2003，2016；Sawada et al.，2016)，进而对相关研究(如冻土地区的土壤监测、植被水含量的估算以及农作物估产等)和应用造成影响。幸运的是，我国发射的风云 3B(FY-3B)卫星上搭载的微波成像仪(microwave radiation imagers，MWRI)已从 2010 年开始提供被动微波亮温观测，且其通道设置和观测时间与 AMSR-E 和 AMSR2 非常接近，故其观测数据有助于填补 AMSR-E 和 AMSR2 在 2011～2012 年的时间断档缺失。此外，尽管 MWRI 也搭载在极轨卫星上，但其轨道与 AMSR-E 和 AMSR2 两者存在差异，故其观测数据可以填补 AMSR-E 和 AMSR2 的亮温轨道间隙缺失。因此，借助 MWRI 被动微波亮温数据，可以重构真正意义上空间无缝的全天候被动微波亮温数据，从而进一步与热红外遥感地表温度集成得到空间无缝的全天候地表温度(张晓东，2020)。

本章研究区是包括西南河流源区在内的青藏高原及周边地区。如前文所述，该区域复杂的天气特征使得现有的卫星热红外遥感获取的地表温度缺失现象严重，故中高分辨率(如 1 km)的遥感全天候地表温度已成为相关研究的迫切需求。另外，该地区属于中低纬度区域，AMSR-E/2 亮温的轨道间隙缺失严重(间隙宽度可达数百千米以上)，因此对亮温缺失的填补重构是估算该地区全天候地表温度的关键。

文献分析表明，目前鲜有基于被动微波亮温的时间断档缺失和轨道间隙缺失填补的青藏高原全天候地表温度估算研究。在此背景下，本章提出一种基于缺失微波亮温重构的青藏高原 1 km 全天候地表温度估算(reconstruction of brightness temperature，RBT)方法(Zhang et al.，2020)。该方法首先基于 2003～2018 年原始的 AMSR-E、AMSR2 和 MWRI 亮温，重构相应无缺失的 AMSR-E/2 亮温。然后，通过机器学习方法将重构后的 AMSR-E/2 亮温与 MODIS 地表温度进行集成，得到相应的 1 km 逐日全天候地表温度数据。本章的工作一方面将有助于青藏高原全天候被动微波亮温及其衍生遥感参数的全天候估算，促进被动微波遥感数据的应用；另一方面也将有助于扩大目前中高分辨率热红外-被动微波集成的全天候地表温度产品的时空覆盖范围。

2.1 研究数据

2.1.1 热红外遥感数据

本书采用的热红外遥感数据为第 6 版的 MODIS 逐日 1 km 地表温度/发射率产品(MYD21A1)。数据来源为美国一级大气档案和分布系统的分布式动态档案中心[①](The Level-1 and Atmosphere Archive and Distribution System Distributed Active Archive Center，LAADS DAAC)。生成该产品的主要源数据为 Aqua MODIS 数据。由于 Aqua 卫星的过境时间为地方太阳时 13:30 和 01:30，因此该产品提供的地表温度为对应时刻的瞬时地表温度。MYD21A1 产品计算原理为温度比辐射率分离算法(temperature emissivity seperation，TES)，该算法针对高光谱分辨率的热红外测量数据，利用地物热红外光谱的共性特点作为先验知识或者约束条件，基于观测信息的同时反演得到地表温度和地表发射率(Hulley and Hook，2011)。

2.1.2 被动微波遥感数据

本书所采用的被动微波遥感数据包括 2003～2011 年的 AMSR-E 亮温数据、2012～2018 年的 AMSR2 亮温数据以及 2011～2018 年的 MWRI 亮温数据。AMSR-E 与 AMSR2 相关参数如表 2.1 所示。其中，AMSR-E 亮温数据来自美国国家雪冰数据中心[②](National Snow and Ice Data Center，NSIDC)，其空间分辨率为 0.25°；AMSR2 亮温数据来自日本宇宙航空研究开发机构[③](Japan Aerospace Exploration Agency，JAXA)GCOM-W1 数据服务中心，其空间分辨率为 0.1°。AMSR-E 于 2011 年 9 月 28 日停止提供有效亮温数据，而 AMSR2 从 2012 年 7 月 1 日开始提供有效亮温数据。故两者时间断档造成的微波亮温缺失共计 277 天。

① https://ladsweb.modaps.eosdis.nasa.gov.
② http://www.nsidc.org.
③ https://gcom-w1.jaxa.jp.

表 2.1　采用的卫星被动微波遥感数据信息

序号	卫星传感器	时间段	频率/GHz	空间分辨率
1	Aqua AMSR-E	2003～2011 年	6.9，10.7，18.7，23.8，36.5，89.0	6km×4km～75km×43km
2	GCOM-W1 AMSR2	2012～2018 年	6.9，7.3，10.7，18.7，23.8，36.5，89.0	5km×3km～62km×35km
3	FY-3B MWRI	2011～2018 年	10.7，18.7，23.8，36.5，89.0	15km×9km～85km×51km

搭载在 FY-3B 卫星上的 MWRI 从 2010 年起至今已提供了十余年的被动微波亮温观测数据，共有 10.7GHz、18.7 GHz、23.8 GHz、36.5 GHz 和 89.0 GHz 五个频段两种极化方式在内的 10 个观测通道(表 2.1)。其观测时间与 Aqua MODIS 接近，其年内平均过境时间约为地方太阳时的 01:40 和 13:40。本章使用国家卫星气象中心(http://www.nsmc.org.cn/)的逐日 0.1° 空间分辨率的 MWRI 被动微波亮温数据。需要说明的是，MWRI 并未设置 6.9 GHz 和 7.3 GHz 的观测频段，故本章未重构 AMSR-E 和 AMSR2 这两个频段的亮温。

2.1.3　其他遥感数据与同化数据

其他遥感数据包括 MODIS 16 天合成、1 km 空间分辨率的归一化差值植被指数(normalized difference vegetation index，NDVI)产品(MYD13A2)，500 m 空间分辨率的归一化差值积雪指数(normalized difference snow index，NDSI)产品(MYD10_L2)以及逐日 1 km 分辨率的地表反照率产品(MCD43A3)。以上三种产品均来源于美国地球科学数据网站 EARTHDATA[1]。

本书采用的同化数据来自美国宇航局戈达德空间飞行中心[2](Goddard Space Flight Center，GSFC)的 3 小时时间分辨率、0.25° 空间分辨率的全球陆面同化系统数据(global land data assimilation system，GLDAS)中的地表温度数据和来自中国气象服务数据中心[3]的逐时 0.0625° 分辨率的中国陆面同化系统数据(China land data assimilation system，CLDAS)中的地表温度数据。其中 GLDAS 数据的空间分辨率与 AMSR-E 接近，故其应用时间为 2011 年；CLDAS 数据空间分辨率与 AMSR2 接近，故其应用时间为 2012 年。

2.1.4　地面站点数据

由于目前缺乏 2011～2012 年研究区高质量的地面长波辐射实测数据，本章的地面站点数据来自阳坤等学者在国家青藏高原科学数据中心[4]发布的实测土壤温

① https://earthdata.nasa.gov.
② http://disc.sci.gsfc.nasa.gov.
③ http://data.cma.cn.
④ http://www.tpedatabase.cn.

度数据(Su at al.，2011，2013；Dente et al.，2012；Van der Velde et al.，2012；Su and Yang，2019)。选取的站点为青藏高原上的AL、CST、NST、SE、SQ以及RW，站点的详细信息见表2.2。每个站点的观测值为均匀分布在约40 m×40 m地面样方0.02 m深度处的20个接触式温度传感器所测土壤温度的平均值。仪器型号为Campbell Scientific model 107。根据该型号传感器的使用手册①，当目标温度在−24～48℃变化时，测量误差为±0.4℃；当目标温度在−35～50℃变化时，测量误差为±0.9℃。尽管接触式测量点的土壤温度并非严格意义上的地表温度，但它仍然能较大程度地代表站点所在1 km像元的地表温度，原因如下：①经前期研究发现，传感器埋设处的土壤温度与样方地表温度之间的差异较小，可以忽略；②根据MODIS地表覆盖类型数据，站点所在MODIS像元的地表覆盖类型与样方内的地表覆盖类型相同；③根据NDVI数据，站点所在MODIS像元的NDVI最大值不超过0.18，表明像元内的植被覆盖度极低，像元的地表温度接近像元内土壤组分的表面温度；④根据2011～2012年60 m分辨率的Landsat-7 ETM+地表温度数据，站点所在MODIS像元的地表温度空间异质性(用像元内所有ETM+像元地表温度的标准差表征)在年内尺度上的变化范围为0.21～1.42 K，表明这些像元的地表温度异质性较低。

表2.2　地面站点的详细信息

站点	经度E/(°)	纬度N/(°)	地表覆盖类型	海拔/m	数据获取间隔/min
AL	79.6167	33.4509	稀疏草地	4262	5
SQ	80.0667	32.5003	沙漠	4306	10
RW	96.6478	29.4811	水体	3923	10
SE	94.7383	29.7625	裸地	3326	1
CST	101.9667	33.9122	稀疏草地	3507	10
NST	102.6011	33.9667	稀疏草地	3473	10

2.2　研究方法

因2011～2012年AMSR-E和其后继传感器AMSR2之间具有长达277天的观测时间断档，故在这两年内，除极轨卫星相邻轨道间隙内的亮温缺失外，还存在传感器观测断档造成的亮温缺失。因此，为更好地阐述本书研究方法的实用性，本章仅对2011～2012年的方法应用进行说明。

本章所提出的基于无缺失微波亮温重构的卫星热红外与被动微波遥感集成的

① https://s.campbellsci.com/documents/af/manuals/107.pdf.

全天候地表温度估算(RBT)方法由四部分构成：①基于奇异谱分析(singular spectrum analysis，SSA)，将 2011～2012 年 FY-3B MWRI 的亮温在时间维度上进行重构，填补极轨轨道间隙造成的缺失，得到这两年时空无缺失的 MWRI 亮温；②基于 GLDAS/CLDAS(下文统称 LDAS)气温的日变化(diurnal temperature cycle，DTC)曲线，将无缺失的 MWRI 亮温在时间维度上标定到 Aqua MODIS 的观测时间；③借助原始的 AMSR-E/2 亮温，修正其与经时间标定后的无缺失 MWRI 亮温之间的偏差，此时的 MWRI 亮温即为重构后的无缺失 AMSR-E/2 亮温；④将重构的无缺失 AMSR-E/2 亮温与 MODIS 遥感地表温度进行集成，得到 2011～2012 年逐日 1 km 的无缺失全天候地表温度。

2.2.1　基于 SSA 的无缺失 MWRI 亮温重构

在多年的时间维度上，MWRI 亮温的时间序列本质上为表征了地-气交换强度的被动微波辐射变化。因地-气交换具有周期性和振荡性，故被动微波亮温的时间序列可以分解为周期分量和非周期分量。奇异谱分析方法在近年来已被广泛应用于具有此类特征的地表参量时间序列的缺失值填补(即重构)研究中(Ghafarian Malamiri et al.，2018)。此外，经前期研究发现，在时间维度上，由极轨轨道间隙造成的某一像元 MWRI 被动微波亮温的缺失率不超过 33%，且缺失值在时间维度上均匀分布(平均约每 3 天一次)，满足 SSA 对原始参量时间序列样本量的要求(一般要求至少 50%)(Turlapaty et al.，2011；Kuenzer and Dech，2013)。因此，SSA 适用于本章中 MWRI 亮温时间序列的重构。

对某一 MWRI 像元中某一通道而言，令其缺失值为 0，其余元素经零均值化后的亮温时间序列为 $\mathrm{BT}=[\mathrm{BT}_1,\mathrm{BT}_2,\cdots,\mathrm{BT}_n]$，其中 n 为从 1 开始的正整数，则其由时间滞后向量组成的尾迹矩阵为

$$\boldsymbol{M}=[\boldsymbol{B}_1,\boldsymbol{B}_2,\cdots,\boldsymbol{B}_k],\text{其中}\boldsymbol{B}_k=[BT_k,BT_{k+1},\cdots,BT_{k+l-1}]^{\mathrm{T}} \tag{2.1}$$

式中，$k=n-l+1$；l 为滞后长度。

经试验发现，对于本章的 MWRI 亮温时间序列，当 l 取 60 时 SSA 算法的效果最优。该尾迹矩阵进一步放大了以滞后长度 l 度量的 MWRI 亮温时间序列的周期性和非周期性变化。

矩阵 $\boldsymbol{M}$ 以元素形式表达为

$$\boldsymbol{M}=\begin{bmatrix} B_1 & B_2 & \cdots & B_k \\ B_2 & B_3 & \cdots & B_{k+1} \\ \vdots & \vdots & & \vdots \\ B_l & B_{l+1} & \cdots & B_n \end{bmatrix} \tag{2.2}$$

将该矩阵进行奇异谱分解，可得

$$\boldsymbol{M}_{l\times k}=\boldsymbol{U}_{l\times l}\boldsymbol{D}_{l\times k}\boldsymbol{V}_{k\times k}^{\mathrm{T}} \tag{2.3}$$

式中，$\boldsymbol{D}$ 为对角矩阵且其元素为矩阵 $\boldsymbol{M}\boldsymbol{M}^{\mathrm{T}}$ 特征值的平方根；$\boldsymbol{U}$ 为方阵，且组成的列向量为矩阵 $\boldsymbol{D}$ 的特征向量；$\boldsymbol{V}$ 也为方阵，且其转置向量 $\boldsymbol{V}^{\mathrm{T}}$ 的行向量为矩阵 $\boldsymbol{M}^{\mathrm{T}}\boldsymbol{M}$ 的特征向量。

将经式(2.3)分解得到的矩阵 $\boldsymbol{M}$ 的奇异值按照递减次序以折线的形式画在二维平面图上，可获得陡坡所表征的时间序列周期分量以及平坡所表征的非周期分量。因而 $\boldsymbol{M}$ 也可表示为 p 个不同特征根($1\leqslant s\leqslant l$)组成的实对称正定矩阵 $\boldsymbol{M}_i$(i=1，2，…，s)之和的形式，其中 p 为特征根集合的所有子集(即最少包含一个特征根的集合)数量。

$$\boldsymbol{M}=\sum_{k=1}^{p}\boldsymbol{M}_{I_k},\ \boldsymbol{M}_{I_k}=\sum_{i\in I_k}\boldsymbol{B}_i \tag{2.4}$$

因此，经 SSA 重构后无缺失的 MWRI 亮温时间序列为

$$\mathbf{BT}_{R-k}=\sum_{k=1}^{p}\boldsymbol{BT}_t^k,t=0,1,\cdots,n-1 \tag{2.5}$$

式中，$\boldsymbol{BT}_t^k$ 为矩阵 $\boldsymbol{M}_{Ik}$ 的汉克尔矩阵(Hankel Matrix)形式。

2.2.2　MWRI 重构亮温的时间标定

尽管 MWRI 的观测时间与 MODIS 相对接近，但前期分析发现 MWRI 与 MODIS 的观测时间差异为 36～120 min，因而需要将 MWRI 的亮温在时间维度上标定至 AMSR-E/2 的观测时间。基于前人研究(Mialon et al.，2007；André et al.，2015)，本书提出一种基于 LDAS 气温 DTC 的实现 MWRI 亮温的时间标定方法，方法的具体描述如下。

如图 2.1 所示，给定某天的 LDAS 气温的 DTC 曲线，MWRI 亮温和 LDAS 气温 DTC 之间的差为

$$\begin{cases}\Delta U_{f\mathrm{p}}=\mathrm{BT}_{\mathrm{u}\text{-}f\mathrm{p}}-T_{\mathrm{LDAS}}(t_{\mathrm{u\text{-}MWRI}})\\ \Delta V_{f\mathrm{p}}=\mathrm{BT}_{\mathrm{v}\text{-}f\mathrm{p}}-T_{\mathrm{LDAS}}(t_{\mathrm{v\text{-}MWRI}})\end{cases},\mathrm{p}\in\{v,h\},f\in\{10,18,23,36,89\} \tag{2.6}$$

式中，f 和 p 分别为观测通道的频率和极化方式；$\mathrm{BT}_{\mathrm{u}\text{-}f\mathrm{p}}$ 和 $\mathrm{BT}_{\mathrm{v}\text{-}f\mathrm{p}}$ 分别为不同频率通道和极化方式下的升轨观测时刻 $t_{\mathrm{u\text{-}MWRI}}$ 和降轨观测时刻 $t_{\mathrm{v\text{-}MWRI}}$ 的 MWRI 亮温；$T_{\mathrm{LDAS}}(t_{\mathrm{u\text{-}MWRI}})$ 和 $T_{\mathrm{LDAS}}(t_{\mathrm{v\text{-}MWRI}})$ 分别为升轨观测时刻 $t_{\mathrm{u\text{-}MWRI}}$ 和降轨观测时刻 $t_{\mathrm{v\text{-}MWRI}}$ 的 LDAS 气温的 DTC 值。

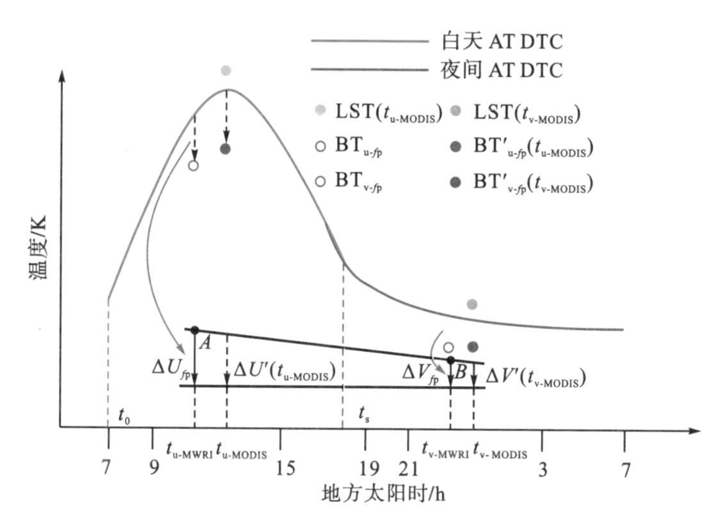

图 2.1　MWRI 亮温的时间标定示意图

根据 André等(2005)和 Mialon 等(2007)的研究，在图 2.1 中，MWRI 升轨和降轨观测时刻的亮温与 LDAS 气温 DTC 曲线的差异随时间呈线性关系，将 MWRI 标定到 Aqua MODIS 观测时间的标定项为

$$\begin{cases} \Delta U'(t_{\text{u-MODIS}}) = \dfrac{\Delta U_{fp}(t_{\text{v-MWRI}} - t_{\text{u-MODIS}}) + \Delta V_{fp}(t_{\text{u-MODIS}} - t_{\text{u-MWRI}})}{t_{\text{v-MWRI}} - t_{\text{u-MWRI}}} \\ \Delta V'(t_{\text{v-MODIS}}) = \dfrac{\Delta U_{fp}(t_{\text{v-MWRI}} - t_{\text{v-MODIS}}) + \Delta V_{fp}(t_{\text{v-MODIS}} - t_{\text{u-MWRI}})}{t_{\text{v-MWRI}} - t_{\text{u-MWRI}}} \end{cases} \tag{2.7}$$

式中，$t_{\text{u-MODIS}}$ 和 $t_{\text{v-MODIS}}$ 分别表示 Aqua MODIS 升轨和降轨观测时刻。

因此，经时间标定后的 MWRI 亮温为

$$\begin{cases} BT'_{\text{u-}fp}(t_{\text{u-MODIS}}) = T_{\text{LDAS}}(t_{\text{u-MODIS}}) + \Delta U'(t_{\text{u-MODIS}}) \\ BT'_{\text{v-}fp}(t_{\text{v-MODIS}}) = T_{\text{LDAS}}(t_{\text{v-MODIS}}) + \Delta V'(t_{\text{v-MODIS}}) \end{cases} \tag{2.8}$$

2.2.3　基于偏差纠正的 AMSR-E/2 无缺失亮温重构

由于 AMSR-E/2 的亮温为目前国际上应用较广泛且精度较高的亮温产品，故应将经时间标定后的 MWRI 的亮温“系统性”地纠正到 AMSR-E/2 的亮温水平上(即与 AMSR-E/2 的亮温无系统偏差)。根据 Leander 和 Buishand(2007)、Chen 等(2011)提出的纠正算法，纠正后的 MWRI 亮温的表达式为

$$\begin{cases}\text{Bias}=\mu(\mathbf{BT}'_{\text{MWRI-amsr}})-\mu(\mathbf{BT}_{\text{AMSR-amsr}})\\ \mathbf{BT}'_{\text{1-MWRI}}=\mathbf{BT}'_{\text{MWRI}}-\text{Bias}\\ \mathbf{BT}'_{\text{2-MWRI}}=\mathbf{BT}'_{\text{1-MWRI}}-\mu(\mathbf{BT}'_{\text{1-MWRI}})\\ \mathbf{BT}_{\text{R}}=\mu(\mathbf{BT}'_{\text{1-MWRI}})+\mathbf{BT}'_{\text{2-MWRI}}\dfrac{\sigma(\mathbf{BT}_{\text{AMSR-amsr}})}{\sigma(\mathbf{BT}'_{\text{2-MWRI-amsr}})}\end{cases} \tag{2.9}$$

式中，$\mathbf{BT}'_{\text{MWRI-amsr}}$ 为经时间标定后的 MWRI 亮温的时间序列；$\mathbf{BT}_{\text{AMSR-amsr}}$ 为原始的 AMSR-E/2 的时间序列；μ 为求均值函数；σ 为求标准差函数；$\mathbf{BT}_{\text{R}}$ 为最终得到的纠正到 AMSR-E/2 水平上的 MWRI 亮温。

从此处起，将该亮温称为 AMSR-E/2 重构亮温。

2.2.4 无缺失全天候地表温度生成

经 2.2.1～2.2.3 可得到无缺失的 AMSR-E/2 重构亮温，可将其与 MODIS 地表温度集成，估算得到无缺失的 1 km 全天候地表温度。某一 1 km 像元的全天候地表温度可由该像元所在 AMSR-E/2 像元的多通道微波亮温组合与晴空 MODIS 地表温度之间建立的线性映射直接估算得到，即

$$\begin{cases}T_{\text{s-clr-1km}}(t_{\text{clr}})=a_{\text{1km}}+\sum\limits_{\text{p}}\sum\limits_{f}b_{f\text{p-1km}}\cdot\text{BT}_{f\text{p}}(t_{\text{clr}})\\ T_{\text{s-cld-1km}}(t_{\text{cld}})=a_{\text{1km}}+\sum\limits_{\text{p}}\sum\limits_{f}b_{f\text{p-1km}}\cdot\text{BT}_{f\text{p}}(t_{\text{cld}})\end{cases} \tag{2.10}$$

式中，$T_{\text{s-clr-1km}}$ 和 $T_{\text{s-cld-1km}}$ 分别为某晴空和非晴空年积日下的 1km 地表温度；t_{clr} 和 t_{cld} 分别为某晴空和非晴空的年积日；a 和 b 为系数。

以非晴空条件为例，式(2.10)的向量形式为

$$\boldsymbol{T}_{\text{s-cld-1km}}(\boldsymbol{t}_{\text{clr}})=\boldsymbol{b}_{f\text{p}}\mathbf{BT}_{f\text{p}}(\boldsymbol{t}_{\text{cld}}) \tag{2.11}$$

其中

$$\boldsymbol{T}_{\text{s-cld-1km}}(\boldsymbol{t}_{\text{clr}})=[T_s(t_{\text{d-cld-1}}),T_s(t_{\text{d-cld-2}}),\cdots,T_s(t_{\text{d-cld-}n})]_{1\times n}$$

$$\boldsymbol{b}_{f\text{p}}=[a,b_{6\text{H}},b_{6\text{V}},\cdots,b_{89\text{H}},b_{89\text{V}}]_{1\times 9}$$

$$\mathbf{BT}_{f\text{p}}(\boldsymbol{t}_{\text{cld}})=\begin{bmatrix}1 & 1 & \cdots & 1\\ \text{BT}_{6\text{H}}(t_{\text{d-cld-1}}) & \text{BT}_{6\text{H}}(t_{\text{d-cld-2}}) & \cdots & \text{BT}_{6\text{H}}(t_{\text{d-cld-}n})\\ \text{BT}_{6\text{V}}(t_{\text{d-cld-1}}) & \text{BT}_{6\text{V}}(t_{\text{d-cld-2}}) & \cdots & \text{BT}_{6\text{V}}(t_{\text{d-cld-}n})\\ & \vdots & & \\ \text{BT}_{89\text{V}}(t_{\text{d-cld-1}}) & \text{BT}_{89\text{V}}(t_{\text{d-cld-2}}) & \cdots & \text{BT}_{89\text{V}}(t_{\text{d-cld-}n})\end{bmatrix}_{(9\times n)}$$

式中，$t_{\text{d-cld-}n}$ 为第 n 个非晴空的年积日；$\boldsymbol{t}_{\text{cld}}$ 为所有非晴空的年积日组成的时间序列；$\boldsymbol{b}_{f\text{p}}$ 为在晴空条件下该 1 km 像元的 MODIS 地表温度和所在 AMSR-E/2 像元的多通道亮温经式(2.10a)拟合得到的线性回归系数向量。

大量研究表明，在多元回归的问题上，机器学习模型能够更加充分挖掘回归参量和目标特征之间的关系，构建精度更高、泛化能力更强的多元回归映射(Zhao et al.，2019)，故可将式(2.11)中的线性回归模型以机器学习模型代替。本章选取在多元回归上表现较为优异的随机森林(random forest，RF)模型，将式(2.11)的回归映射重新表达，可得经 RF 模型估算的全天候地表温度为

$$\begin{cases} \boldsymbol{T}_{\text{s-clr-1km}}(\boldsymbol{t}_{\text{clr}}) = \mathbf{RF}_{fp}\left[\mathbf{BT}_{\text{R-}fp}(\boldsymbol{t}_{\text{clr}}), \mathbf{NDVI}(\boldsymbol{t}_{\text{clr}}), \mathbf{NDSI}(\boldsymbol{t}_{\text{clr}}), \boldsymbol{\alpha}(\boldsymbol{t}_{\text{clr}})\right] \\ \boldsymbol{T}_{\text{s-cld-1km}}(\boldsymbol{t}_{\text{cld}}) = \mathbf{RF}_{fp}\left[\mathbf{BT}_{\text{R-}fp}(\boldsymbol{t}_{\text{cld}}), \mathbf{NDVI}(\boldsymbol{t}_{\text{cld}}), \mathbf{NDSI}(\boldsymbol{t}_{\text{cld}}), \boldsymbol{\alpha}(\boldsymbol{t}_{\text{cld}})\right] \end{cases} \tag{2.12}$$

其中

$$\boldsymbol{T}_{\text{s-clr-1km}}(\boldsymbol{t}_{\text{clr}}) = [T_s(t_{\text{d-clr-1}}), T_s(t_{\text{d-clr-2}}), \cdots, T_s(t_{\text{d-clr-}n})]_{1\times n}$$

$$\boldsymbol{T}_{\text{s-cld-1km}}(\boldsymbol{t}_{\text{cld}}) = [T_s(t_{\text{d-cld-1}}), T_s(t_{\text{d-cld-2}}), \cdots, T_s(t_{\text{d-cld-}w})]_{1\times w}$$

$$\mathbf{BT}_{\text{R-}fp}(\boldsymbol{t}_{\text{clr}}) = \begin{bmatrix} 1 & 1 & \dots & 1 \\ \text{BT}_{6\text{H}}(t_{\text{d-clr-1}}) & \text{BT}_{6\text{H}}(t_{\text{d-clr-2}}) & \dots & \text{BT}_{6\text{H}}(t_{\text{d-clr-}n}) \\ \text{BT}_{6\text{V}}(t_{\text{d-clr-1}}) & \text{BT}_{6\text{V}}(t_{\text{d-clr-2}}) & \dots & \text{BT}_{6\text{V}}(t_{\text{d-clr-}n}) \\ \vdots & \vdots & & \vdots \\ \text{BT}_{89\text{V}}(t_{\text{d-cld-1}}) & \text{BT}_{89\text{V}}(t_{\text{d-clr-2}}) & \dots & \text{BT}_{89\text{V}}(t_{\text{d-clr-}n}) \end{bmatrix}_{(9\times n)}$$

$$\mathbf{BT}_{\text{R-}fp}(\boldsymbol{t}_{\text{cld}}) = \begin{bmatrix} 1 & 1 & \dots & 1 \\ \text{BT}_{6\text{H}}(t_{\text{d-cld-1}}) & \text{BT}_{6\text{H}}(t_{\text{d-cld-2}}) & \dots & \text{BT}_{6\text{H}}(t_{\text{d-cld-2}}) \\ \text{BT}_{6\text{V}}(t_{\text{d-cld-1}}) & \text{BT}_{6\text{V}}(t_{\text{d-cld-2}}) & \dots & \text{BT}_{6\text{V}}(t_{\text{d-cld-2}}) \\ \vdots & \vdots & & \vdots \\ \text{BT}_{89\text{V}}(t_{\text{d-cld-1}}) & \text{BT}_{89\text{V}}(t_{\text{d-cld-2}}) & \dots & \text{BT}_{89\text{V}}(t_{\text{d-cld-2}}) \end{bmatrix}_{(9\times w)}$$

式中，**RF** 为针对该 1 km 像元构建的唯一随机森林映射；**NDVI**、**NDSI** 和 $\boldsymbol{\alpha}$ 分别为 NDVI、NDSI 和地表反照率的时间序列。

2.2.5　RBT 方法实现

RBT 方法以某一 1 km 目标像元 H 和其所在 0.1° /0.25° 的被动微波(AMSR-E/2 和 MWRI)像元 L 为研究对象，该方法实现的流程图如图 2.2 所示，各阶段实现流程如下。

1. 阶段 I：数据预处理及时空匹配

(1)对 2011 年，将 MWRI 亮温重采样到 0.25° ，使其在空间分辨率上与 AMSR-E 亮温匹配。对 2012 年，由于 MWRI 与 AMSR2 亮温的分辨率一致，则无须重采样。

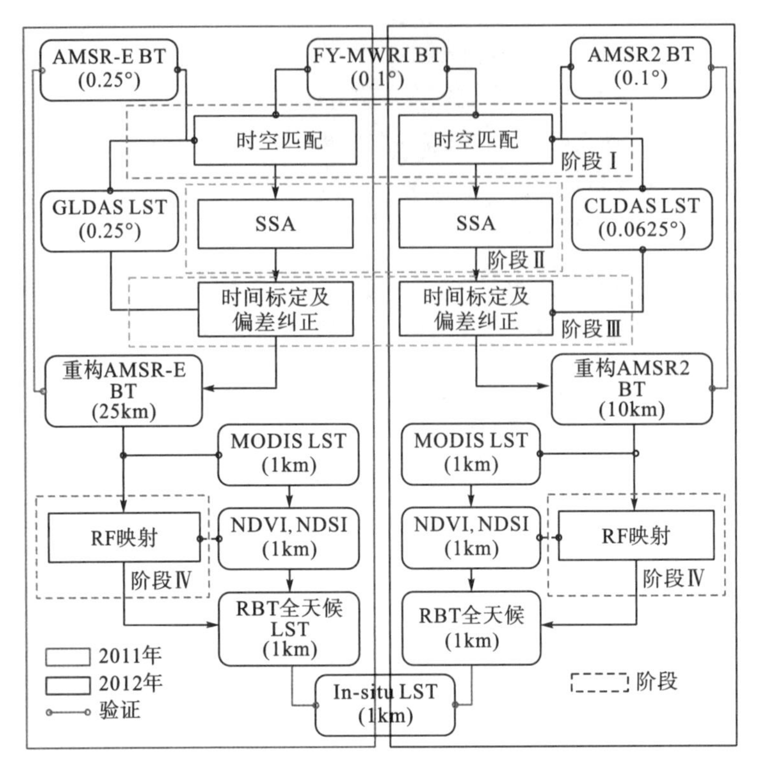

图 2.2　RBT 方法实现流程(以 2011 年为例)

(2) 通过以下标准筛选用于训练模型和验证模型的 MODIS 地表温度：①质量控制符为“good”；②传感器观测天顶角小于 60°。

(3) 将观测时间差异大于 5min 的 AMSR-E/2 与 MODIS 的像元进行剔除，以实现遥感数据间的时间匹配(Freitas et al., 2010)。

(4) 将 NDSI 和地表反照率重采样到 1 km，使其在空间分辨率上与 MODIS 地表温度匹配。将 NDVI 通过三次样条函数插值到逐日分辨率，使其在时间分辨率上与 MODIS 地表温度匹配。然后，基于统计时间滤波算法，对缺失的 NDSI 和地表反照率进行填补。

(5) 对 2012 年，将 CLDAS 的气温重采样到 0.1°，使其空间分辨率与 AMSR2 亮温匹配。对 2011 年，由于 GLDAS 气温的分辨率与 AMSR-E 一致，则无须重采样。

(6) 将所有数据进行空间位置配准。

2. 阶段Ⅱ：基于 SSA 的无缺失 MWRI 亮温生成

(1) 对像元 L，按照“第 1 天白天—第 1 天夜间—第 2 天白天—第 2 天夜间—⋯—第 365(366) 天夜间”的顺序，提取其 MWRI 亮温时间序列，将由极轨轨道间隙导致的亮温缺失值设为 0。因此，2011 年和 2012 年的 MWRI 亮温时间序列分别包含 730 和 732 个元素。

(2)将 MWRI 亮温时间序列中的非零元素进行零均值化处理，得到零均值的 MWRI 亮温时间序列。

(3)应用式(2.1)～式(2.5)中描述的 SSA 算法，对步骤(2)的零均值 MWRI 亮温时间序列进行一次重构，得到新的 MWRI 亮温时间序列。

(4)基于 Newton-Laphson 迭代算法，重复步骤(3)，直到相邻两次迭代的 MWRI 亮温时间序列差异(以标准差度量)收敛于给定阈值(本章设为 0.1K)。

(5)将步骤(4)得到的无偏 MWRI 亮温时间序列与步骤(2)中原始 MWRI 亮温时间序列中非零元素的平均值进行叠加，得到 2011～2012 年无缺失的 MWRI 亮温。

3. 阶段Ⅲ：对无缺失 MWRI 亮温的时间标定及类 AMSR-E/2 亮温重构

(1) 对像元 L，参考 Mialon 等(2007)的研究，通过拟合得到 LDAS 气温的 DTC 曲线。需要注意的是，由于 DTC 在白天和夜间的形式不同，故分别对白天和晚上 MODIS 观测时间前后三小时的气温进行拟合，以得到更加准确的 DTC。

(2) 通过式(2.6)和式(2.7)，估算升轨和降轨 MWRI 过境时刻 MWRI 亮温和 DTC 的差值。

(3) 通过式(2.8)，得到经时间标定到 MODIS 观测时间的 MWRI 亮温。

(4) 对像元 L，估算其原始 AMSR-E/2 亮温时间序列的均值和标准差。

(5) 对像元 L，估算其 MWRI 亮温时间序列与 AMSR-E/2 亮温时间序列中非零元素(即 AMSR-E/2 亮温无缺失)对应的所有元素的均值和标准差。

(6) 通过式(2.9)将 MWRI 亮温纠正到 AMSR-E/2 的亮温水平，即得到无缺失的 AMSR-E/2 重构亮温。

4. 阶段Ⅳ：基于 AMSR-E/2 重构亮温与 MODIS 地表温度集成的全天候地表温度估算

(1) 对研究区所有被动微波像元，重复阶段Ⅰ～阶段Ⅲ，得到无缺失的 AMSR-E/2 重构亮温。

(2) 对像元 L 包含的某 1 km 像元 H，基于其年内 MODIS 地表温度时序和重构后的 AMSR-E/2 多通道亮温时间序列，构建式(2.12)表征的 RF 映射。

(3) 根据步骤(2)建立的 RF 映射，将式(2.12)分别应用到晴空和非晴空条件下，估算像元 H 的全天候地表温度。

(4) 对研究区所有 1 km 像元，重复步骤(2)和(3)，估算研究区全天候地表温度。

2.2.6 方法评价

首先，将用RBT方法重构的无缺失AMSR-E/2亮温与原始AMSR-E/2亮温进行交叉比较，以检验亮温重构算法的有效性。其次，将基于RBT方法估算的1 km全天候地表温度分别与Aqua MODIS和ENVISAT AATSR地表温度进行交叉比较，以检验方法在晴空条件下的适用性。最后，用实测地表温度对基于RBT方法估算的1km全天候地表温度进行验证，检验方法在全天候条件下的适用性。此外，将RBT方法估算的全天候地表温度与基于TCD方法估算的全天候地表温度进行比较，并重点关注两种方法在原始AMSR-E/2亮温缺失区域的性能对比。用于方法评估的主要精度指标包括平均误差MBE(mean bias error)、标准差STD(standard deviation)、均方根误差RMSE(root mean square error)以及决定系数R^2。

2.3 结果分析

2.3.1 重构后的无缺失AMSR-E/2亮温

1. 亮温重构前后的时间覆盖率

如图2.3(a)和图2.3(b)所示，2011年白天，研究区逐像元的原始AMSR-E亮温的时间覆盖率(每个像元AMSR-E的有效亮温观测次数占年内总天数的比例)为44%～65%，即有效AMSR-E观测频次为160～237天；由于MWRI在2011年并未断档，其亮温的时间覆盖率比AMSR-E略高，为56%～72%，即有效MWRI观测频次为204～264天。如图2.3(c)所示，当AMSR-E和MWRI的观测频次相叠加时，相应的亮温时间覆盖率大幅提高至72%～88%，即每个像元具有有效AMSR-E亮温，MWRI亮温观测的频次达到了266～304天。这表明，MWRI的扫描轨迹与AMSR-E并不相同，两者可实现在时空观测上的互补，这是MWRI可以用来填补缺失AMSR-E/2亮温的关键。尤其在2011年AMSR-E观测断档期(即第270天之后)的95天内，MWRI提供了43～76天的观测频次，占全年天数的12%～21%，成为该时段内亮温观测的唯一来源[图2.3(d)]。

2012年白天情况与2011年类似，由于AMSR2在这一年的断档期长达半年之久，原始AMSR2的时间覆盖率仅有32%～44%，而MWRI能在断档期内提供87～124天的观测，使有效的亮温观测时间覆盖率大幅提高至70%～87%[图2.4(c)]。由于AMSR-E/2和MWRI均搭载于极轨卫星上，存在二者扫描盲区重叠的情况，故这一时间覆盖率并不能达到100%，这也是需要通过SSA重构MWRI亮温的原因。

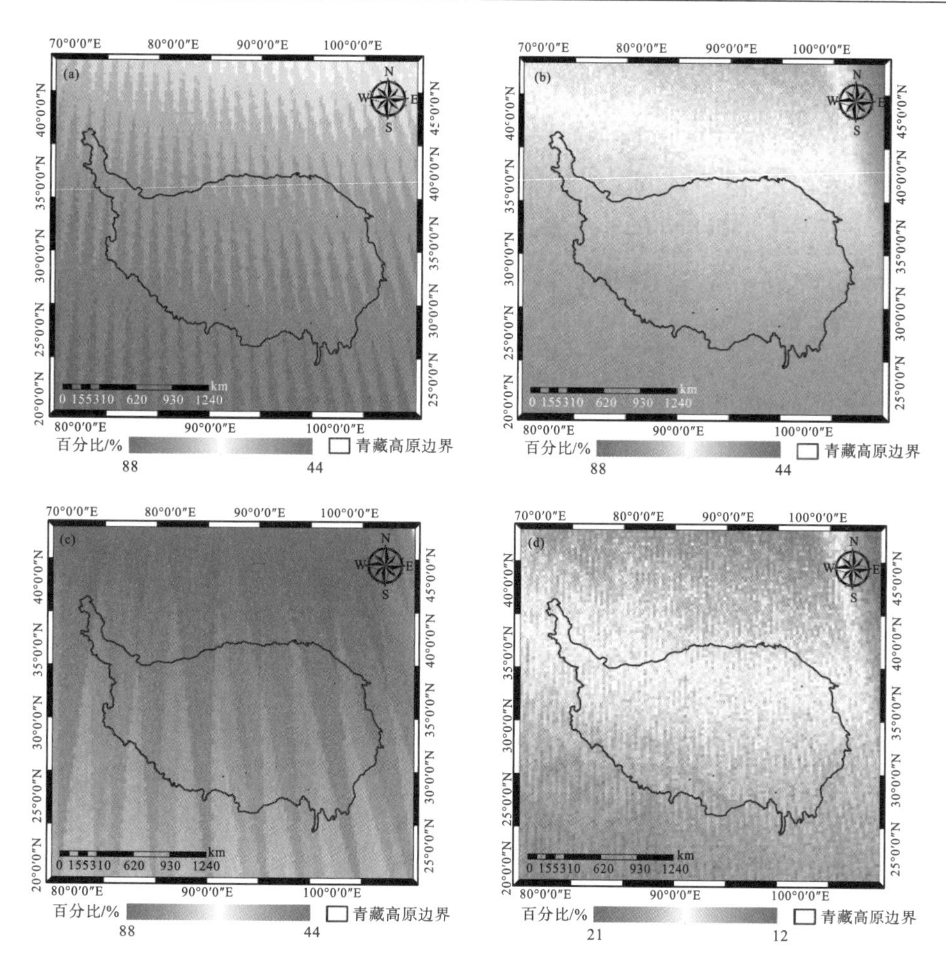

图 2.3 2011 年不同被动微波亮温的年时间覆盖率

注：(a) AMSR-E；(b) MWRI；(c) AMSR-E+MWRI；(d) 2011 年 AMSR-E 观测断档期内 MWRI 亮温的年时间覆盖率

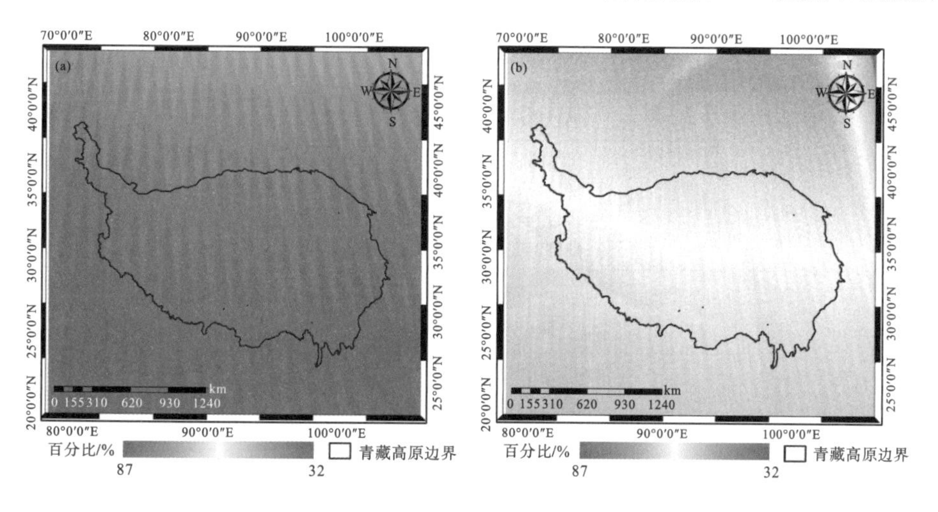

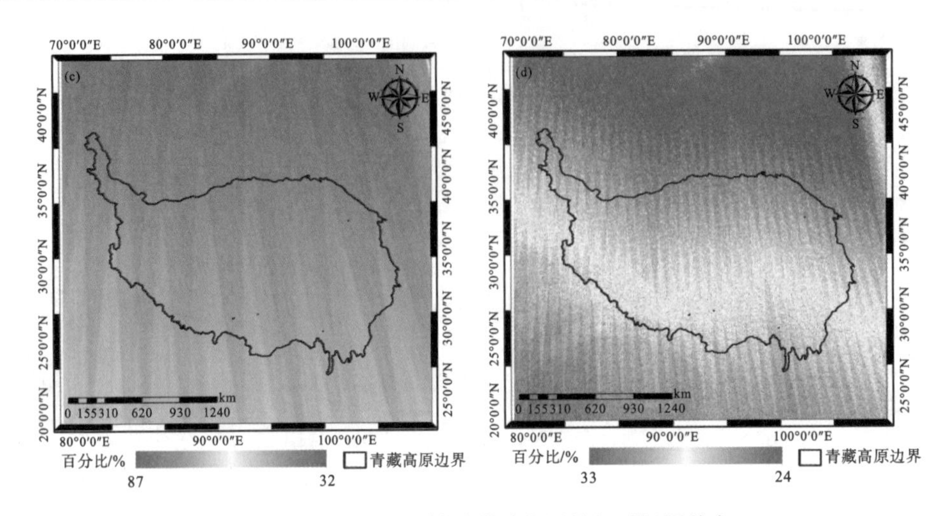

图 2.4 2012 年不同被动微波亮温的年时间覆盖率

注：(a) AMSR2；(b) MWRI；(c) AMSR2+MWRI；(d) 2012 年 AMSR-E 观测断档期内 MWRI 亮温的年时间覆盖率

表 2.3 给出了 2011 年和 2012 年时间断档期内外的研究区重构前后 AMSR-E/2 亮温的有效观测像元数目(即具有有效 AMSR-E 观测值的像元)占全年所有有效像元数目的比例。表 2.3 更加直观地展示了在时间断档期内 AMSR-E/2 的亮温观测完全缺失，而重构后的 AMSR-E/2 不仅完全填补了时间断档的 AMSR-E/2 亮温缺失，而且完全填补了轨道间隙中的亮温缺失，是真正意义上在空间上无缝、在时间上全天候的微波亮温。

表 2.3 2011 年和 2012 年时间断档期内外的研究区重构前后 AMSR-E/2 亮温的有效观测像元数目占全年所有有效像元数目的比例/%

年份	情况	亮温	时间断档期外	时间断档期内	全年
2011 年	白天	重构前 AMSR-E	61.9	0	61.9
		重构后 AMSR-E	74.0	26.0	100
	夜间	重构前 AMSR-E	62.6	0	62.6
		重构后 AMSR-E	74.0	26.0	100
2012 年	白天	重构前 AMSR2	37.6	0	37.6
		重构后 AMSR2	50.3	49.7	100
	夜间	重构前 AMSR2	37.8	0	37.8
		重构后 AMSR2	50.3	49.7	100

2. 重构亮温的时空格局

图 2.5 展示了以 36 GHz 垂直通道为例的 2011 年白天研究区原始 AMSR-E 亮温、MWRI 亮温及重构的 AMSR-E 亮温的空间分布。与原始 AMSR-E 亮温相比，MWRI 的亮温显著偏低，这一现象一方面是由 MWRI 实际观测时间比 AMSR-E 早 1h 左右造成的，另一方面由 MWRI 亮温数据本身可能存在一定的偏差导致。此外，由于裸土和稀疏植被地区地物的热惯量较小，该地区 AMSR-E 与 MWRI 亮温的差异较森林地区更大。相比之下，AMSR-E/2 重构亮温不仅填补了 AMSR-E 极轨轨道间隙内的缺失亮温(图中白色区域)，成为真正空间上无缝的亮温，而且在空间格局和幅值方面与原始亮温保持了高度一致性。特别地，在 AMSR-E 的时间断档期内[图 2.5(j)]，重构后的 AMSR-E 亮温仍无任何缺失值。2012 年白天研究区原始 AMSR2 亮温、MWRI 亮温及重构 AMSR2 亮温的空间分布如图 2.6 所示，图 2.6 展示的结果与 2011 年类似，夜间的结果也与白天无异。上述结果从空间维度证明了 RBT 方法中亮温重构算法的有效性。

图 2.7 展示了 2011 年和 2012 年具有不同地表覆盖类型的随机 AMSR-E/2 像元的原始亮温时间序列和重构 AMSR-E/2 亮温时间序列的对比。其中，2011 年随机选取的 4 个 AMSR-E 像元分别为 P1(35.22° N，90.64° E；裸地)、P2(37.50° N，74.22° E；草地)、P3(45.74° N，80.22° E；水体)和 P4(29.87° N，98.40°；森林)；2012 年随机选取的像元分别为 P5(43.93° N，71.81° E；草地)、P6(25.40° N，85.21° E；裸地)、P7(47.46° N，79.16° E；水体)和 P8(38.40° N，84.57° E；森林)。图 2.7 表明，由于水体和森林具有较大的热惯量，此类像元的亮温时间序列的变化幅度较裸地和草地像元较小。与此同时，随着频率的升高，亮温时间序列的波动幅度更大，这是因为高频段亮温表征的热辐射信息更接近地表，从而更易受到地-气交换的影响而产生波动。在时间维度上，重构的 AMSR-E/2 亮温时间序列与原始亮温高度一致且完全填补了 2011～2012 年 AMSR-E 与 AMSR2 观测断档期的亮温缺失。上述结果从时间维度证明了 RBT 方法中亮温重构算法的有效性。

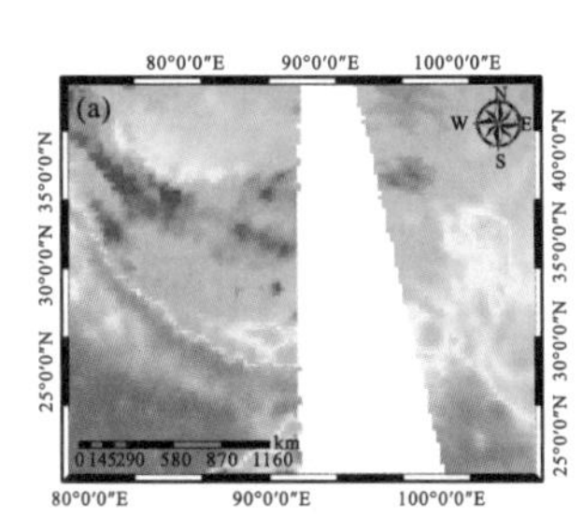

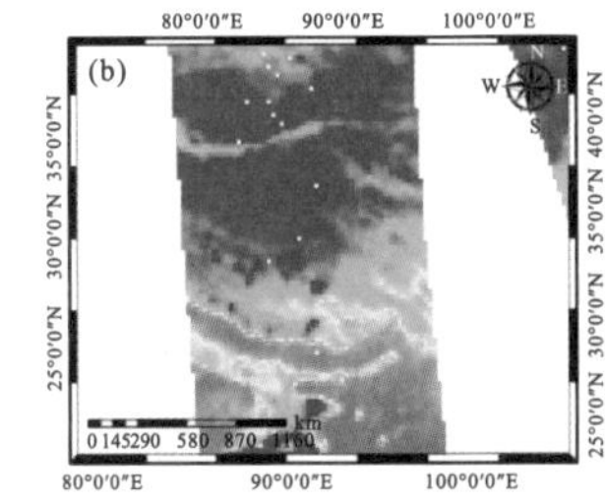

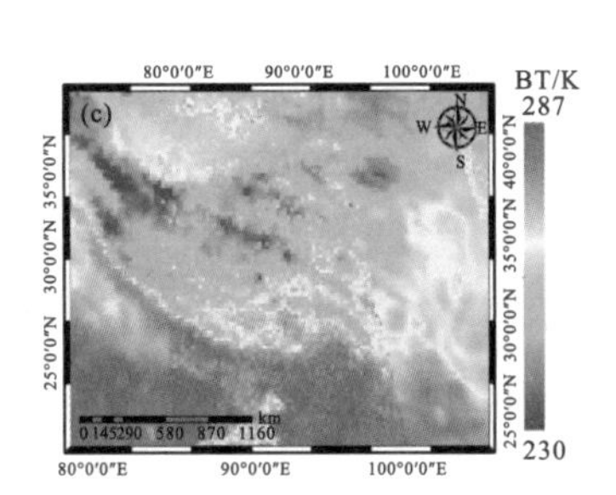

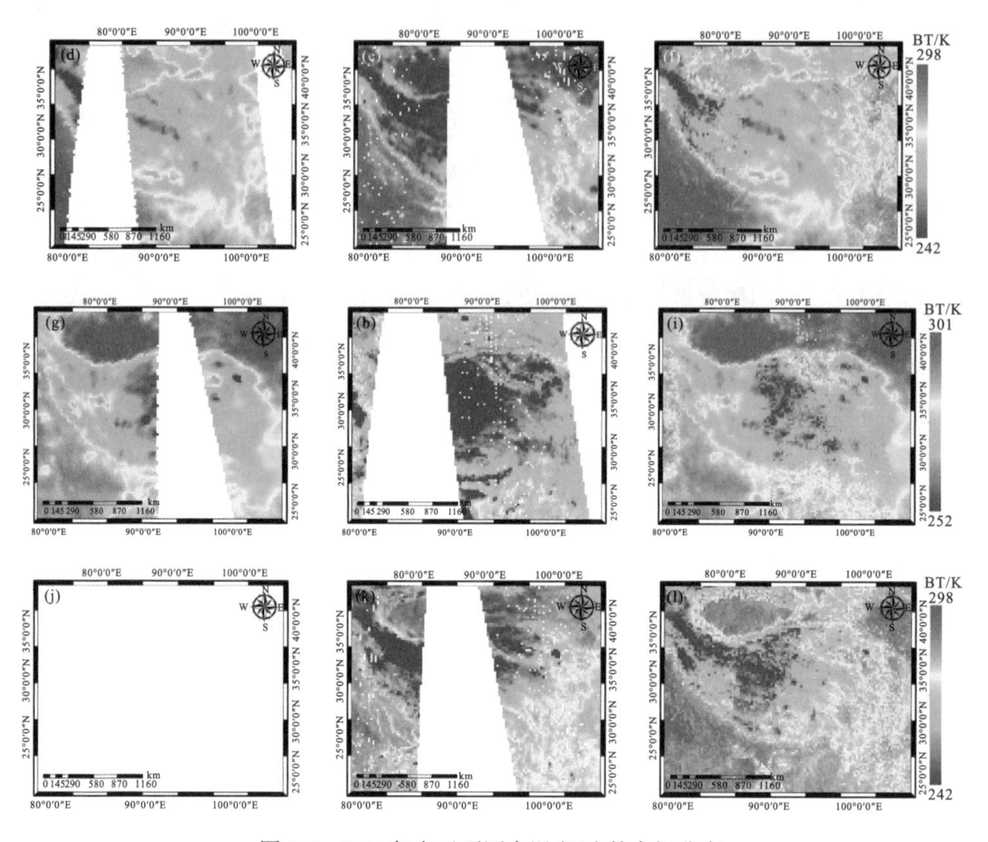

图 2.5　2011 年白天不同亮温(BT)的空间分布

注：左列为原始 AMSR-E 亮温；中间列为 MWRI 亮温；右列为重构的 AMSR-E 亮温。第 1～4 行分别为第 1、91、181 和 271 天的情况，其中第 271 天位于 AMSR-E 的观测断档期

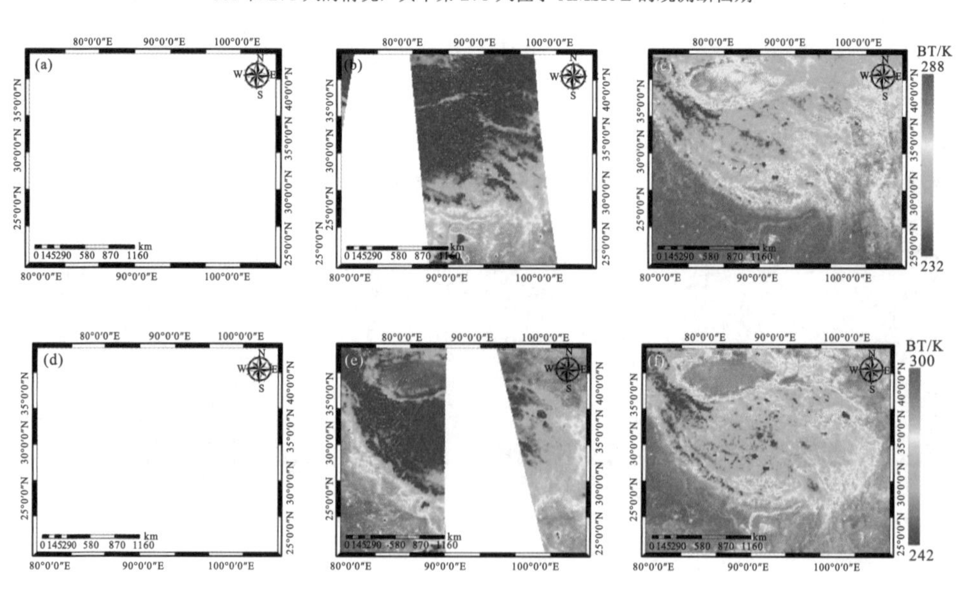

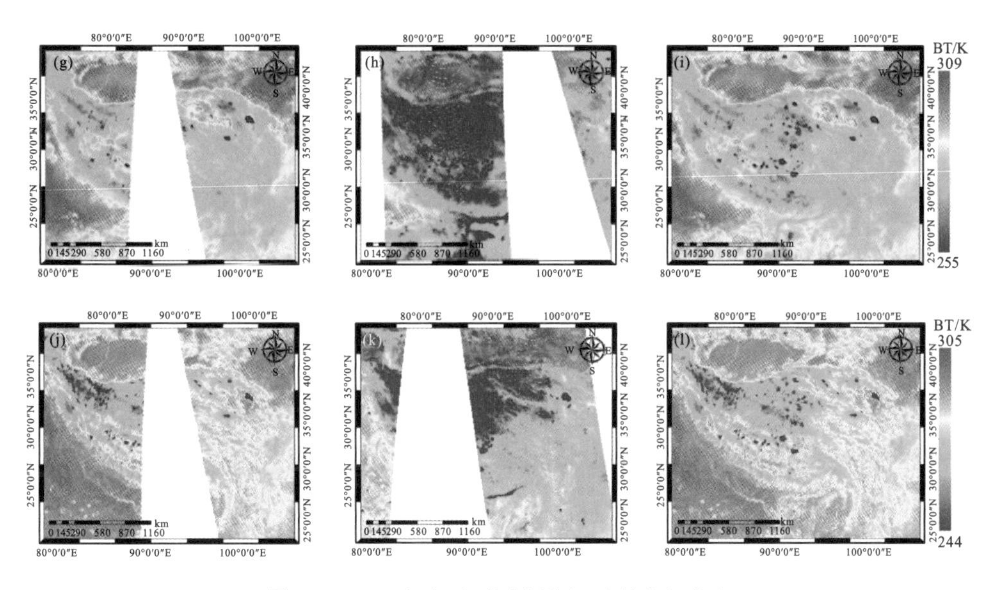

图 2.6　2012 年白天不同亮温(BT)的空间分布

注：左列为原始 AMSR2 亮温；中间列为 MWRI 亮温；右列为重构的 AMSR2 亮温。第 1～4 行分别为第 1、91、181 和 271 天的情况，其中第 1 天和第 91 天位于 AMSR2 的观测断档期

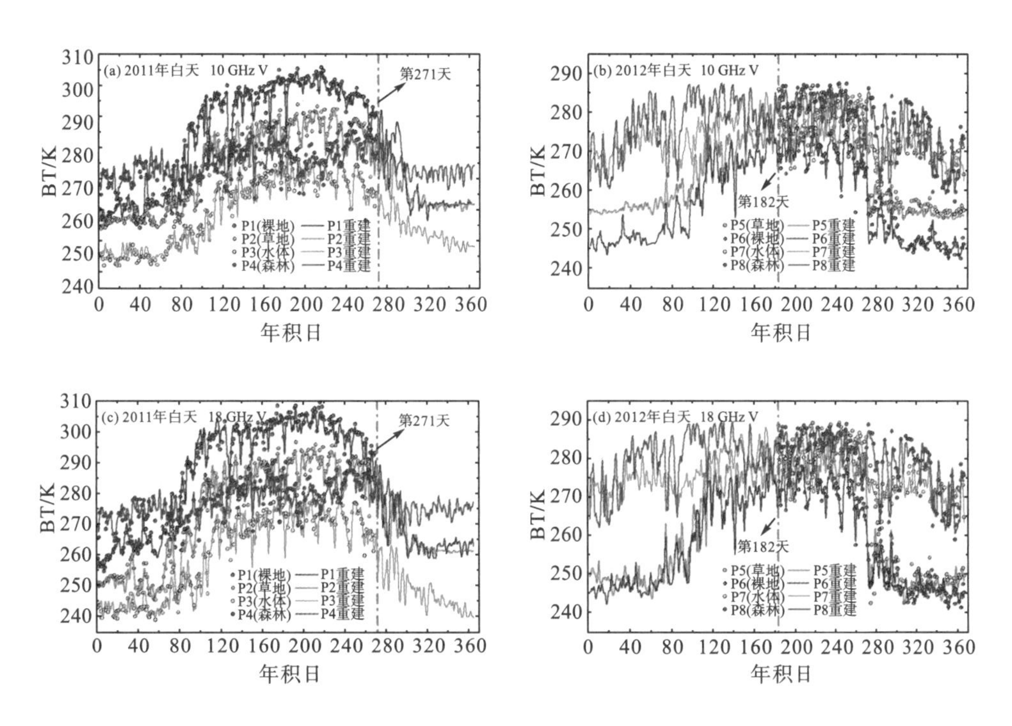

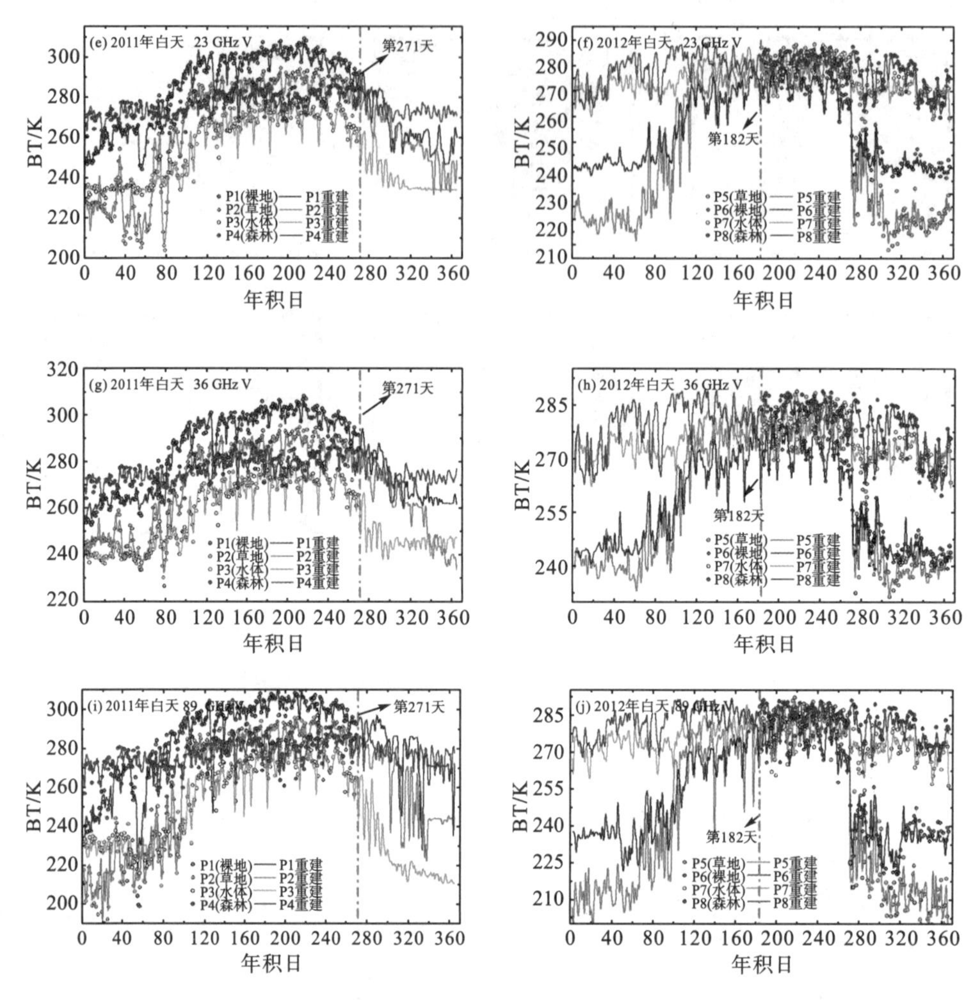

图 2.7　2011～2012 年白天 8 个被动微波像元内不同频段垂直极化通道的亮温时间序列

注：散点为原始 AMSR-E/2 亮温；实线为重构 AMSR-E/2 亮温。粉色竖线表示观测断档期的起止时间。图中 V 表示垂直极化方式。(a) 和 (b)：10 GHz；(c) 和 (d)：18 GHz；(e) 和 (f)：23 GHz；(g) 和 (h)：36 GHz；(i) 和 (j)：89 GHz。左列为 2011 年的情况，右列为 2012 年的情况

3. 重构亮温的精度

图 2.8 展示了 2011 年重构的 AMSR-E 亮温与原始 AMSR-E/2 亮温的散点图。根据图 2.8，不同通道重构亮温的 MBE 为 0.01～0.04 K，RMSE 为 1.47～2.61 K，R^2 为 0.87～0.98，表明其与原始亮温之间的一致性较高。与其他通道相比，89 GHz 通道亮温的重构精度略低，原因在于该频率为 MWRI 和 AMSR-E 的最高频率，一方面其最容易受到大气影响，另一方面其被动微波的热采样深度最小，其表征的辐射信息最接近地表，也对地表的水热信息最为敏感(Zhou et al.，2016，2017)。

这两方面因素对该频段亮温的重构增加了更多的不确定性。2012 年的情况与此类似。上述结果从精度的角度直接证明了 RBT 方法中亮温重构算法的有效性。

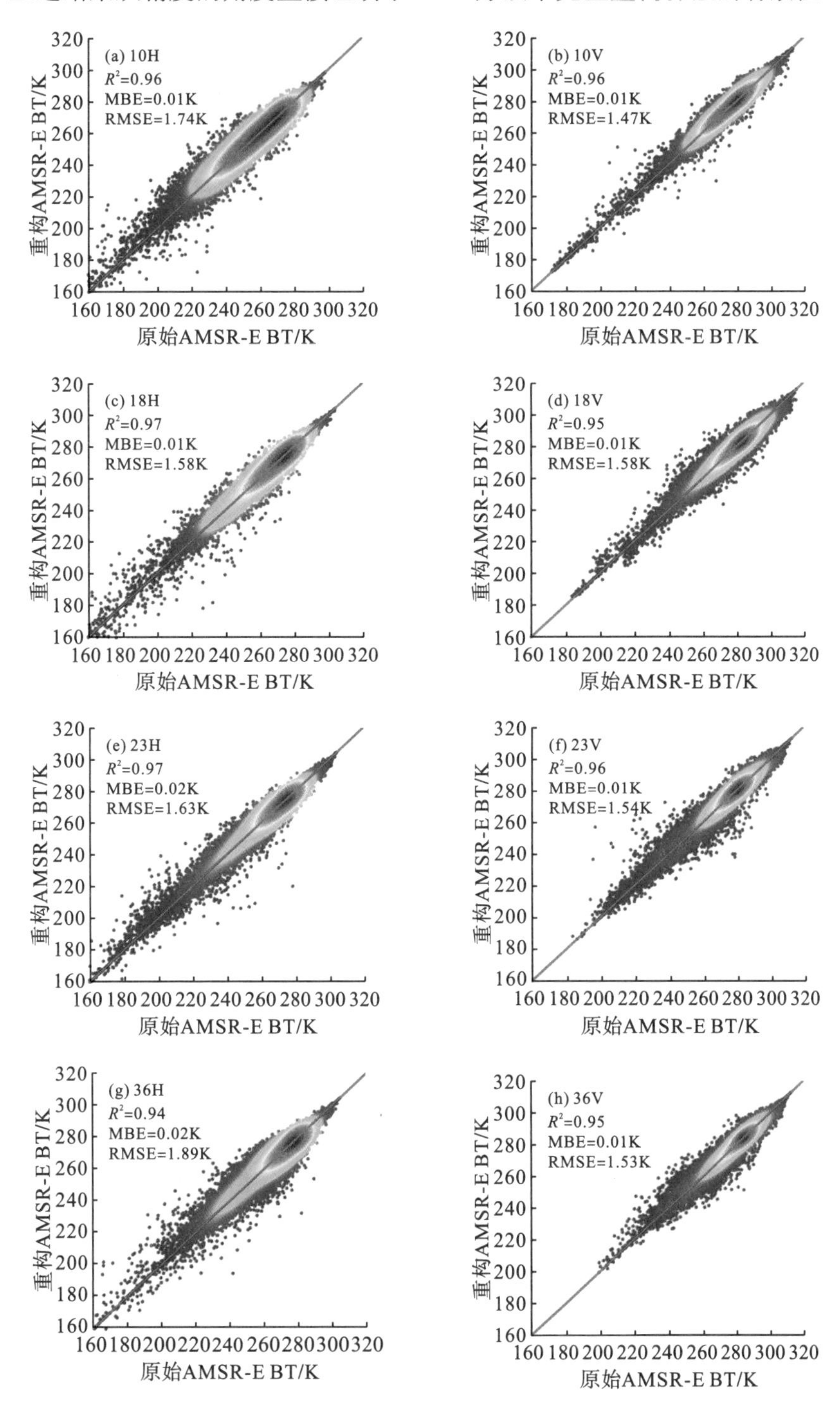

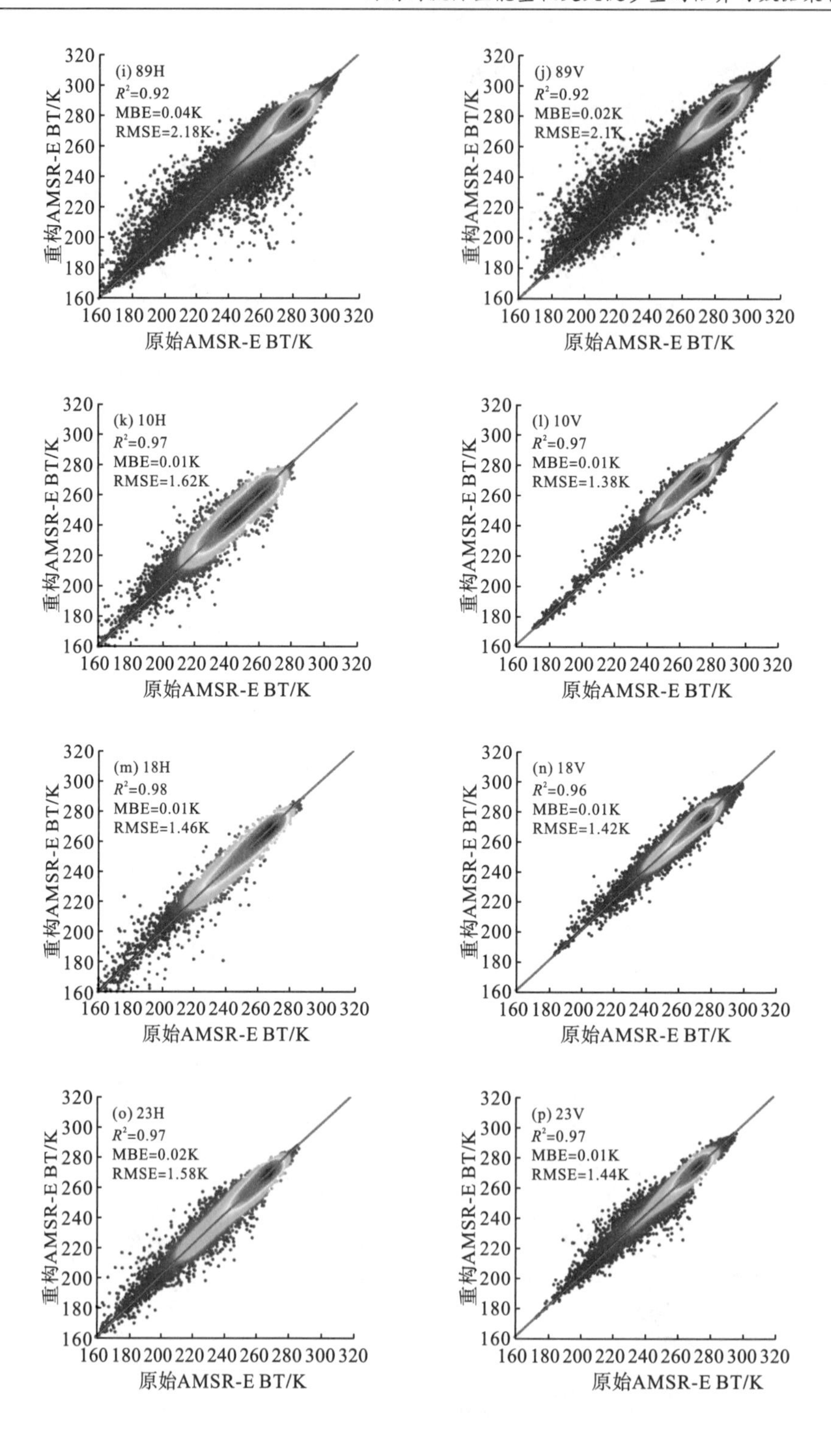
(i) 89H
R^2=0.92
MBE=0.04K
RMSE=2.18K
(j) 89V
R^2=0.92
MBE=0.02K
RMSE=2.1K
(k) 10H
R^2=0.97
MBE=0.01K
RMSE=1.62K
(l) 10V
R^2=0.97
MBE=0.01K
RMSE=1.38K
(m) 18H
R^2=0.98
MBE=0.01K
RMSE=1.46K
(n) 18V
R^2=0.96
MBE=0.01K
RMSE=1.42K
(o) 23H
R^2=0.97
MBE=0.02K
RMSE=1.58K
(p) 23V
R^2=0.97
MBE=0.01K
RMSE=1.44K
重构AMSR-E BT/K
原始AMSR-E BT/K
160 180 200 220 240 260 280 300 320

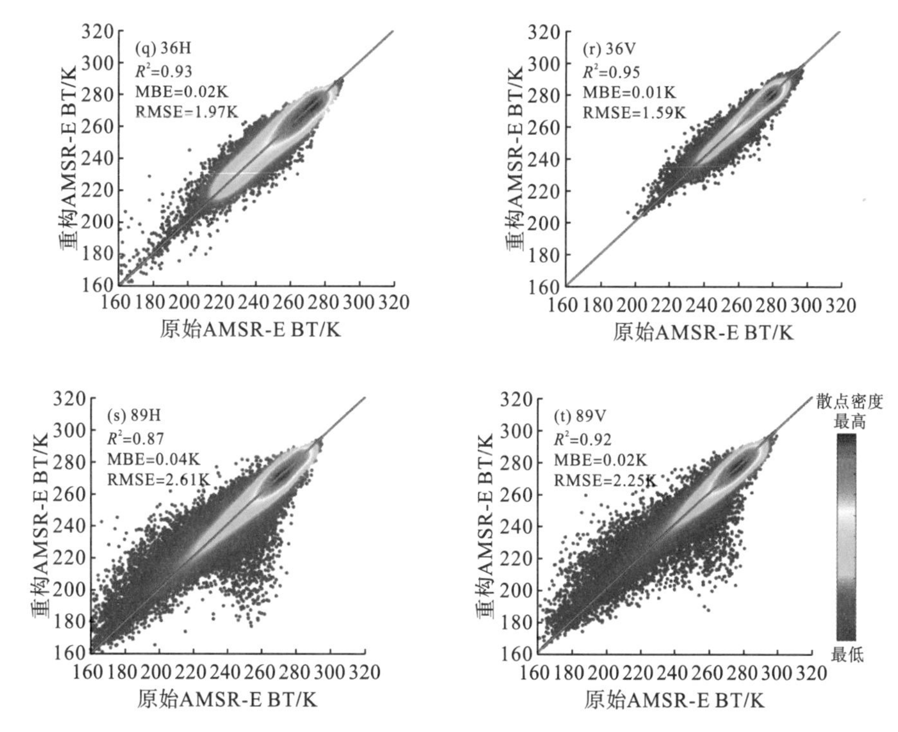

图 2.8　2011 年重构 AMSR-E 亮温与原始 AMSR-E/2 亮温的散点图和精度指标

注：其中(a)～(j)为白天，(k)～(t)为夜间。白天和夜间的样本量分别为 2.31×10^6 和 2.29×10^6。图中 H 为水平极化通道，V 为垂直极化通道，通道前的数字为频段(GHz)

2.3.2　全天候地表温度估算结果

1. 与热红外遥感地表温度的比较

本章提出的 RBT 方法估算的 1 km 全天候地表温度与对应的热红外遥感地表温度的比较结果如表 2.4 所示。与 MODIS 的地表温度相比，白天和夜间 RBT 地表温度的 MBE 范围分别为−0.18～0.27 K 和−0.09～0.21 K，STD 则不超过 1.21 K 且 R^2 为 0.97 左右。与 ENVISAT AATSR 地表温度相比的结果类似，RBT 地表温度的 MBE 范围为−0.15～0.22 K，STD 的范围为 0.74～1.12 K，R^2 均在 0.94 以上。上述结果表明，估算得到的地表温度与热红外遥感地表温度高度接近，证明 RBT 方法中构建的地表温度与多通道被动微波亮温之间的映射[式(2.12)]在晴空条件下具有较好的适用性。

表 2.4 RBT 方法估算的 1 km 全天候地表温度与对应的 MODIS 和 AATSR 地表温度的结果比较

年份	热红外地表温度	MBE/K		STD/K		R^2		样本量
		白天	夜间	白天	夜间	白天	夜间	
2011 年	MODIS	0.27	0.21	1.21	1.17	0.97	0.97	9.82×10^8
	AATSR	0.22	−0.15	1.12	1.09	0.95	0.96	3.74×10^7
2012 年	MODIS	−0.18	−0.09	1.02	1.03	0.97	0.97	9.97×10^8
	AATSR	0.15	0.18	0.87	0.74	0.96	0.95	3.79×10^7

图 2.9 展示了以 2011 年第 1、91、181 和 271 天白天为例的 MODIS 地表温度和 RBT 全天候地表温度的空间分布。图 2.9 表明，在不同季节条件下全天候地表温度不仅在空间维度上无缝，而且与 MODIS 地表温度保持了幅值和空间分布的高度一致性。与此同时，全天候地表温度的图像中并未有斑块或“马赛克”产生，即使在 AMSR-E 和 MWRI 的轨道间隙边缘，也不存在临界处地表温度空间不连续的现象。

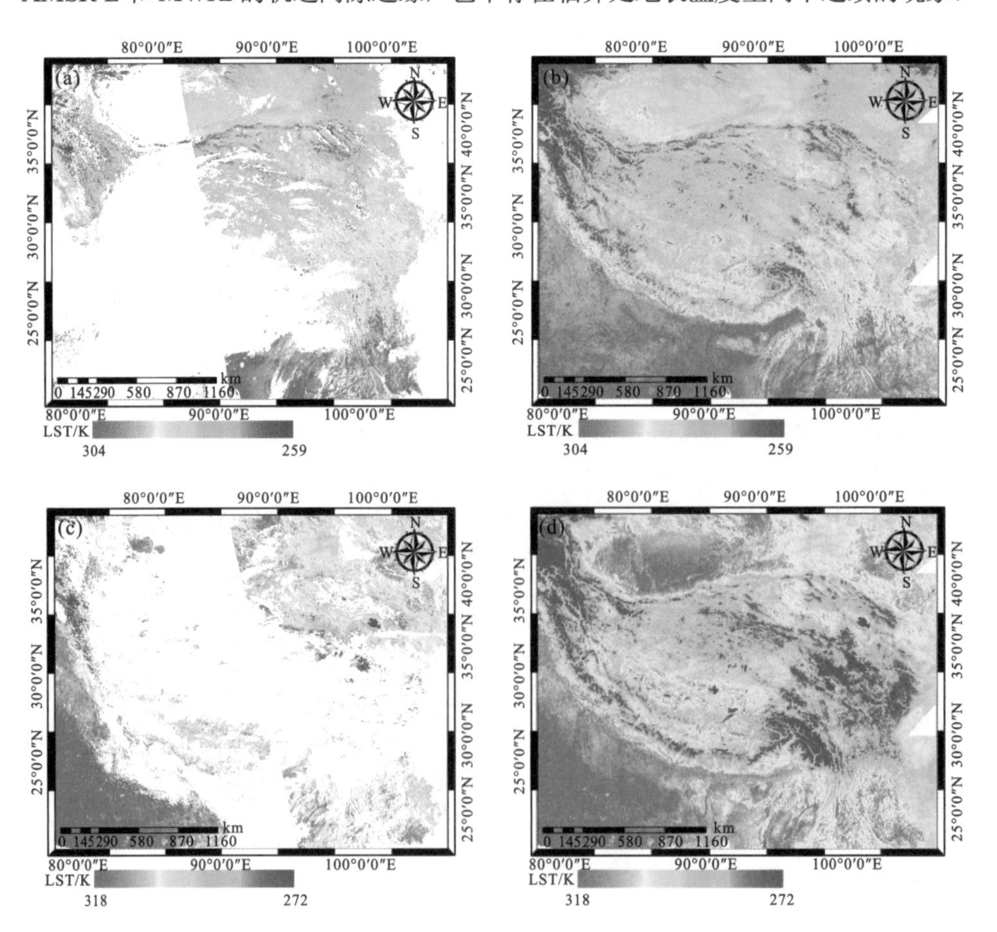

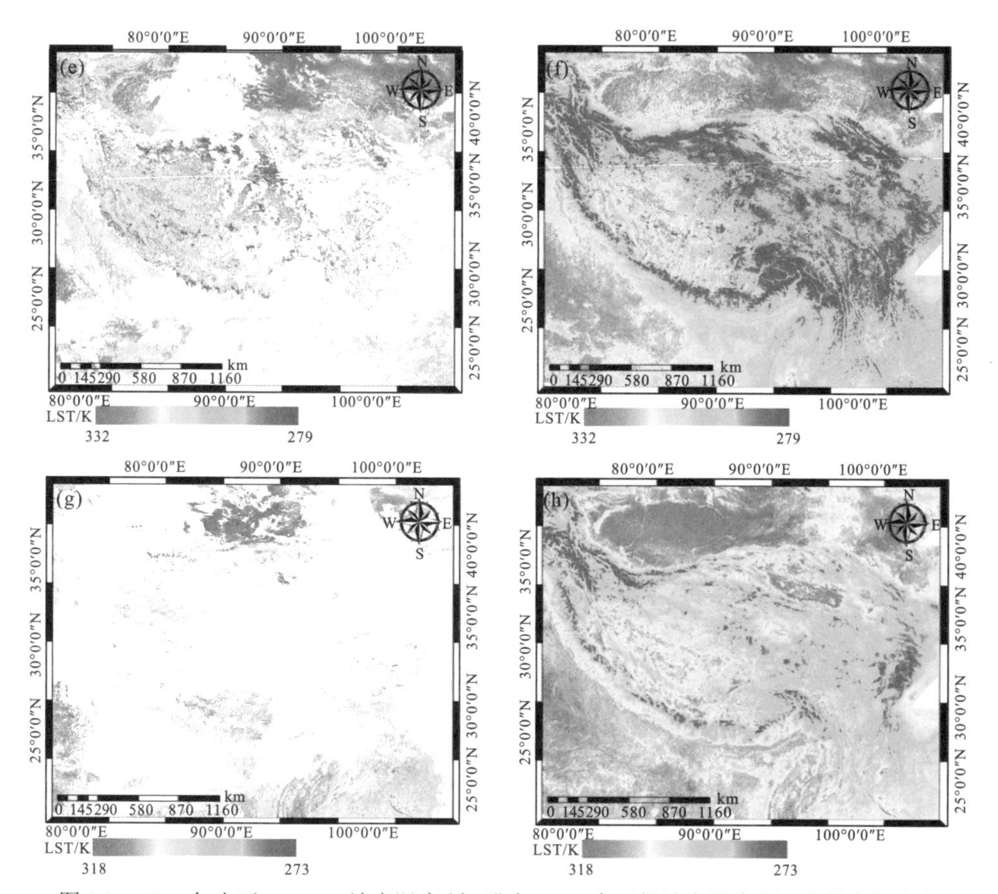

图2.9　2011年白天MODIS地表温度(左列)与RBT全天候地表温度(右列)的空间分布

注：第1～4行分别为第1、91、181和271天的情况

图2.10展示了2011年第1天白天研究区空间分辨率为1 km的全天候地表温度空间分布以及将图2.10(a)和(b)的比例尺放大64倍后，三个子区域A、B和C的全天候地表温度的空间分布。为便于对分辨率进行对比，当天相应区域空间分辨率为0.25°的AMSR-E 36GHz垂直极化通道的亮温空间分布也予以展示。在图2.9的基础上，图2.10更加直观地体现了即使在原始分辨率AMSR-E相邻像元的交界处，全天候地表温度也具有非常良好的空间连续性，并未产生斑块现象。这进一步证明了式(2.12)中的RF映射能够准确构建某一1 km像元地表温度和其所在AMSR-E像元多通道微波亮温时间序列的唯一对应关系，从而实现空间降尺度。事实上，在2016年，Dong等(2016)在基于机器学习的超分辨率图像重建研究中指出，利用原始分辨率图像中某一像素的多维特征可以构建该像素所包含的特定超分辨率亚像素目标特征的唯一映射。以此原理解释式(2.12)，即多通道的微波亮温的多维时间特征能够对微波像元所含的特定子像元的地表温度进行唯一

表达。这也是通过滑动窗口卷积能实现被动微波地表温度空间降尺度的理论支撑。同时，通过机器学习对热采样深度不同的多微波通道信息进行挖掘，隐含地考虑了热采样深度对地表温度估算的影响。

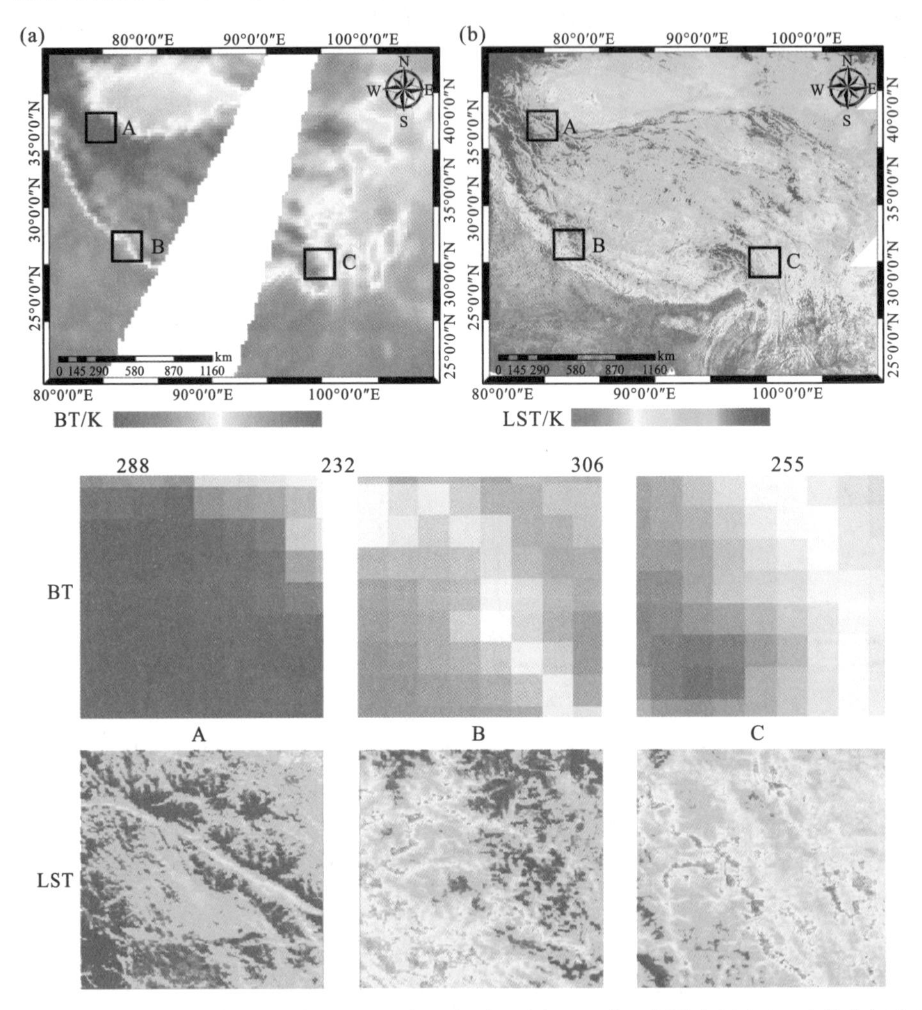

图 2.10 (a)36GHz 垂直极化通道 AMSR-E 亮温(BT)；(b)RBT 全天候地表温度(LST)的空间分布

注：第二、三行图为(a)、(b)按 64 倍比例尺放大后子区域 A、B 和 C 的空间分布

2. 与其他全天候地表温度的比较

为进一步探究 RBT 方法估算的全天候地表温度的性能，将其与时间成分分解模型(temporal component decomposition，TCD)得到的全天候地表温度进行对比(Zhang et al.，2019)。表 2.5 列出了 2011～2012 年 TCD 和 RBT 全天候地表温度与 MODIS 精度比较。需要注意的是，由于 TCD 地表温度在 AMSR-E12 的观测断

档期(2011 年 9 月 28 日至 2012 年 6 月 30 日)完全缺失，故两者的比较仅限于 2011～2012 年的其余时段。由表 2.5 可知，对于在 AMSR-E/2 轨道间隙外的像元，TCD 和 RBT 的全天候地表温度均与 MODIS 地表温度无明显的系统性偏差。此外，两者的精度也高度接近，两者 MBE 的差异范围为 0.23～0.32 K 且 STD 的差异不超过 0.05 K。然而，对于 AMSR-E/2 轨道间隙内的区域，与 MODIS 地表温度相比，TCD 地表温度产生了明显的系统性偏差，这是因为在 TCD 地表温度的估算中，纵然通过滑动窗口卷积方法能够填补轨道间隙亮温缺失导致的地表温度缺失，但该方法的执行顺序是从轨道间隙的边缘像元开始以不断迭代的方式逐渐向间隙中心预测地表温度的缺失值，故方法的精度极大地依赖于初次填补得到的轨道间隙边缘处像元的地表温度的精度，若初次填补的地表温度误差较大，则间隙内填补后的地表温度的误差会因累积而逐渐增大。特别是对于中低纬度的青藏高原而言，由于 AMSR-E/2 的轨道间隙面积较大，通过此方法填补所得的地表温度的可靠性进一步降低。相比之下，RBT 地表温度在轨道间隙内外的精度并无明显差异，这进一步印证了在 AMSR-E/2 的轨道间隙区域内用 RBT 方法估算地表温度具有更高的可靠性，也从侧面证实了重构 AMSR-E/2 亮温具有较好的质量。

表 2.5　2011～2012 年 TCD 和 RBT 全天候地表温度与 MODIS 精度比较

全天候地表温度	像元类型	MBE/K		STD/K		R^2	
		白天	夜间	白天	夜间	白天	夜间
TCD	全部	0.99	0.71	2.61	2.35	0.91	0.91
	轨道间隙内	−0.21	−0.15	1.12	1.09	0.95	0.96
	轨道间隙外	1.75	1.42	4.17	3.95	0.82	0.86
RBT	全部	0.12	0.08	1.15	1.07	0.96	0.97
	轨道间隙内	0.11	0.08	1.17	1.14	0.96	0.98
	轨道间隙外	0.14	0.08	1.14	1.02	0.96	0.95

表 2.6 和表 2.7 分别给出了以地面实测土壤温度进行验证时，2011～2012 年 TCD 与 RBT 地表温度在夜间和白天的精度。与表 2.5 类似，两者的比较仅限于 2011～2012 年 AMSR-E/2 观测断档期外的时段。此外，表 2.6 也给出了每个站点的年内平均土壤体积湿度(地下 1 cm)和站点所在 1 km 像元的空间异质性(通过像元内所有 120 m Landsat-7 ETM+像元地表温度的标准差表征)。以夜间的情况为例，由表 2.6 可得，与实测地表温度相比，除 RW 站外，其他站点所在像元属于稀疏植被和裸地的地表覆盖类型，被动微波的热采样深度使得 RBT 地表温度产生了-1.81～-0.49 K 的系统性低估。此外，RBT 地表温度的精度与站点的土壤湿度

呈显著正相关关系，RBT 精度在 RW 水体站的精度最高，其 MBE 和 RMSE 分别为 0.09 K 和 1.45 K；而在土壤湿度最低的 SQ 站精度最低，其 MBE 和 RMSE 分别为-1.81 K 和 3.25 K。该结果可用以下原因解释：一方面，土壤湿度更高意味着被动微波的热采样深度更小，对估算地表温度精度的影响也更小。这也解释了 RBT 地表温度在微波热采样深度近似为 0 的 RW 水体站与实测地表温度的偏差极小、精度最高的原因。另一方面，更高的土壤湿度往往代表了站点所在区域的空间热异质性更低，这一点可通过表 2.6 中给出的站点所在像元的空间异质性印证。而较低的空间异质性有助于减小由于点-像元空间尺度不匹配带来的验证误差。此外，RBT 地表温度的精度在晴空和非晴空条件下并无明显差异，这证明了式(2.12)在全天候条件下具有良好的适用性。

表 2.6　2011～2012 年夜间以实测地表温度验证时 TCD 和 RBT 地表温度的精度

站点	异质性/K	土壤湿度/%	轨道间隙天数/天	天气背景	样本量(N)	RBT LST			TCD LST		
						MBE/K	RMSE/K	R^2	MBE/K	RMSE/K	R^2
AL	1.02	9.1	106	全天候	211	−0.87	2.62	0.89	−1.43	3.07	0.86
				晴空	125	−0.75	2.57	0.90	−1.39	3.11	0.84
				非晴空	86	−0.96	2.71	0.87	−1.52	3.02	0.87
SQ	1.36	0.9	122	全天候	269	−1.81	3.25	0.88	−2.95	4.54	0.85
				晴空	155	−1.95	3.16	0.91	−3.02	4.62	0.85
				非晴空	114	−1.76	3.36	0.88	−2.91	4.59	0.66
RW	0.27	—	139	全天候	246	0.09	1.45	0.93	−2.47	4.95	0.83
				晴空	72	−0.05	1.27	0.95	−2.36	4.98	0.84
				非晴空	174	0.15	1.71	0.92	−2.60	4.93	0.81
SE	1.25	7.9	138	全天候	275	−1.19	3.03	0.90	−2.79	4.92	0.79
				晴空	70	−1.25	2.97	0.91	−2.86	4.92	0.77
				非晴空	205	−1.07	3.07	0.90	−2.63	4.93	0.80
CST	0.69	15.4	102	全天候	225	−0.68	2.17	0.93	−1.77	3.32	0.82
				晴空	73	−0.59	2.27	0.95	−1.82	3.29	0.83
				非晴空	152	−0.85	2.11	0.92	−1.71	3.35	0.81
NST	0.45	18.3	102	全天候	230	−0.49	2.26	0.90	−1.94	3.45	0.86
				晴空	57	−0.45	2.17	0.91	−1.87	3.49	0.87
				非晴空	173	−0.55	2.31	0.90	−1.99	3.42	0.84

相较而言，TCD 地表温度的精度对站点位于 AMSR-E/2 轨道间隙时的天数较为敏感。对位于 AMSR-E/2 轨道间隙的天数大于 120 的站点(即 SQ、RW 和 SE 站)而言，其精度显著低于其他站点。即使是在微波热采样深度影响可忽略不计的 RW 站，TCD 地表温度的 RMSE 也达到了 4.95 K。这一结果在表 2.5 的基础上进一步证明了尽管 TCD 方法对 AMSR-E/2 轨道间隙处缺失的地表温度进行了填补，其精度的质量在中低纬度区域仍不如 RBT 地表温度。另一方面，随机森林构建的亮温和地表温度之间的映射[式(2.13)]的鲁棒性优于相应的线性映射[式(2.12)]也是 RBT 地表温度精度较高的原因之一。白天的情形与夜间类似，但由于白天站点所在像元的空间异质性较高，RBT 和 TCD 的精度均略低于晚上。

表 2.7 2011～2012 年白天以地面实测地表温度验证时 TCD 和 RBT 全天候地表温度的精度

站点	异质性/K	土壤湿度/%	轨道间隙天数/天	天气背景	样本量(N)	RB LST			TD LST		
						MBE/K	RMSE/K	R^2	MBE/K	RMSE/K	R^2
AL	1.17	7.3	110	全天候	223	−1.61	3.41	0.81	−2.08	3.95	0.79
				晴空	105	−1.52	3.67	0.80	−2.29	3.90	0.80
				非晴空	118	−1.70	3.22	0.82	−1.93	3.99	0.79
SQ	1.42	0.6	121	全天候	249	−2.27	4.12	0.79	−3.65	5.92	0.75
				晴空	143	−2.41	4.21	0.80	−3.82	5.97	0.75
				非晴空	106	−2.13	3.96	0.79	−3.43	5.89	0.76
RW	0.45	—	143	全天候	226	−0.15	1.56	0.93	−2.51	5.04	0.82
				晴空	90	−0.12	1.41	0.95	−2.53	5.03	0.83
				非晴空	136	−0.18	1.64	0.94	−2.49	5.06	0.81
SE	1.36	5.8	136	全天候	255	−1.89	3.85	0.87	−3.34	5.56	0.76
				晴空	61	−1.90	3.81	0.85	−3.56	5.82	0.77
				非晴空	194	−1.88	3.86	0.88	−3.20	5.37	0.80
CST	0.94	12.3	107	全天候	197	−1.36	2.63	0.85	−2.47	3.87	0.81
				晴空	81	−1.59	2.69	0.85	−2.57	3.90	0.82
				非晴空	116	−1.25	2.59	0.86	−2.41	3.88	0.81
NST	0.68	15.7	106	全天候	221	−1.12	2.79	0.85	−2.76	4.21	0.82
				晴空	64	−1.15	2.91	0.82	−2.61	4.09	0.84
				非晴空	157	−1.11	2.85	0.86	−2.83	4.42	0.81

2.3.3 亮温重构和全天候地表温度估算中的不确定性

根据 RBT 方法的原理，AMSR-E/2 亮温的重构过程是估算所得全天候地表温度不确定性的主要来源，因此首先需对 AMSR-E/2 亮温重构中的不确定性和其对

RBT 全天候地表温度精度的影响进行探究。

表 2.8 给出了在 AMSR-E/2 亮温重构过程中的不确定性来源。根据 Njoku 等(2005)的研究，研究区射频干扰 RFI 的分布极少，故其带来的不确定性可忽略不计；由 SSA 算法执行和 LDAS 气温 DTC 拟合过程带来的不确定性可通过反复试验界定；对某一通道而言，大气影响导致的亮温重构的不确定性无法显性表述，其导致的最大不确定性 $S_{1\text{-max}}$ 仍可通过式(2.13)定量界定

$$S_{1-\max} = S - \sqrt{S_{2-\min}^2 + S_{3-\min}^2} \tag{2.13}$$

式中，S 为该通道重构 AMSR-E/2 亮温的总不确定性，可通过综合 RBT 方法中全部可调整参数得到的所有该通道重构亮温时间序列的标准差表征；$S_{i\text{-min}}$ 为保持其他参数不变时第 i 类来源产生的不确定性。其中，$S_{2\text{-min}}$ 可通过多次执行 SSA 算法直到逐日重构的亮温样本均满足正态分布时所得的亮温时间序列 STD 的最小值确定；$S_{3\text{-min}}$ 可通过多次改变 LDAS 气温 DTC 模型中的可调整参数的取值所得亮温时间序列 STD 的最小值确定。

表 2.8 微波亮温重构过程中的不确定性来源

不确定性来源种类	具体细节	序号 (i)
数据	RFI 和大气对原始微波亮温的影响	1
算法	SSA(2.2.5)阶级 II	2
	LDAS 气温的 DTC 模拟(2.2.5)阶级III	3

表 2.9 给出了以 2011 年为例的不同通道重构 AMSR-E 亮温的总不确定性 S 和由大气影响导致的重构 AMSR-E/2 亮温的不确定性 $S_{1\text{-max}}$ 以及两者的比值。由表 2.9 可得，与其他通道相比，处于大气水汽吸收带的 23 GHz 通道受大气影响最大，所导致的不确定性最大。而频率最高、大气透过率最低的 89 GHz 通道受大气影响所导致的不确定性仅次于 23 GHz 通道。因此，这两个频段通道由大气影响导致的不确定性在总不确定性中的占比也是最高的。尽管目前难以量化大气对微波亮温重构的影响，但 $S_{1\text{-max}}$ 的最大值为 0.38 K，表明大气影响给 AMSR-E 亮温重构带来的不确定性是有限的。

表 2.9 不同通道重构 AMSR-E 亮温的总不确定性 S、由大气影响导致的重构 AMSR-E 亮温的不确定性 $S_{1\text{-max}}$ 以及两者的比值

通道	$S_{1\text{-max}}$ /K	S/K	$S_{1\text{-max}}/S$/(%)
10 H	0.16±0.03	0.34±0.03	47.06±3.25
10 V	0.12±0.02	0.26±0.04	46.15±3.12
18 H	0.18±0.02	0.38±0.03	47.37±3.45

续表

通道	$S_{1\text{-max}}$ /K	S/K	$S_{1\text{-max}}/S$/(%)
18 V	0.15±0.02	0.31±0.04	48.39±3.52
23 H	0.35±0.03	0.49±0.05	71.43±5.27
23 V	0.31±0.03	0.43±0.05	72.09±4.92
36 H	0.25±0.02	0.45±0.04	55.55±4.65
36 V	0.22±0.02	0.41±0.04	53.66±4.47
89 H	0.32±0.04	0.52±0.06	61.54±3.30
89 V	0.29±0.04	0.46±0.06	63.04±4.03

为进一步探究 RBT 全天候地表温度对重构 AMSR-E/2 亮温的敏感性，通过以下步骤进行试验：第一步，对某一 1 km 目标像元 H，根据前述过程计算所有通道的微波亮温的最大不确定性 U；第二步，对某一通道而言，设置其在敏感性分析中的自变化范围为其重构的亮温外加该通道的最大不确定性，即若 6.9 GHz 垂直极化通道的最大不确定性为 0.50 K，则其自变化范围为[BT6V−0.50，BT6V+0.50]；第三步，令某一通道亮温以 0.01 K 为步长在此区间内变化，同时保持其他通道亮温不变，生成一组测试亮温。故理论上可生成像元 H 的 $(200U+100)^{10}$ 组测试亮温，若逐组测试，则时间成本过高。幸运的是，通过试验发现，水平极化、垂直极化通道以及 6 GHz、10 GHz 通道亮温的不确定性差异可忽略不计，故单像元亮温测试组的数目可缩减到 $(200U+100)^4$ 个；第四步，根据式(2.13)估算所有亮温测试组下的 RBT 地表温度时间序列的最大 STD(即最大变化)；最后，对所有 1 km 像元重复以上步骤。

图 2.11(a)、图 2.11(b)展示了 2011 年研究区所有 1 km 像元 RBT 地表温度受重构亮温影响的最大变化值。在白天，最大变化值为 0.49～1.12 K；夜间则为 0.37～0.95 K，夜间比白天幅值更低的原因夜间重构亮温精度较高。结合图 2.11(c)、图 2.11(d)不难发现，RBT 地表温度对重构亮温的敏感性与土壤湿度

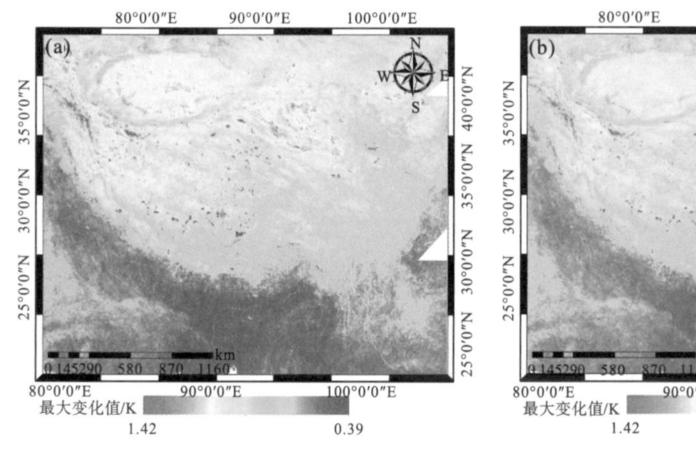

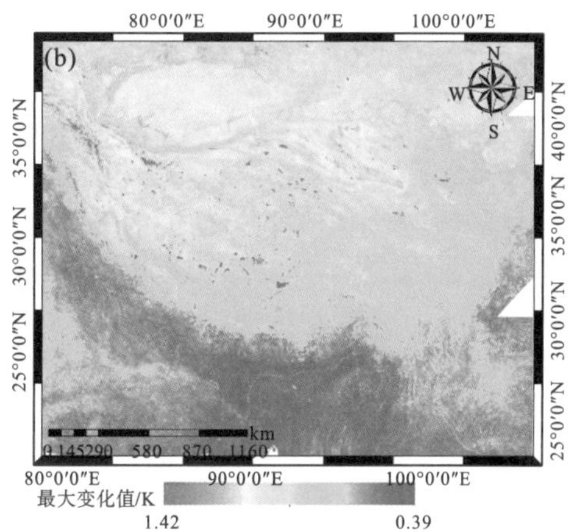

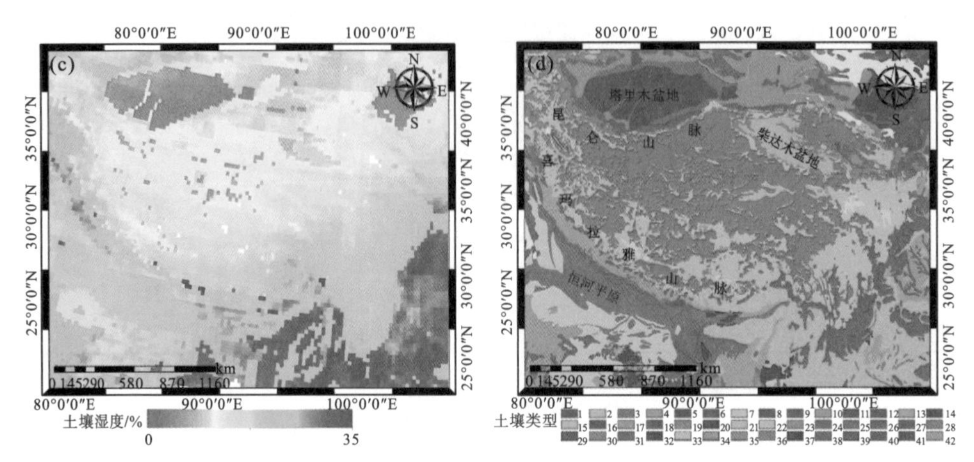

图 2.11 2011 年 RBT 地表温度对亮温的不确定性的最大变化幅度的空间分布

注：(a)白天；(b)夜间；(c)GLDAS 年内平均土壤体积湿度(地下 0.02 m 处)分布；(d)土壤类型分布

高度相关。例如，高敏感性(如变化幅值高于 1 K)的区域在白天主要集中于塔里木盆地、青藏高原北缘以及昆仑山—喜马拉雅山脉沿线等土壤湿度较低的区域，这一区域较大的微波热采样深度给亮温重构及 RBT 地表温度的估算带来更大的不确定性。图 2.11 表明，RBT 地表温度对重构 AMSR-E 亮温的敏感性整体较低。2012 年的情况也是如此。

2.3.4 RBT 方法的潜在应用

本章提出的 RBT 方法可分为被动微波亮温重构和全天候地表温度估算两大部分。一方面，将亮温重构算法推广到 2011～2012 年以外的其他年份，可对十余年的 AMSR-E/2 轨道间隙缺失的亮温进行有效重构，得到逐日空间无缝的亮温数据。该算法也有望被推广至其他传感器(如 SMMR、TRMM-TMI 和 DMSP-SSM/I 等)，进一步提高目前被动微波亮温及其衍生遥感参数(如降水、土壤湿度和积雪厚度等)产品的时空覆盖度，从而促进被动微波亮温在水文遥感等领域的有效应用。另一方面，将 RBT 方法推广到更大的空间尺度上(如洲际乃至全球区域)，有望生成近 20 年的真正空间无缝和真正 1 km 逐日全天候地表温度数据集，从而促进全球气候变化相关领域研究的发展。

2.4 小　　结

针对目前全天候地表温度估算研究中并未考虑因被动微波亮温的缺失导致所估算的地表温度并非真正意义上全天候的问题，本章提出了一种基于被动微波亮温重构的 1 km 全天候地表温度估算(RBT)方法。本章首先利用 MWRI 亮温重构了 2011～2012 年空间无缝的 AMSR-E 和 AMSR2 亮温，研究结果表明，重构的 AMSR-E/2 亮温具有良好的精度和时空连续性，故 RBT 方法可有效解决这两年因 AMSR-E 和 AMSR2 观测断档和极轨运行方式造成的亮温时间断档缺失和轨道间隙缺失问题。在此基础上，将重构的被动微波亮温与热红外遥感地表温度进行集成，得到 1 km 的真正意义上的全天候地表温度数据，研究结果表明，所得 RBT 全天候地表温度具有良好的精度。本章一方面将有助于提高西南河流源区及青藏高原全天候被动微波亮温及其衍生遥感参数的时空覆盖度，提升其应用价值；另一方面，也有助于扩大目前西南河流源区及青藏高原甚至全球区域的中高分辨率热红外-被动微波集成的全天候地表温度产品的时空覆盖范围。

参考文献

张晓东, 2020. 多源遥感协同下的全天候地表温度估算研究[D]. 成都: 电子科技大学.

André C, Ottlé C, Royer A, et al, 2015. Land surface temperature retrieval over circumpolar Arctic using SSM/I-SSMIS and MODIS data[J]. Remote Sensing of Environment, 162: 1-10.

Che T, Dai L, Zheng X, et al, 2016. Estimation of snow depth from passive microwave brightness temperature data in forest regions of northeast China[J]. Remote Sensing of Environment, 183: 334-349.

Che T, Li X, Armstrong R L, 2003. Estimation of snow water equivalent from passive microwave remote sensing data (SSM/I) in Tibetan Plateau[J]. Microwave Remote Sensing of the Atmosphere and Environment, 4894(1): 405-412.

Chen Y, Yang K, He J, et al, 2011. Improving land surface temperature modeling for dry land of China[J]. Journal of Geophysical Research: Atmospheres, 116(D20104), doi: 10. 1029/2011JD015921.

Dente L, Vekerdy Z, Wen J, et al, 2012. Maqu network for validation of satellite-derived soil moisture products[J]. International Journal of Applied Earth Observation and Geoinformation, 17: 55-65.

Dong C, Loy C C, He K, et al, 2016. Image super-resolution using deep convolutional networks[J]. IEEE Transactions on Pattern Analysis and Machine Intelligence, 38(2): 295-307.

Elmes A, Rogan J, Williams C, et al, 2017. Effects of urban tree canopy loss on land surface temperature magnitude and timing[J]. ISPRS Journal of Photogrammetry and Remote Sensing, 128: 338-353.

Freitas S C, Trigo I F, Bioucas-Dias J M, et al, 2010. Quantifying the uncertainty of land surface temperature retrievals from SEVIRI/Meteosat[J]. IEEE Geoscience and Remote Sensing Letters, 48(1): 523-534.

Ghafarian Malamiri H, Rousta I, Olafsson H, et al, 2018. Gap-Filling of MODIS time series land surface temperature (LST) products using singular spectrum analysis (SSA)[J]. Atmosphere, 9(9): 334.

Hulley G C, Hook S J, 2011. Generating consistent land surface temperature and emissivity products between ASTER and MODIS data for earth science research[J]. IEEE Geoscience and Remote Sensing Letters, 49(4): 1304-1315.

Kuenzer C, Dech S(Eds.), 2013. Thermal infrared remote sensing, remote sensing and digital image processing[OL].

Springer Netherlands, Dordrecht. https: //doi.org/10.1007/978-94-007-6639-6.

Leander R, Buishand T A, 2007. Resampling of regional climate model output for the simulation of extreme river flows[J]. Journal of Hydrology, 332(3): 487-496.

Mialon A, Royer A, Fily M, et al, 2007. Daily microwave-derived surface temperature over Canada/Alaska[J]. Journal of Applied Meteorology and Climatology, 46(5): 591-604.

Min Q, Lin B, Li R, 2010. Remote sensing vegetation hydrological states using passive microwave measurements[J]. IEEE Journal of Selected Topics in Applied Earth Observations and Remote Sensing, 3(1): 124-131.

Njoku E G, Ashcroft P, Chan T K, et al, 2005. Global survey and statistics of radio-frequency interference in AMSR-E land observations[J]. IEEE Transactions on Geoscience and Remote Sensing, 43(5): 938-947.

Pepin N, Bradley R S, Diaz H F, et al, 2015. Elevation-dependent warming in mountain regions of the world[J]. Nature Climate Change, 5(5): 424-430.

Pepin N, Deng H, Zhang H, et al, 2019. An examination of temperature trends at high elevations across the Tibetan Plateau: The use of MODIS LST to understand patterns of elevation-dependent warming[J]. Journal of Geophysical Research: Atmospheres, 124(11): 5738-5756.

Qin J, Yang K, Liang S, et al, 2009. The altitudinal dependence of recent rapid warming over the Tibetan Plateau[J]. Climatic Change, 97(1-2): 321-327.

Sawada Y, Tsutsui H, Koike T, et al, 2016. A field verification of an algorithm for retrieving vegetation water content from passive microwave observations[J]. IEEE Geoscience and Remote Sensing Letters, 54(4): 2082-2095.

Su B, Yang K, 2019. Time-Lapse Observation Dataset of Soil Temperature and Humidity on the Tibetan Plateau (2008-2016)[DB]. Beijing: National Tibetan Plateau Data Center.

Su Z, Rosnay P, Wen J, et al, 2013. Evaluation of ECMWF's soil moisture analyses using observations on the Tibetan Plateau[J]. Journal of Geophysical Research: Atmospheres, 118(11): 5304-5318.

Su Z, Wen J, Dente L, et al, 2011. The Tibetan Plateau observatory of plateau scale soil moisture and soil temperature (Tibet-Obs) for quantifying uncertainties in coarse resolution satellite and model products[J]. Hydrology and Earth System Sciences, 15(7): 2303-2316.

Turlapaty A C, Younan N H, Anantharaj V G, 2011. Interpolation of missing values in AMSR-E soil moisture data using modified SSA[J]. IEEE Geoscience and Remote Sensing Letters, 8(2): 322-325.

Van der Velde R, Su Z, van Oevelen P, et al, 2012. Soil moisture mapping over the central part of the Tibetan Plateau using a series of ASAR WS images[J]. Remote Sensing of Environment, 120: 175-187.

Wang K, Jiang Q, Yu D, et al, 2019. Detecting daytime and nighttime land surface temperature anomalies using thermal infrared remote sensing in Dandong geothermal prospect[J]. International Journal of Applied Earth Observation and Geoinformation, 80: 196-205.

Wen J, Su Z, Ma Y, 2003. Determination of land surface temperature and soil moisture from tropical rainfall measuring mission/microwave imager remote sensing data[J]. Journal of Geophysical Research: Atmospheres, 108(D2): 4038-ACL 2-10.

Yang K, Qin J, Zhao L, et al, 2013. A multiscale soil moisture and freeze-thaw monitoring network on the third pole[J].

Bulletin of the American Meteorological Society, 94(12): 1907-1916.

You Q, Wu T, Shen L, et al, 2020. Review of snow cover variation over the Tibetan Plateau and its influence on the broad climate system[J]. Earth-Science Reviews, 201: 103043.

Zhang X, Zhou J, Göttsche F M, et al, 2019. A method based on temporal component decomposition for estimating 1-km all-weather land surface temperature by merging satellite thermal infrared and passive microwave observations[J]. IEEE Transactions on Geoscience and Remote Sensing, 57(8): 4670-4691.

Zhang X, Zhou J, Liang S, et al, 2020. Estimation of 1-km all-weather remotely sensed land surface temperature based on reconstructed spatial-seamless satellite passive microwave brightness temperature and thermal infrared data[J]. ISPRS Journal of Photogrammetry and Remote Sensing, 167: 321-344.

Zhao W, Wu H, Yin G, et al, 2019. Normalization of the temporal effect on the MODIS land surface temperature product using random forest regression[J]. ISPRS Journal of Photogrammetry and Remote Sensing, 152: 109-118.

Zhong L, Ma Y M, Suhyb S M, et al, 2010. Assessment of vegetation dynamics and their response to variations in precipitation and temperature in the Tibetan Plateau[J]. Climatic Change, 103(3-4): 519-535.

Zhou F C, Song X, Leng P, et al, 2016. An effective emission depth model for passive microwave remote sensing[J]. IEEE Journal of Selected Topics in Applied Earth Observations and Remote Sensing, 9(4): 1752-1760.

Zhou J, Zhang X, Zhan W, et al, 2017. A thermal sampling depth correction method for land surface temperature estimation from satellite passive microwave observation over barren land[J]. IEEE Transactions on Geoscience and Remote Sensing, 55(8): 4743-4756.

第 3 章　近地表气温降尺度

地面站点是获取地表气温(surface air tempereture，T_a)观测值的重要手段。通过站点观测，可以获取站点所在位置的精度较高的地表气温数值，这些通过地面台站获取的气温数据是众多相关研究的重要输入参数。因此，中国气象局于 2002 年开启了“三站四网”工程建设。该工程从启动建设到 2012 年底，共建设了 2000 余个国家级地面自动观测站，3 万余个省级地面自动观测站(韩海涛和李仲龙，2012)。受地理环境和经济因素的影响，我国当前的地面自动气象站呈现出极不平衡的空间分布，总体呈现东南地区密集、西北地区站点稀少的分布特点。尤其是在青藏高原，由于其自然环境恶劣且海拔较高，地面站点尤其稀少。截至 2019 年 12 月，气象站点在青藏高原东南部分布较多，而在西部和北部分布则十分稀疏，尤其是在羌塘高原，可以提供气温观测数据的气象站点较少。

地面站点的气温数据是作为点样本收集的，难以反映广阔区域的面上变化。遥感技术可以在全球范围内提供高时空分辨率的近地表气温数据，这为提高估算近地表气温的时空精度提供了一种可行的方法，利用遥感数据可以大大提高近地表气温时空模式的估算精度。根据近地表气温遥感反演的物理机制分析，热红外遥感探测到的地表温度与近地表气温之间关系的物理意义明确，两者具有高度的相关关系(祝善友和张桂欣，2011)。因此，近年来遥感数据已被用于估算近地表气温，利用遥感数据估算近地表气温的方法包括线性回归法(Pepin et al.，2019)、神经网络法(Jang et al.，2004)、指数法(Nemani and Running，1989)、地表能量平衡法(Sun et al.，2005)、大气温度廓线外推法(冷佩等，2019)和机器学习法(Marzban et al.，2015)等。但遥感获取的近地表气温时间分辨率较低。

尽管通过空间插值得到的近地表气温数据、遥感气温数据和再分析产品中的近地表气温数据已经被广泛应用，但是由于空间分辨率低问题，此类产品的应用仍然受到限制。粗糙的空间分辨率难以准确描述近地表气温在局部区域的空间变化，尤其是在地形变化剧烈的山地区域(Pan et al.，2012)。为了满足局地应用的需求，科学家们开始聚焦于怎样获取中高空间分辨率的近地表气温数据。统计降尺度成为提高近地表气温数据空间分辨率的有效工具。Schoof 和 Pryor(2001)测试了回归模型和神经网络模型在近地表气温降尺度中的表现，结果表明，这两种方法的结果是相似的。Huth(2010)选择欧洲中西部地区作为研究区，发展了一种用于降尺度日均近地表气温的统计方法，引领科学家们开始关注通过降尺度方法获取中高分辨率的近地表气温数据。Pan 等(2012)在中国黑河流域使用 WRF(weather research and forccasting)模型生成了 5km/1h 近地表气温数据集并用来驱动水文模型。Hofer 等(2015)运用统计降尺度方法在数据稀少的冰山地区获得了日均近地表气温数据。Jha 等(2015)为近地表气温降尺度提出了一种地理统计框架。除了统计降尺度外，机器学习在近地表气温降尺度中也有很好的效果(Coulibaly et al.，2005)。Holden 等(2011)充分考虑了地形对夜间近地表气温的影响后，对日最低近地表气温进行了降尺度；Kettle 和 Thompson (2004)使用地面站点的实测数据和高程数据在欧洲的山地地区对再分析资料中的近地表气温成功地进行了降尺度。

随着气候模式的不断发展，很多长期的近地表气温产品已被广泛投入使用。这些地区或全球近地表气温产品的空间分辨率(0.0625°～1°)较粗糙，近地表气温降尺度是以现有近地表气温产品为基础，以更高空间分辨率的气温影响因子为辅助，通过数学统计方法得到空间分辨率更高、与站点实测近地表气温吻合度更好的近地表气温数据的方法。本章以青藏高原为例，介绍了一种复杂地形条件下的近地表气温降尺度方法，并生成了青藏高原长时间序列 0.01° 空间分辨率的近地表气温数据。

3.1 研究数据

3.1.1 模式数据

本章所采用的第一种模式数据为清华大学阳坤教授等制作的“中国区域地面气象要素驱动数据集”(China meteorological forcing dataset，CMFD)。该数据集基于现有的 Princeton 再分析资料、全球陆表同化数据系统 GLDAS 数据、美国宇航局的 GEWEX 地面辐射收支(GEWEX-SRB)辐射数据和热带测雨卫星(tropical rainfall measuring mission，TRMM)的降水数据制作而成(Yang et al.，2010)。中国气象局部分气象台站的 6 h 瞬时近地表气温也被融合进 CMFD。除近地表气温数据外，CMFD 还提供近地面气压、近地面空气比湿、近地面风速、地表下行短波辐射、地表下行长波辐射和地表降水等气象要素。该数据集的空间分辨率为 0.1°，时间分辨率为 3 h。该数据集可以从国家青藏高原科学数据中心①下载。

本章还使用了欧洲中尺度天气预报中心(European Centre for Medium-Range Weather Forecasts，ECMWF)的 ERA-interim(ERAI)再分析资料。所采用的 ERAI 数据的空间分辨率为 0.125°，时间分辨率为 3 h。该数据集可从欧洲中尺度天气预报中心②下载。本章使用的是 ERAI 中的近地表气温数据集。

①http://data.tpdc.ac.cn/zh-hans.
②https://www.ecmwf.int.

3.1.2 地面站点数据

为了对降尺度前后的近地表气温进行验证，本章收集了两类地面站点数据。第一类地面站点数据是国家气象数据服务中心①提供的研究区气象站点数据。本章共使用了 105 个气象站点的日均近地表气温数据，站点的空间位置分布如图 3.1 所示。第二类地面站点数据来自青藏高原的 3 个野外实验站点(包括玛曲、那曲和冰沟)。这些实验站点监测并记录了大量的瞬时气象参数，包括近地表气温、相对湿度、气压等常规气象要素和地表下行短波辐射、长波辐射和地表上行短波辐射、长波辐射等。所选用的 3 个实验站点的详细信息如表 3.1 所示。

表 3.1 3 个地面实验站点详细信息

站点	观测时间间隔/min	海拔/m	时间段	数据源
玛曲(MQ)	30	3435	2013.01.01～2013.12.31	NIEER[1]
那曲(NQ)	30	4512	2010.01.01～2010.12.31	CEOP-AEGIS[2]
冰沟(BG)	10	3449	2010.01.01～2010.12.31	WATER[3]

注：[1]中国科学院西北生态环境与资源研究所(Shang et al.，2016；文军等，2011)；[2]青藏高原协调亚欧长期观测系统(王宾宾等，2012)；[3]黑河综合遥感联合试验(Li et al.，2013)。

3.1.3 地形与其他辅助数据

为量化地形特别是海拔对气温的影响，采用美国“航天飞机雷达地形测绘使命”(Shuttle Radar Topography Mission，SRTM)提供的青藏高原及周边地区的数字高程模型(digital elevation model，DEM)，其空间分辨率为 90 m。此外，还收集了 MODIS 16 天合成的 NDVI 产品(MOD13A2/MYD13A2)，其空间分辨率为 1 km。

3.2 研 究 方 法

3.2.1 气温影响因子的筛选

近地表气温的影响因子众多，其中部分影响因子(如土壤湿度和降水等)受时空分辨率的限制，在气温的降尺度过程中难以逐一考虑。因此，本章主要从地面特征与位置(海拔、纬度和经度)的角度，分析和测试近地表气温日均值和瞬时值的主要影响因子。基于所选择的青藏高原范围内 107 个气象站点的气温日均值和 CMFD 数据集提供的气温瞬时值，对不同的气温影响因子组合进行测试。首先，将气温日均值/瞬时值作为因变量，将可能的影响因子作为自变量，

①http://data.cma.cn.

建立两者之间的线性回归关系。其次，分析多种因子组合方式的估算精度，包括：①方案 1——因子为海拔；②方案 2——因子为海拔和纬度；③方案 3——因子为海拔、纬度和经度；④方案 4——因子为海拔、纬度、经度和 NDVI。海拔作为主要影响因子被选择，其主要原因是气温随着海拔的升高而降低，尤其是在地形复杂的山区更是如此；纬度和经度代表位置；NDVI 则作为植被覆盖度的指示参数。线性回归模型的因变量气温日均值来自地面站点，剔除掉数据异常的 2 个地面站点后，共计 105 个地面气象站。

图 3.1 展示了气温日均值与瞬时值和不同影响因子组合进行线性回归时的决定系数，所有回归均显著(p<0.01)。图 3.1(a)表明，在方案 1 中，海拔可以解释整个青藏高原日均气温空间变化的 50%～76%，因此，海拔可以作为近地表气温降尺度的主要影响因子。此外，还发现纬度也对近地表气温的空间变化有影响。海拔和纬度可以解释青藏高原日均气温空间变化的 75%～93%。在方案 3 和方案 4 中，R^2 的最大上升值仅为 0.03 和 0.01，表明对于所选取的 105 个气象站点而言，经度与 NDVI 对气温的空间变化的影响是微弱的。

影响因子与瞬时气温的关系也有与日均气温类似的结果。图 3.1(b)展示的是协调世界时(Universal Time Coordinated，UTC)时间为 06:00 的一个示例。在方案 1 中，海拔解释了瞬时气温空间变化的 51%～84%；在方案 2 中，R^2 上升到 0.78～0.86；在方案 3 中，添加了经度作为回归因子后，R^2 上升值仅为 0.01～0.02；而在方案 4 中，添加 NDVI 作为回归因子后，R^2 的最大上升值仅为 0.01。根据前述的回归分析，可以把海拔、纬度和经度对气温的影响定量化：海拔对气温的影响为 4～7 K/km；纬度和经度对气温的影响分别为 0.6～1.5 K/纬度和 0.3～1.0 K/经度。

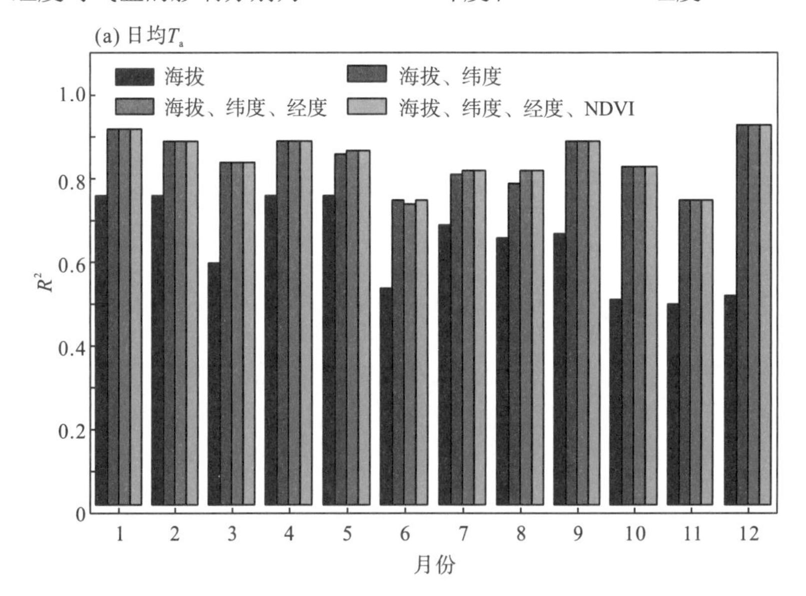

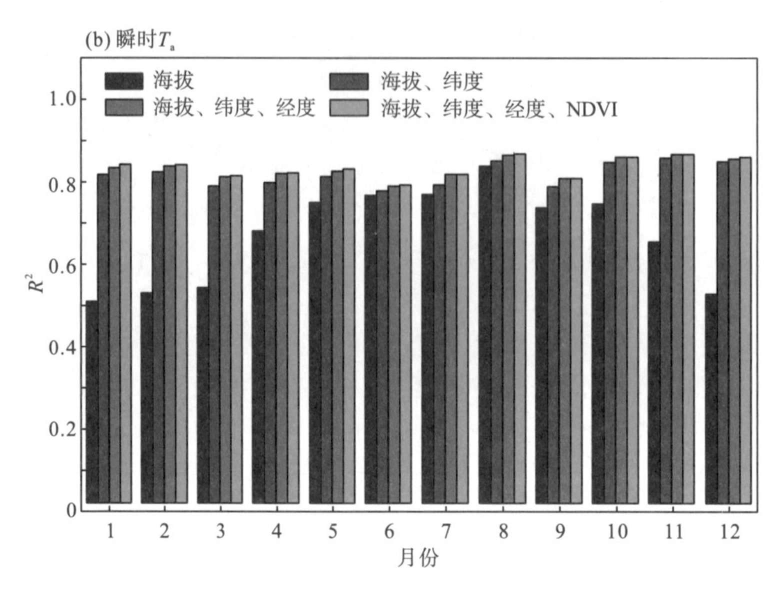

图 3.1 气温日均值与瞬时值和不同影响因子组合进行线性回归时的决定系数

3.2.2 气温的降尺度方案

根据 3.2.1 节对气温和其影响因子之间线性关系的描述，气温可以表达为如下形式：

$$T_{a,daily} = f_{daily}(H, X_1) = \lambda H + aX_1 + d \tag{3.1}$$

$$T_{a,ins} = f_{ins}(H, X_1, X_2) = \lambda H + aX_1 + bX_2 + d \tag{3.2}$$

式中，$T_{a,daily}$ 和 $T_{a,ins}$ 分别为日均气温和瞬时气温，单位为 K；f_{daily} 和 f_{ins} 分别为日均气温和瞬时气温的统计函数；H、X_1、X_2 分别为海拔、纬度和经度；λ、a 和 b 分别为对应的系数；d 为截距。显然，λ 为气温直减率(lapse rate，LR)(Fang and Yoda，1988；Du et al.，2010)。根据 3.2.1 节的分析可知，经度对日均气温的影响非常微弱，故式(3.1)中未考虑经度。

基于式(3.1)和式(3.2)，本章提出的近地表气温降尺度方法流程图如图 3.2 所示。降尺度流程的第一步是计算气温直减率 λ。系数 a、b 和截距 d 将在后面做进一步分析。空间分辨率为 90 m 的 DEM 数据被聚合至 0.01°。同时，将 10 像元×10 像元窗口内的DEM平均值作为包含该10像元×10像元窗口的0.1° 分辨率下的DEM像元值。根据 Li 等(2013)对中国陆地 1962～2011 年气温直减率的研究，青藏高原气温直减率的空间分布可以分为 8 个区域。这 8 个区域的空间范围分别为：①区域 1——73～90° E，35～40° N；②区域 2——90～100° E，35～40° N；③区域 3——100～105° E，35～40° N；④区域 4——78～95° E，27～35° N；⑤区域 5——95～

100° E，27～35° N；⑥区域 6——100～107.5° E，30～35° N；⑦区域 7——100～105° E，25～30° N；⑧区域 8——100～105° E，23～25° N。在该划分框架下，每一个区域都有相似的区域气候特征和一定的高程变化。本章也采用了该划分框架。为了更好地解决气温直减率年内变化的问题，根据 3 h 瞬时气温和每天日均气温计算各自对应的气温直减率。

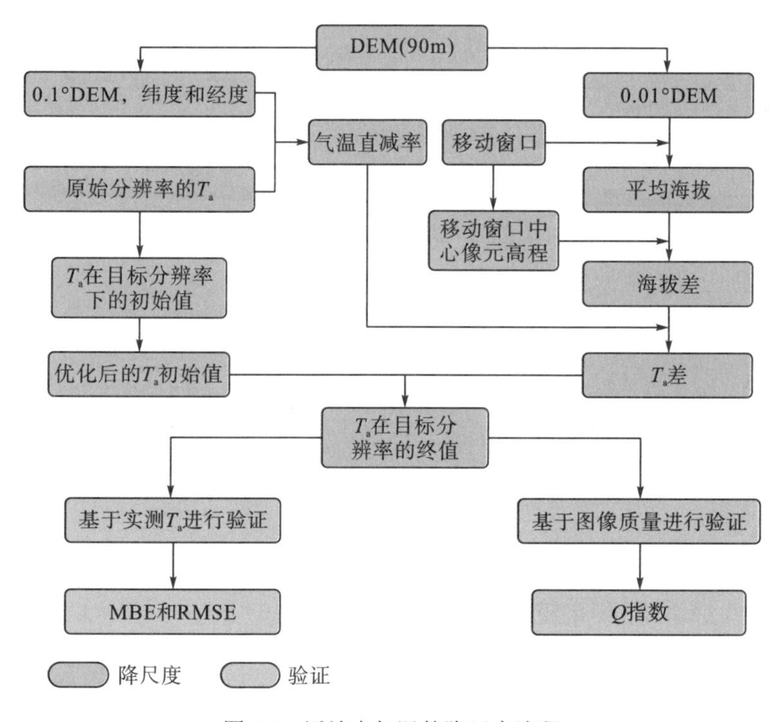

图 3.2 近地表气温的降尺度流程

第二步是确定和优化近地表气温在目标分辨率下的像元初值。以原始分辨率下(0.1°)的近地表气温作为目标分辨率(0.01°)下的初值。在目标分辨率下，以移动窗口法重新定义移动窗口中心像元的初始值。对于每一个在目标分辨率下的像元,移动窗口尺寸被设置为 $n\times n$(n 为奇数),并且当前像元为移动窗口的中心像元。在当前目标像元处于图像边缘且移动窗口是不完整的情况下，选择移动窗口中存在的所有像元作为移动窗口。移动窗口内近地表气温和海拔均有效的像元被选择作为有效像元。最后移动窗口内有效像元的平均气温作为当前目标像元优化的初始气温值，计算表达式为

$$T_a' = \frac{\sum_{i=1}^{m} T_{\text{a-initial}}(i)}{m} \tag{3.3}$$

式中，T_a' 为优化的气温初始值；$T_{\text{a-initial}}(i)$ 是在目标分辨率下移动窗口内的第 i 个像元的气温初始值；m 为移动窗口内有效像元的个数。

第三步是确定气温在目标分辨率下的终值。根据式(3.1)和式(3.2)，移动窗口中心像元与移动窗口平均值的差值可表示为

$$\Delta T_{\text{a,daily}} = \lambda(H - H_{\text{win}}) + a(X_{1-i} - X_{1-\text{win}}) \tag{3.4}$$

$$\Delta T_{\text{a,ins}} = \lambda(H - H_{\text{win}}) + a(X_{1-i} - X_{1-\text{win}}) + b(X_{2-i} - X_{2-\text{win}}) \tag{3.5}$$

式中，$\Delta T_{\text{a,daily}}$ 和 $\Delta T_{\text{a,ins}}$ 分别为日均气温差值和瞬时气温差值，单位为 K；H、X_{1-i} 和 X_{2-i} 分别为移动窗口中心像元的海拔、纬度和经度；H_{win}、$X_{1-\text{win}}$ 和 $X_{2-\text{win}}$ 分别为移动窗口的平均海拔、平均纬度和平均经度。

X_{1-i} 和 $X_{1-\text{win}}$、X_{2-i} 和 $X_{2-\text{win}}$ 可以考虑为大致相等。因此，式(3.4)和式(3.5)可以简化为如下形式：

$$\Delta T = \lambda(H - H_{\text{win}}) \tag{3.6}$$

式中，ΔT 为气温差。

移动窗口中心像元的气温终值可以被表达为

$$T_a = T_a' + \Delta T \tag{3.7}$$

3.2.3 降尺度结果的评价

将本章提出的近地表气温降尺度方法应用于从 CMFD 和 ERAI 数据集获取的日均气温和瞬时气温。需要说明的是，上述两种产品提供的瞬时气温均为 3 h 时间分辨率。因此，日均气温可直接由瞬时气温平均得到。将日均气温和瞬时气温均降尺度到 0.01° 空间分辨率。在降尺度结果的检验中，采用前文所述的 105 个气象站点和 3 个实验站点的实测日均气温检验降尺度得到的日均气温；采用 3 个实验站点的瞬时气温检验降尺度得到的瞬时气温。检验指标为 MBE 和 RMSE，MBE 可以反映高估或者低估，RMSE 则可以反映降尺度后的气温与实测值之间的总体偏差。MBE 和 RMSE 的计算公式如下

$$\text{MBE} = \frac{\sum_{i=1}^{n} \left(T_a - T_{\text{a,in-situ}}\right)}{n} \tag{3.8}$$

$$\text{RMSE} = \sqrt{\frac{\sum_{i=1}^{n} (T_a - T_{\text{a,in-situ}})^2}{n}} \tag{3.9}$$

式中，$T_{a,in-situ}$ 为站点实测气温值；n 为样本量。

除从精度的角度评价降尺度结果外，本章还进一步从图像质量的角度评价降尺度结果。图像质量指数(Q)用于评价降尺度后的近地表气温图像的质量。图像质量指数(Q)是评价图像相关度丢失、亮度失真和对比度失真的有力参数，常用于评价地表温度的降尺度结果(Wang and Bovik，2002；Zhou et al.，2016)。Q 的计算方式如下

$$Q = \frac{4\delta_{OD} O_T D_T}{(\delta_O^2 + \delta_D^2)[(O_T)^2 + (D_T)^2]} \tag{3.10}$$

式中，O_T 和 D_T 分别为降尺度前后的平均气温值；δ_O^2 和 δ_D^2 为降尺度前后的平均气温之间的方差；δ_{OD} 为图像降尺度前后的协方差。计算 Q 时采用的移动窗口大小分别为 5 像元×5 像元、10 像元×10 像元、15 像元×15 像元、20 像元×20 像元、50 像元×50 像元、100 像元×100 像元和 150 像元×150 像元。

3.3　结果分析

3.3.1　气温直减率

根据CMFD数据计算的气温直减率在本章提出的降尺度方法中是一个必要的参数。2010 年青藏高原 8 个区域的气温直减率年均值如表 3.2 所示。对于该研究区来说，气温直减率年均值的范围是4.35±0.80 K/km(区域6)到6.74±0.85 K/km(区域 2)。将计算所得的气温直减率与 Li 等(2013)计算得到的结果相比较，发现这两种气温直减率在变化趋势上是一致的，但二者在数值上有微弱的差异。造成这一差异的主要原因在于，本章用于计算直减率的气温数据集与 Li 等(2013)用于计算直减率的数据集不同，后者采用了气象站点的观测数据，而前者采用了栅格数据。青藏高原上气象站点较为稀少，在部分区域尤其缺乏(如区域 1、4、8)。因此，根据气象站点观测数据计算的气温直减率的空间代表性有限，当推广到大区域后可能不确定性较高。

表 3.2　2010 年 8 个区域的年均气温直减率、标准差、年均空气比湿和平均海拔

参数	区域							
	1	2	3	4	5	6	7	8
年均气温直减率/(K/km)	5.78	6.74	5.21	5.15	4.90	4.35	4.06	4.82
标准差	1.02	0.85	1.31	0.49	0.68	0.80	0.91	1.72
年均空气比湿/(g/kg)	3.786	3.050	4.190	3.328	4.968	5.740	8.361	9.970
平均海拔/m	4498	3768	3257	4825	3893	3547	2622	1794

不同区域有不同的气温直减率这一现象促使我们对其空间分布作进一步分析。如表 3.2 所示，气温直减率的变化趋势与区域的平均海拔没有显著关系，而与年均空气比湿却有明显的相关关系，表明气温直减率更高的区域空气更为干燥，这一现象与先前的研究结论是一致的(Tang and Fang，2006；Blandford et al.，2008；Minder et al.，2010)。与其他区域相比，区域 1～4 的气温直减率偏大，主要原因就是这 4 个区域的空气湿度更小。

从表 3.2 中可以看出，气温直减率在 8 个区域的标准差范围为 0.49～1.72。较高的标准差出现在区域 3 和区域 8，表明这两个区域的气温直减率在降尺度过程中有更高的年内变化。这一发现在图 3.3 中被进一步证实。从图 3.3 中还可以观察到明显的季节特征。区域 1、2、3、6 和 7 的气温直减率在季风季节高于冬季。在其他区域不同月份的气温直减率也有显著差异。在降尺度过程中使用更高时间分辨率的气温直减率是十分必要的。因此，当对日均气温进行降尺度时，本章计算了每天的气温直减率；当对瞬时气温进行降尺度时，为了避免数据异常导致的气温直减率计算误差，以对应时刻在前后 2 天共计 5 天的平均直减率作为降尺度中的气温直减率。

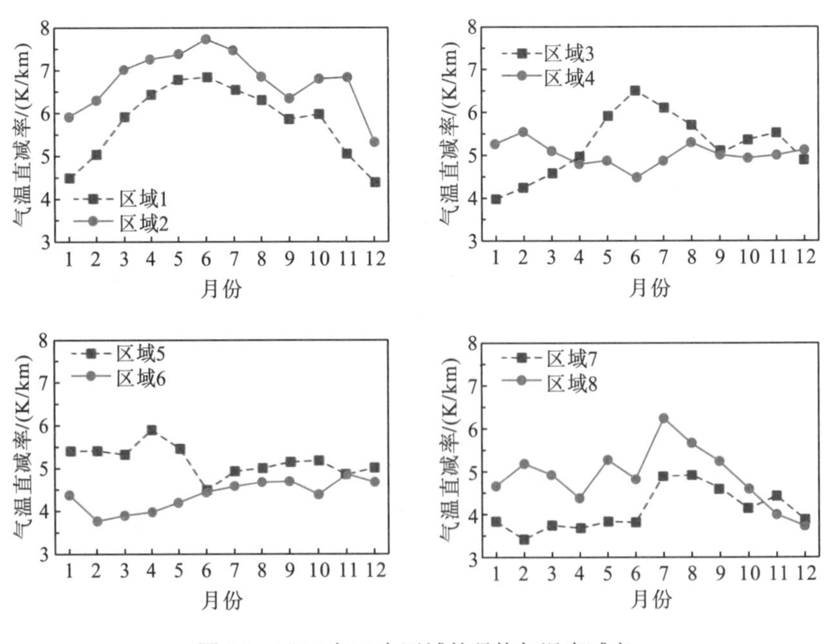

图 3.3　2010 年 8 个区域的月均气温直减率

3.3.2　降尺度窗口

近地表气温降尺度过程中另一个重要的参数就是移动窗口的尺寸。为了确定在降尺度过程中的最优移动窗口尺寸，本章对 12 个(3 像元×3 像元至 51 像元×51 像元)窗口尺寸进行了测试，并在 3 个实验站点处对每个窗口尺寸的降尺度结果进行了检验，以 RMSE 作为评价移动窗口尺寸优劣的指标。在 CMFD 和 ERAI 两种数据降尺度结果的验证中，RMSE 尽管没有明显的大小变化，但随着窗口尺寸的变大都出现了先减小后变大的趋势。图 3.4 展示了那曲站各窗口尺寸对应的 RMSE。图 3.4 表明，移动窗口的最优尺寸为 11 像元×11 像元。需要注意的是，降尺度之前的原始分辨率是 0.1°，降尺度之后的目标分辨率是 0.01°，降尺度前后的空间分辨率的倍数关系是 10。当将移动窗口尺寸设置为 10 像元×10 像元时，在原始分辨率像元内部的目标分辨率的像元将被简单地认为与原始像元具有一致的值。原始分辨率两个像元的之间的相邻关系就不能被考虑在降尺度过程中，降尺度后的图像将会出现明显的斑块效应，尤其是在地形起伏和海拔变化都较剧烈的区域，如青藏高原西南部区域。在降尺度过程中采用的窗口尺寸为 11 像元×11 像元。

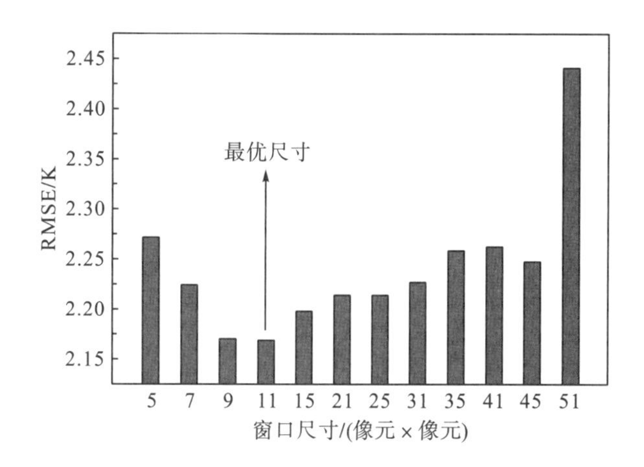

图 3.4　在不同窗口尺寸下 CMFD 近地表气温降尺度结果验证的 RMSE 值(那曲站)

3.3.3　日均气温降尺度结果

使用 105 个气象站点的实测数据检验了降尺度后，得到空间分辨率为 0.01°的 CMFD 和 ERAI 日均气温数据。由于在 CMFD 的近地表气温数据的生产过程中，只融合了部分站点的 6 h 瞬时近地表气温，所以该检验仍然有效(Yang et al.，2010；Chen et al.，2011)。图 3.6 所示为 2010 年中 6 天降尺度前后的 CMFD 日均近地表气温与 105 个地面站点实测日均近地表气温的散点图。由图 3.5 可知，降尺度后的 CMFD 日均近地表气温比降尺度前更加接近地面站点实测日均近地表气温。CMFD 日均近地表气温降尺度前，MBE 的范围是−1.12～−0.81 K，这表明 CMFD

日均近地表气温有一个明显的负偏差；对应的 RMSE 范围是 2.01～2.29 K。与之对应的是 CMFD 日均近地表气温降尺度后，MBE 与 RMSE 分别变为-0.91～-0.52 K 和 1.22～1.60 K。因为原始的 CMFD 近地表气温没有校正，所以降尺度后的 CMFD 日均近地表气温仍然有一定负偏差，该负偏差来自原始的 CMFD。

使用 NQ、MQ 和 BG 3 个实验站点的实测日均近地表气温进一步验证降尺度后的 CMFD 日均近地表气温数据。表 3.3 为这 3 个实验站点的 R^2、MBE 和 RMSE。MQ 和 NQ 站点的实测日均近地表气温降尺度后，MBE 分别从 2.10 K 和 0.68 K 下降至 2.00 K 和 0.44 K；而 BG 站点的低估明显减小，MBE 从-1.78 K 变为 0.05 K。降尺度后，在 3 个实验站点处 CMFD 日均近地表气温与实测气温都有更好的一致性：在 MQ 站点，RMSE 减小 0.07 K；在 NQ 站点减小 0.14 K；在 BG 站点减小 0.78 K。降尺度后的 CMFD 日均近地表气温在 BG 站点表现最好，降尺度效果最佳，其主要原因在于 BG 站点位于山地区域。由于 DEM 数据的高空间分辨率的特性，降尺度后的结果与实测日均值之间的一致性都比降尺度前好。

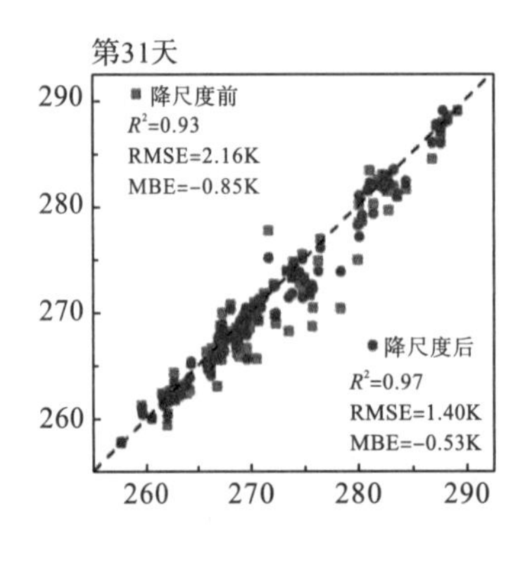

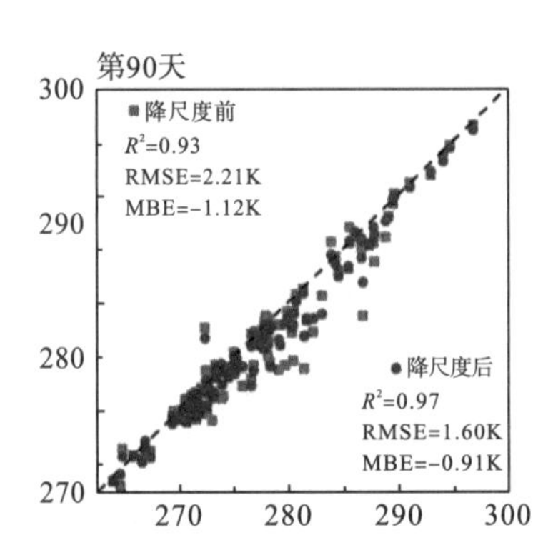

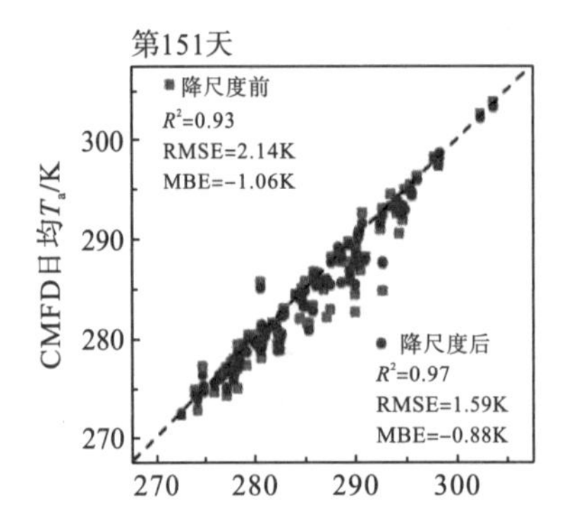

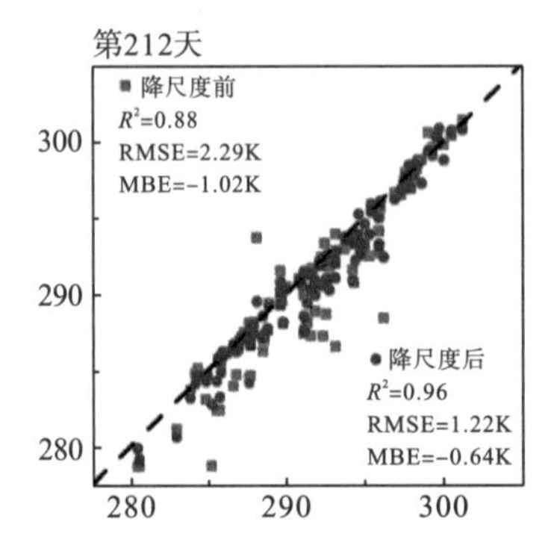

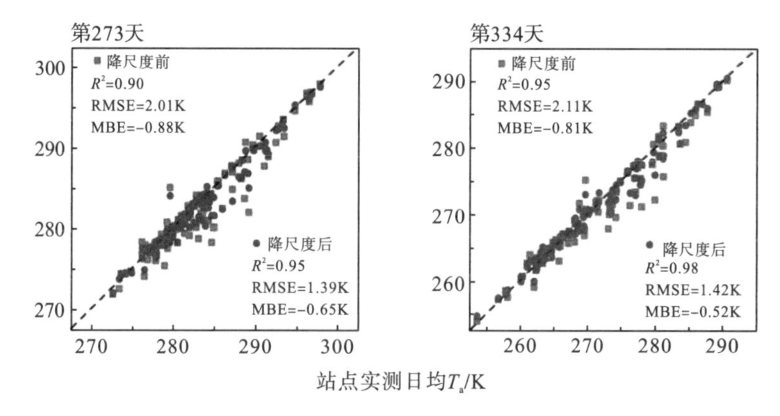

图 3.5　基于 105 个地面气象站点 2010 年实测日均近地表气温对 CMFD 日均近地表气温降尺度前后进行验证的结果

表 3.3　基于 3 个实验站点对降尺度前后 CMFD 日均地面气温的验证结果

站点	降尺度前			降尺度后		
	R^2	MBE/K	RMSE/K	R^2	MBE/K	RMSE/K
MQ	0.98	2.10	2.41	0.99	2.00	2.34
NQ	0.99	0.68	1.10	0.99	0.44	0.96
BG	0.94	-1.78	2.79	0.95	0.05	2.01

图 3.6 为基于 105 个地面气象站点的实测日均近地表气温对降尺度前后 ERAI 日均近地表气温的验证结果。由图 3.7 可知，ERAI 日均近地表气温在整个青藏高原有明显的低估。降尺度前，MBE 值的范围是-13.87～-10.66 K。降尺度后，尽管由于站点与像元之间尺度不匹配引起的误差变小，但明显的低估仍然存在(MBE 值的范围是-13.05～-9.72 K)。

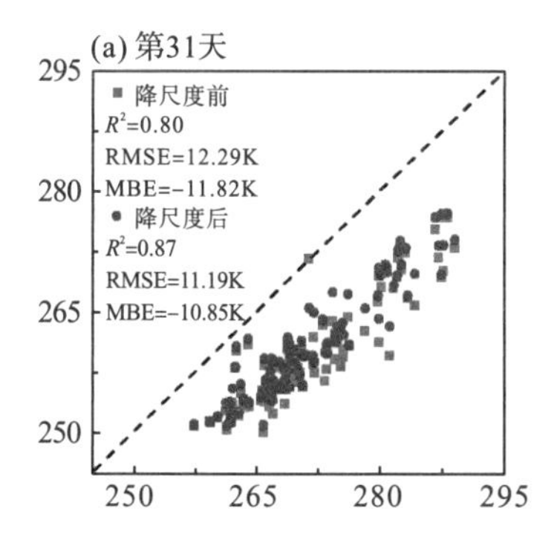

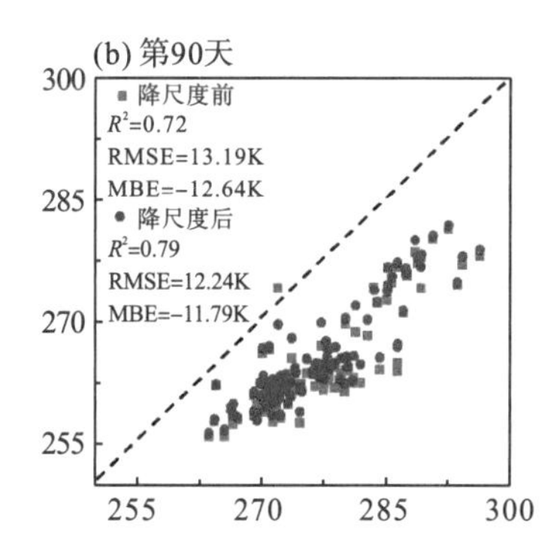

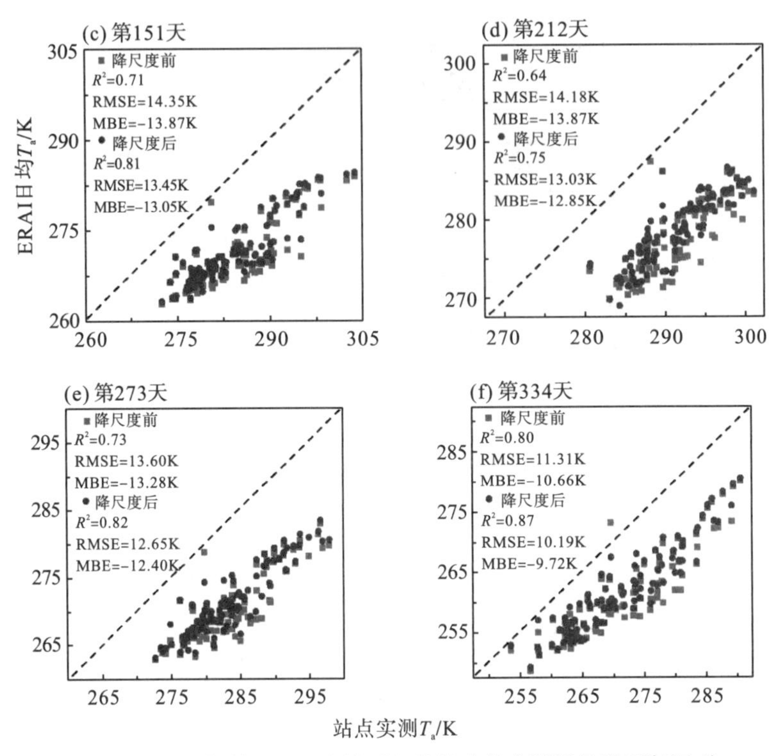

图 3.6　2010 年基于 105 个地面气象站点的实测日均地面气温对降尺度前后 ERAI 日均地面气温的验证结果

为了进一步分析日均温误差的空间分布，作 CMFD 和 ERAI 日均近地表气温在 105 个站点的年均 RMSE 对比图，如图 3.7 所示。对于降尺度之前的 CMFD 日均近地表气温，在青藏高原南部和东南部，有明显更大的 RMSE(≥5.0 K)，而在北部和中部区域则有较小的 RMSE(≤1.0 K)，如图 3.7(a)所示。青藏高原南部和西南部是地形较为复杂的山区，其他区域则相对平坦。在地势陡峭的地区，气温随海拔的变化更为剧烈，因此，站点实测近地表气温不能反映降尺度前原始分辨率像元尺度(0.1°×0.1°)的真实气温。这一发现在图 3.8 中得到了进一步证实，图 3.8 显示了站点与其周边区域(11 像元×11 像元)之间的海拔差异。

与降尺度之前的日均近地表气温相比，降尺度之后的 CMFD 日均近地表气温与站点实测日均近地表气温之间的偏差在青藏高原南部和东南部区域明显减小，如图 3.7(c)所示。出现这一现象的主要原因是降尺度之后有更高的空间分辨率(0.01°)。并且，相对较高的 RMSE(2.0～3.0 K)在下垫面是复杂地形的部分站点处仍然存在。因此，更高空间分辨率的近地表气温数据在这些区域仍然有进一步需求。

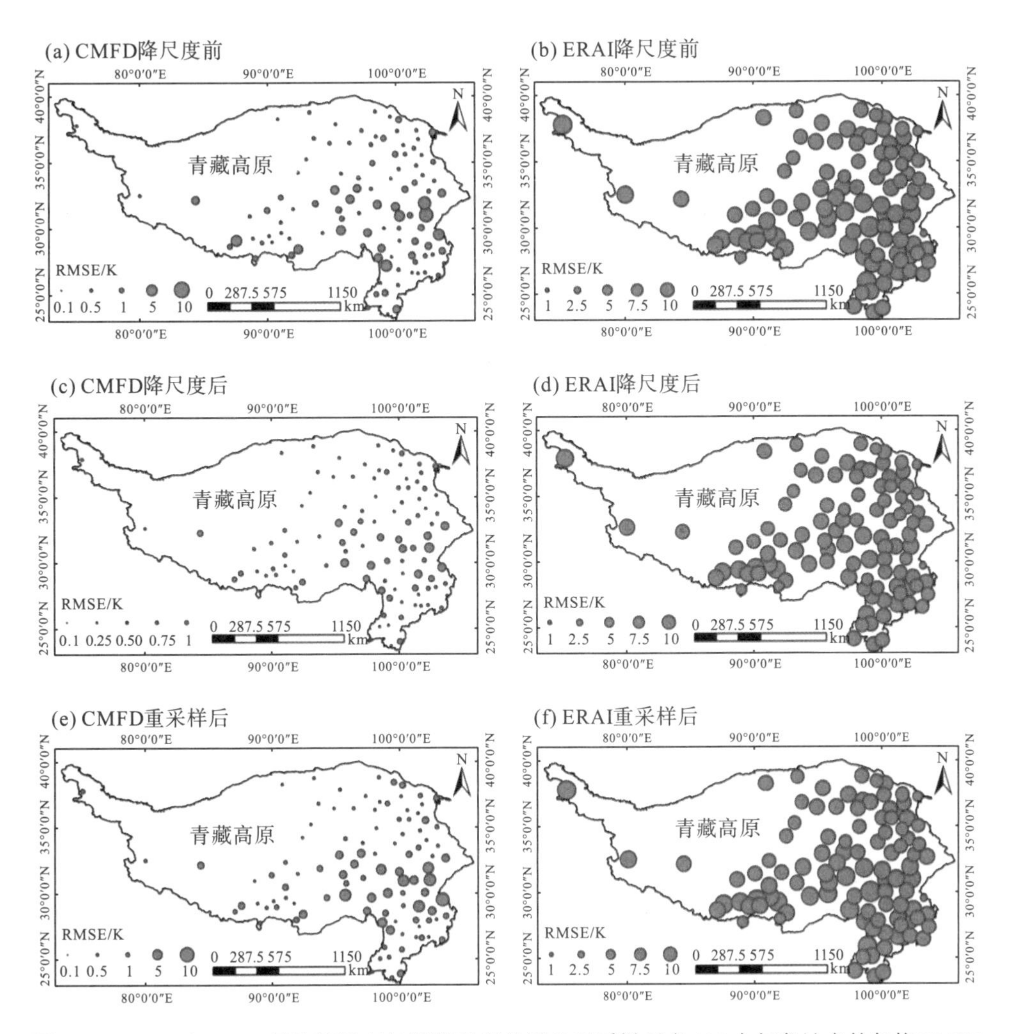

图 3.7　CMFD 和 ERAI 日均近地表气温降尺度前后及重采样后在 105 个气象站点的年均 RMSE

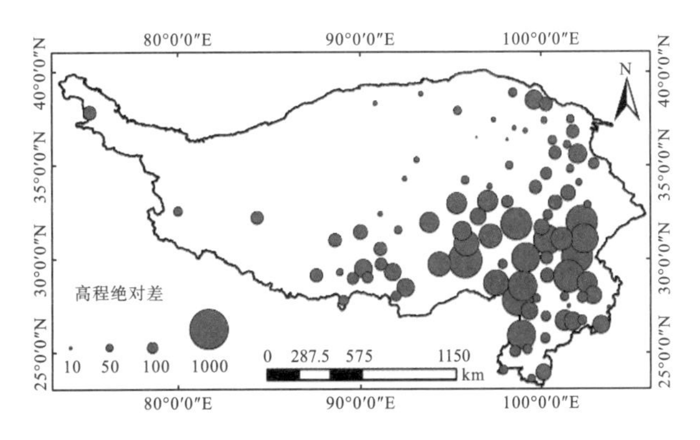

图 3.8　105 个气象站点处高程与站点所在移动窗口平均高程之间的绝对差

为了展示本章所提出的降尺度方法，本章进一步将原始的 CMFD 和 ERAI 日均地面气温通过双线性内插的方法重采样到 0.01°，并将降尺度后的误差与重采样后的误差进行对比，CMFD 日均近地表气温重采样后的误差如图 3.7(e)所示。通过比较图 3.7(a)、图 3.7(c)、图 3.7(e)可以清楚地看到，与实测日均近地表气温相比，重采样得到的 0.01° 日均近地表气温比降尺度后的 0.01° 日均近地表气温的偏差更大。这 3 个数据集(降尺前、降尺度后和重采样后)的年均 RMSE 分别是 1.40±1.43 K、1.03±1.00 K 和 1.72±1.66 K。因此本章建立的基于高空间分辨率 DEM 数据的降尺度方法具有良好的表现。

从 ERAI 中获取的日均近地表气温有显著的负偏差，而这个负偏差与地形的相关性并不明显，如图 3.7(b)所示。降尺度前、降尺度后和重采样后的平均 RMSE 值分别是 14.34±15.81 K、13.32±15.83 K 和 14.34±15.82 K。降尺度后，误差仅有微弱的减小。因此，降尺度后的近地表气温数据精度主要依赖于降尺度之前的数据精度。

3.3.4 瞬时气温降尺度结果

除日均近地表气温外，从 CMFD 和 ERAI 获取的时间分辨率为 3 h 的瞬时近地表气温也降尺度到 0.01°，基于 MQ、NQ 和 BG 3 个实验站点的实测数据对瞬时近地表气温进行验证。这 3 个实验站点具有不同的下垫面特征。这 3 个站点高程与站点所在移动窗口的平均高程之间的差分别是：0.4 m(MQ)、31 m(NQ)和 −233 m(BG)。

表 3.4 为 CMFD 瞬时近地表气温降尺度前后的验证结果。表 3.4 表明，CMFD 瞬时近地表气温在降尺度前后与实测瞬时近地表气温之间的 R^2 没有明显变化，只在部分时刻有微弱的增加。因此，CMFD 瞬时近地表气温在降尺度前后的年内变化与实测瞬时近地表气温有较好的一致性。虽然相关性变化不明显，但是降尺度前后的 MBE 和 RMSE 却呈现不一样的变化。MQ 站点的下垫面相对平坦，根据 MBE 值可以发现，CMFD 瞬时近地表气温在凌晨和下午(0:00～03:00，12:00～21:00)出现了一定的高估，而在上午(06:00 和 09:00)出现了一定的低估。在 MQ 站点降尺度后出现了相似的系统偏差。尽管 MQ 站点的下垫面十分平坦，但是降尺度后的偏差还是较降尺度前有所减小。结果表明，降尺度可以减小由尺度不匹配引起的误差。

表 3.4 基于实验站点实测数据对降尺度前后的 CMFD 瞬时近地表气温的验证结果

时间(UTC)	T_a	MQ			NQ			BG		
		R^2	MBE/K	RMSE/K	R^2	MBE/K	RMSE/K	R^2	MBE/K	RMSE/K
00:00	前	0.97	2.90	3.69	0.98	1.46	2.39	0.93	−3.65	4.48
	后	0.97	2.81	3.64	0.98	1.31	2.26	0.93	−2.58	3.55

续表

时间(UTC)	T_a	MQ			NQ			BG		
		R^2	MBE/K	RMSE/K	R^2	MBE/K	RMSE/K	R^2	MBE/K	RMSE/K
03:00	前	0.98	1.13	1.58	0.93	−0.68	2.35	0.94	−2.33	3.42
	后	0.99	1.01	1.47	0.94	−0.82	2.38	0.94	−1.43	2.83
06:00	前	0.97	0.42	1.11	0.92	−1.00	2.18	0.95	−0.23	3.20
	后	0.98	0.35	1.09	0.93	−1.16	2.22	0.96	0.77	2.29
09:00	前	0.98	0.36	1.07	0.96	−0.64	1.48	0.97	0.57	2.15
	后	0.98	0.31	1.02	0.96	−0.80	1.53	0.97	1.52	2.54
12:00	前	0.96	2.42	3.06	0.97	0.86	1.71	0.95	−0.53	3.02
	后	0.95	2.39	3.01	0.97	0.72	1.63	0.95	0.48	3.21
15:00	前	0.94	3.30	4.04	0.97	1.90	2.62	0.93	−1.47	2.54
	后	0.94	3.27	4.00	0.97	1.75	2.45	0.94	−0.60	2.19
18:00	前	0.95	3.18	3.87	0.97	1.85	2.63	0.94	−2.58	3.49
	后	0.95	3.12	3.82	0.98	1.70	2.51	0.94	−1.71	2.70
21:00	前	0.96	3.23	3.94	0.98	1.84	2.62	0.92	−3.33	4.31
	后	0.96	3.17	3.89	0.98	1.69	2.49	0.92	−2.20	3.20

在NQ站点，在低温时刻(早晨和晚上)CMFD瞬时近地表气温降尺度前MBE值分别为1.46 K(0: 00)、0.86 K(12: 00)、1.90 K(15: 00)、1.85 K(18: 00)和1.84 K(21:00)］比实测瞬时近地表气温更高；而在白天有更低的值［-0.68 K(03:00)，-1.00 K(06:00)，-0.64 K(09:00)］。因为NQ站点比周围区域海拔更高，所以该站点的地面气温降尺度后减小了。故当降尺度前CMFD瞬时地面气温出现正偏差时，降尺度过程中可以抵消这种正偏差，降尺度后与地面实测瞬时地面气温有更好的一致性；反之亦然。考虑一天8个时刻后，与降尺度前相比，降尺度后的瞬时近地表气温与实测地面气温的吻合度更高。

BG站点降尺度前出现的误差与MQ、NQ相比有所不同。除9:00(UTC)外，CMFD瞬时近地表气温在其他所有时刻都比实测瞬时近地表气温更低。MBE值范围为-3.65(0:00)～-0.23 K(6:00)，RMSE值的范围则是2.15～4.48 K。正如前文提到的，出现较大偏差的主要原因是BG站点周围地形起伏较大，这样的站点位置进一步加大了站点与所在原始像元(0.1°)之间的尺度不匹配效应。由于BG站点海拔比周围区域更低，因此在降尺度时，在移动窗口平均近地表气温上添加了一个正的增量。因此，在原始CMFD瞬时近地表气温有较大负偏差的时刻(0:00、03:00、06:00、12:00、15:00、18:00和21:00)，降尺度后的CMFD瞬时近地表气温与实测瞬时近地表气温相比有更好的一致性。

本章还将降尺度前后的ERAI瞬时地面气温与3个实验站的实测数据进行了

比较。限于篇幅，该部分结果没有被列表呈现。降尺度后 MQ 站点的 R^2 范围是 0.88～0.91，NQ 站点的 R^2 范围是 0.84～0.90，与降尺度前相比变化不大，这说明降尺度前后的两个数据与地面实测数据相比变化趋势一致。而降尺度前 BG 站点的 R^2 范围是 0.15～0.36，造成这一现象的原因可能是该站点 ERAI 瞬时近地表气温与地面实测数据有较大的差异。进一步观察 ERAI 瞬时近地表气温的 MBE 值可以发现，降尺度前后的 ERAI 瞬时近地表气温都显著比地面站点实测数据低，在 3 个实验站点处，MBE 低于−6.0 K，RMSE 高于 7.85 K。而 ERAI 日均近地表气温的表现也较差，因此在青藏高原地区使用 ERAI 中近地表气温时应考虑它的不确定性。

3.3.5 气温降尺度结果的图像质量

前文的验证结果已经表明ERAI中的地面气温数据在青藏高原地区精度较低。因此本节只对降尺度后的 CMFD 气温从图像质量的角度进行评价。图 3.9 为 2010 年中 4 天(第 1 天、第 91 天、第 182 天和第 274 天)0:00 时刻降尺度前后的 CMFD 瞬时近地表气温。另外，为了更直观地观察降尺度效果，图 3.10 展示了青藏高原两个子区域(区域 A 和区域 B)降尺度前后的近地表气温空间分布情况。

图 3.9 表明，降尺度前后的近地表气温图像在整个高原尺度上的量级和空间分布十分相似。在青藏高原东南部和南部，这些区域有相对较低的海拔，因此更暖；而在青藏高原中部和北部，这些区域属于海拔相对较高的区域，因此更冷(海拔分布可参见图 3.1)。进一步观察图 3.10 可以发现，降尺度后的近地表气温图像增加了更多的温度细节信息，尤其是在属于山区的青藏高原南部和东南部区域。图 3.10 明显地显示了由于降尺度而增加的细节信息，山脉和峡谷都清楚地展示了出来。尽管粗糙的空间分辨率能够刻画整个青藏高原近地表气温的空间模式，但是难以满足在局部区域对近地表气温的描述要求。降尺度后的 0.01° 空间分辨率的近地表气温数据可以根据山脉和河谷清晰地显示近地表气温的空间分布。

为了进一步定量评价降尺度后的近地表气温的图像质量，使用最近邻插值法将原始的 0.1° 空间分辨率的 CMFD 重采样到 0.01° 空间分辨率，最后计算整个青藏高原降尺度后的近地表气温与重采样后的近地表气温图像之间的 Q 指数。此处需要强调的是，重采样后近地表气温图像与原始图像保持高度的空间一致性和数值一致性。图 3.11 为基于 7 个移动窗口尺寸计算的 2010 年中 6 天(第 1、60、121、182、244 和 305 天)的整个青藏高原的 Q 指数。本节对整个青藏高原的平均 Q 指数进行了比较。当窗口尺寸是 5 像元×5 像元时，Q 指数范围绝大多数位于 0.43～0.45，不同天数之间的 Q 指数存在细微差异。Q 指数较小的原因是在这一尺寸的窗口内降尺度后的图像与重采样图像的细节有差异。因为在降尺度过程中很多细节信息被添加进了图像，而在重采样过程中基本没有细节信息被添加进去。Q 指数随着窗口尺寸的变大而增大：Q 指数在窗口尺寸为 50 像元×50 像元和 100 像元×100 像元时超过了 0.85。这一现象表明降尺度后的 CMFD 地面气温与原始 CMFD 气温在空间分布和数值上保持高度的一致性。因此，本章提出的降尺度方法不仅能够反映近地表气温在局部区域的细节信息，还能保持原始数据的整体精度和空间分布。

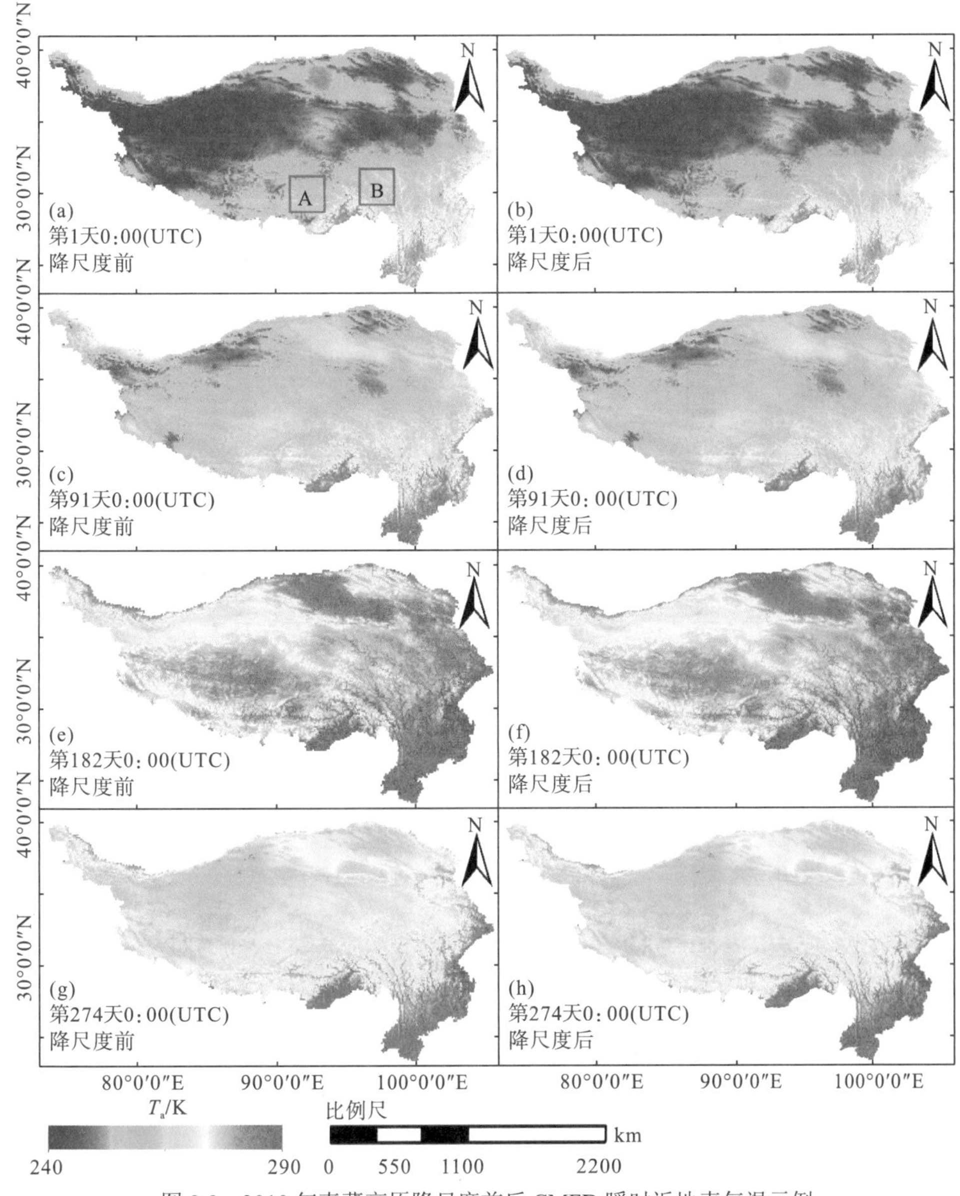

图 3.9　2010 年青藏高原降尺度前后 CMFD 瞬时近地表气温示例

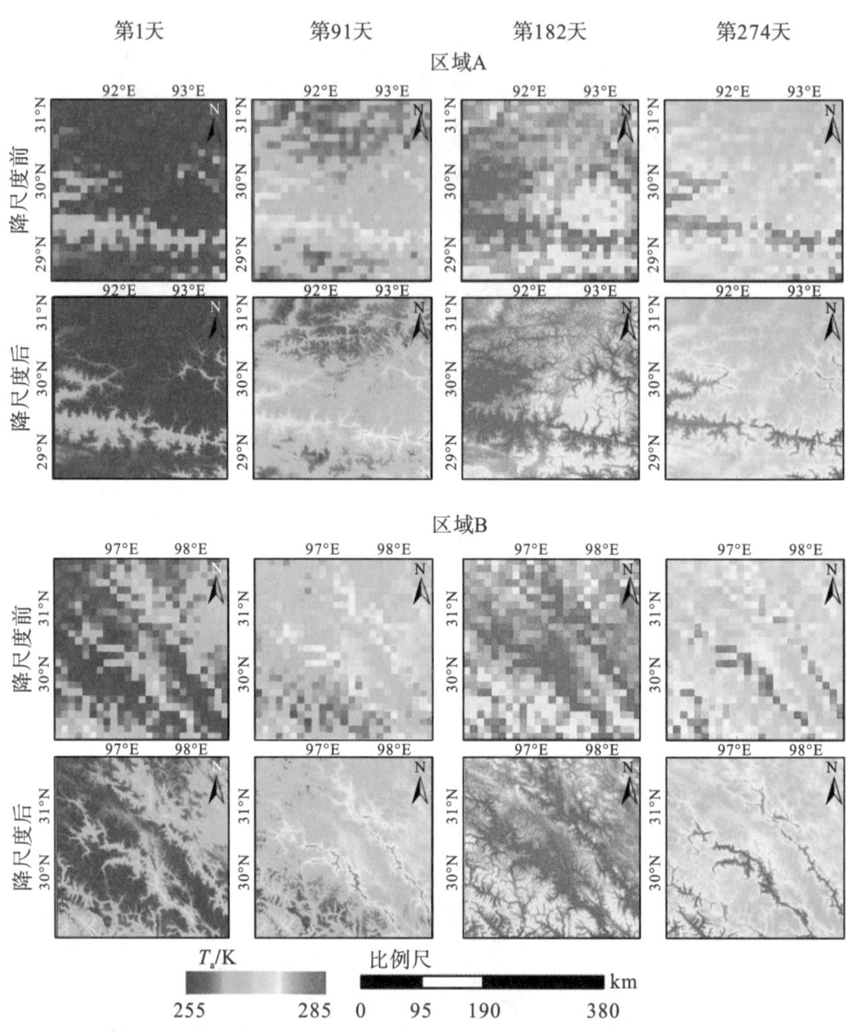

图 3.10 青藏高原子区域降尺度前后 CMFD 瞬时近地表气温示例

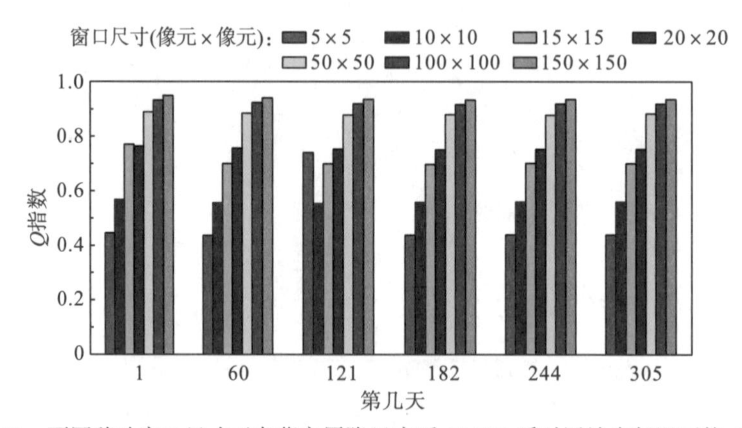

图 3.11 不同移动窗口尺寸下青藏高原降尺度后 CMFD 瞬时近地表气温平均 Q 指数

3.3.6 青藏高原近地表气温数据集

基于本章提出的气温降尺度方法，对中国区域地面气象要素驱动数据集中空间分辨率为 0.1° 的气温数据进行降尺度，生成了青藏高原 0.01°空间分辨率近地表气温数据集。该数据集包含 3 h 分辨率的瞬时气温，并可由瞬时气温进一步估算日均气温。其空间分辨率为 0.01°（约 1km），时间范围为 1979～2018 年，空间范围为 73°～106° E，23°～40° N。目前，该数据集已发布至国家青藏高原科学数据中心(http://data.tpdc.ac.cn/zh-hans/)，可以为地表辐射与能量平衡、气候变化、水文气象等领域的研究与应用提供较高空间分辨率的近地表气温数据。此外，待基础数据更新后，本数据会保持更新，与基础数据时间范围保持相同。

3.4 小　　结

近地表气温是气候变化、水文学和生态学等诸多研究的关键参数。当前近地表气温产品的空间分辨率较低，难以满足相关应用和研究日益上升的需求。本章以青藏高原为研究区，提出了一种近地表气温降尺度方法，并将 CMFD 中的近地表气温数据集由 0.1° 空间分辨率降尺度至 0.01° 。为了证明该降尺度方法的有效性，从精度和图像质量两个角度对降尺度结果进行了验证。

首先基于 105 个地面气象站点和 3 个实验站点对降尺度后 CMFD 日均地面气温进行检验。检验结果显示，降尺度后的 CMFD 日均近地表气温比降尺度前更加接近站点实测日均近地表气温。降尺度之前存在−1.12～−0.81 K 的负偏差，降尺度后负偏差被明显削弱，负偏差范围变为−0.91～−0.52 K。在削弱负偏差的同时，估算误差也减小，在 105 个站点处的估算误差减小的平均值为 0.70 K 左右。在 3 个实验站点处的验证结果与 105 个气象站点的验证结果相似。除此之外，还对这 105 个站点处 CMFD 日均近地表气温误差与地形变化之间的关系进行了分析，结果显示，地形变化越剧烈、高程起伏越大的区域其估算误差往往越大。

除此之外，基于 3 个实验站点实测的瞬时近地表气温对 CMFD 瞬时近地表气温进行了验证。验证结果显示，降尺度前的 CMFD 瞬时近地表气温在不同时刻有不同的估算误差，不同程度地存在高估或者低估。降尺度后的 CMFD 瞬时近地表气温在大部分时间可以很好地减小由于尺度不匹配引起的估算误差，提高与实测数据之间的一致性。

基于 Q 指数从图像质量的角度的检验结果显示，降尺度后的近地表气温图像在局部区域展现了更多的细节信息，与原始图像存在较大的差异，在整体上又保持了原始数据的空间分布特征，与原始数据有较高的一致性。

在 ERAI 中的近地表气温数据的降尺度过程中，发现 ERAI 中的近地表气温数据在青藏高原有较大的系统偏差。降尺度后的 ERAI 日均和瞬时近地表气温数据估算误差整体上明显减小，但是偏差依然存在。因此，在青藏高原应用 ERAI 中的近地表气温数据时应考虑其本身的系统偏差。

基于本章降尺度方法生成的青藏高原 0.01°空间分辨率近地表气温数据集(1979～2018 年)提高了青藏高原长时序气温数据的空间分辨率。该数据集的发布可以进一步促进青藏高原地区的地表辐射与能量平衡、气候变化、水文气象等研究。

参 考 文 献

韩海涛, 李仲龙, 2012. 地面实时气象数据质量控制方法研究进展[J]. 干旱气象, 30(2): 261-265.

冷佩, 廖前瑜, 任超, 等, 2019. 近地表气温遥感反演方法综述[J]. 中国农业信息, 31(01): 1-10.

王宾宾, 马耀明, 马伟强, 2012. 青藏高原那曲地区 MODIS 地表温度估算[J]. 遥感学报, 16(06): 1289-1309.

文军, 蓝永超, 苏中波, 等, 2011. 黄河源区陆面过程观测和模拟研究进展[J]. 地球科学进展, 26(6): 575-586.

阳坤, 何杰, 2019. 中国区域地面气象要素驱动数据集(1979—2018). 国家青藏高原科学数据中心.

祝善友, 张桂欣, 2011. 近地表气温遥感反演研究进展[J]. 地球科学进展, 26(7): 724-730.

Blandford T R, Humes K S, Harshburger B J, et al, 2008. Seasonal and synoptic variations in near-surface air temperature lapse rates in a mountainous basin[J]. Journal of Applied Meteorology and Climatology, 47(1): 249-261.

Chen Y, Yang K, He J, et al, 2011. Improving land surface temperature modeling for dry land of China[J]. Journal of Geophysical Research: Atmospheres, 116(D20104), doi: 10. 1029/2011JD015921.

Coulibaly P, Dibike Y B, Anctil F, 2005. Downscaling precipitation and temperature with temporal neural networks[J]. Journal of Hydrometeorology, 6(4): 483-496.

Du M, Liu J, Zhang X, et al, 2010. Changes of spatial patterns of surface-air-temperature on the Tibetan Plateau[C]//International Conference on Theoretical and Applied Mechanics, and 2010 International Conference on Fluid Mechanics and Heat and MASS Transfer: 42-47.

Fang J Y, Yoda K, 1988. Climate and vegetation in China (I). Changes in the altitudinal lapse rate of temperature and distribution of sea level temperature[J]. Ecological Research, 3(1): 37-51.

Hofer M, Marzeion B, Mölg T, 2015. A statistical downscaling method for daily air temperature in data-sparse, glaciated mountain environments[J]. Geoscientific Model Development, 8(3): 579-593.

Holden Z A, Abatzoglou J T, Luce C H, et al, 2011. Empirical downscaling of daily minimum air temperature at very fine resolutions in complex terrain[J]. Agricultural and Forest Meteorology, 151(8): 1066-1073.

Huth R, 2010. Statistical downscaling of daily temperature in central Europe[J]. Journal of Climate, 15(13): 1731-1742.

Jang J D, Viau A, Anctil F, 2004. Neural network estimation of air temperatures from AVHRR data[J]. International Journal of Remote Sensing, 25(21): 4541-4554.

Jha S K, Mariethoz G, Evans J, et al, 2015. A space and time scale-dependent nonlinear geostatistical approach for downscaling daily precipitation and temperature[J]. Water Resources Research, 51 (8) : 6244-6261.

Kettle H, Thompson R, 2004. Statistical downscaling in European mountains: Verification of reconstructed air temperature[J]. Climate Research, 26 (2) : 97-112.

Li X, Wang L, Chen D, et al, 2013. Near-surface air temperature lapse rates in the mainland China during 1962-2011[J]. Journal of Geophysical Research: Atmospheres, 118 (14) : 7505-7515.

Marzban F, Preusker R, Sodoudi S, et al, 2015. Using machine learning method to estimate air temperature from MODIS over Berlin[C]// AGU Fall Meeting Abstracts: IN51A-1780.

Minder J R, Mote P W, Lundquist J D, 2010. Surface temperature lapse rates over complex terrain: Lessons from the cascade mountains[J]. Journal of Geophysical Research: Atmospheres, 115 (D14122) , doi: 10. 1029/2009JD013493.

Nemani R R, Running S W, 1989. Estimation of regional surface resistance to evapotranspiration from NDVI and thermal-IR AVHRR data[J]. Journal of Applied Meteorology, 28 (4) : 276-284.

Pan X, Li X, Shi X, et al, 2012. Dynamic downscaling of near-surface air temperature at the basin scale using WRF-a case study in the Heihe River Basin, China[J]. Frontiers of Earth Science, 6 (3) : 314-323.

Pepin N, Deng H, Zhang H, et al, 2019. An examination of temperature trends at high elevations across the Tibetan Plateau: The use of MODIS LST to understand patterns of elevation-dependent warming[J]. Journal of Geophysical Research: Atmospheres, 124 (11) : 5738-5756.

Schoof J T, Pryor S C, 2001. Downscaling temperature and precipitation: A comparison of regression - based methods and artificial neural networks[J]. International Journal of Climatology, 21 (7) : 773-790.

Sun Y J, Wang J F, Zhang R H, et al, 2005. Air temperature retrieval from remote sensing data based on thermodynamics[J]. Theoretical and Applied Climatology, 80 (1) : 37-48.

Tang Z, Fang J, 2006. Temperature variation along the northern and southern slopes of Mt. Taibai, China[J]. Agricultural and Forest Meteorology, 139 (3) : 200-207.

Wang K L, Sun J, Ceng G D, 2011. Effect of altitude and latitude on surface air temperature across the Qinghai-Tibet Plateau[J]. Journal of Mountain Science, 8 (6) : 808-816.

Wang Z, Bovik A C, 2002. A universal image quality index[J]. IEEE Signal Processing Letters, 9 (3) : 81-84.

Yang K, He J, Tang W, et al, 2010. On downward shortwave and longwave radiations over high altitude regions: Observation and modeling in the Tibetan Plateau[J]. Agricultural and Forest Meteorology, 150 (1) : 38-46.

Zhou J, Liu S, Li M, et al, 2016. Quantification of the scale effect in downscaling remotely sensed land surface temperature[J]. Remote Sensing, 8 (12) : 975.

Shang L, Zhang Y, Lyu S, et al,2016. Seasonal and inter-annual variations in carbon dioxide exchange over an alpine grassland in the eastern Qinghai-Tibetan Plateau[J]. PLOS One, 11 (11) : e0166837.

Li X, Cheng G, Liu S, et al, 2013. Heihe watershed allied telemetry experimental research (HiWATER): Scientific objectives and experimental design[J]. Bulletin of the American Meteorological Society, 94 (8) : 1145-1160.

第4章　地表长波辐射估算

地表长波辐射包含下行长波辐射和上行长波辐射两个分量。其中，地表下行长波辐射的估算较为复杂，受天气、环境等多种因素的影响。地表上行长波辐射可根据地表下行长波辐射和地表温度等进行计算。因此，地表下行长波辐射的估算至关重要。在过去一个世纪以来，学术界建立、发展了一系列地表下行长波辐射估算模型或方法。例如，早在1915年，Ångström(1915)就基于斯忒藩-玻耳兹曼定律(Stefan-Boltzmann law)建立了一种估算地表下行长波辐射的经验模型。此后，Brunt(1932)、Swinbank(1963)、Idso 和 Jackson(1969)、Brutsaert(1975)、Idso(1981)、Prata(1996)、Dilley 和 O'Brien(1998)等先后发展了多个在晴空条件下基于常规气象参数的估算模型。

面向晴空条件的地表下行长波辐射估算模型大多并未充分考虑云的影响。由于长波辐射所涉及的波长范围为4～100 μm，该范围内的发射辐射主要受水、二氧化碳、臭氧分子和云中液态水的影响(Idso and Jackson，1969)。云的存在可以使地表下行长波辐射显著增加。因此，在非晴空条件下考虑云对地表下行长波辐射的影响是必要的。Maykut 和 Church(1973)、Jacobs(1978)、Sugita 和 Brutsaert(1993)、Konzelmann 等(1994)、Crawford 和 Duchon(1998)、Lhomme 等(2007)先后提出了非晴空条件下的地表下行长波辐射估算模型。

鉴于大多数地表下行长波辐射估算模型为经验模型，有必要对这些模型在非训练区域的适用性进行测试。例如，为了更好地预测安第斯山脉区域在种植期内因为长波辐射赤字而引起的霜冻灾害，Lhomme 等(2007)在两个地面站点处测试了7种晴空模型，并订正了 Brutsaert(1975)所建立模型中的系数，此外，还基于站点观测数据训练了一种在非晴空条件下估算地表下行长波辐射的经验模型。Choi 等(2008)基于美国佛罗里达州的地面观测数据，估算了晴空和非晴空条件下的日均地表下行长波辐射，筛选出了最适合该区域的地表下行长波辐射估算模型。Wang 和 Liang(2009)基于全球3200个站点的观测数据和 MODIS 数据，利用 Brunt 模型和 Brutsaert 模型估算了1973～2008年全球晴空条件下高空间分辨率的地表下行长波辐射，发现日均地表下行长波辐射呈逐年上升的趋势。Carmona 等(2014)基于阿根廷布宜诺斯艾利斯省坦迪勒的地面观测数据，利用不同的晴空和非晴空模型估算了该区域日间瞬时地表下行长波辐射，提出了两种估算全天候地表下行长波辐射的多元回归模型。总体上，这些研究结果都表明不同估算模型的适用性在不同地区存在差异。

随着遥感数据获取更加便利尤其是遥感参量产品的发展，卫星遥感数据目前已成为地表下行长波辐射估算的有效手段。例如，Wang 和 Liang(2009) 基于 MODIS 观测的大气顶层辐亮度，发展了线性和非线性模型，实现了晴空条件下 1 km 分辨率的地表下行长波辐射估算。Yu 等(2011) 基于 MODIS 数据使用三种不同的模型估算了我国西北地区黑河流域晴空条件下的地表下行长波辐射。Wu 等(2012) 基于 MODIS 大气廓线产品提供的气象参数，使用 8 种晴空模型估算了晴空条件下的地表下行长波辐射，并进一步基于贝叶斯模型集成了这 8 种模型的估算结果，最终得到更加稳定、精度更高的估算结果。Yu 等(2013) 基于广泛使用的辐射传输模型，利用我国 HJ-1B 卫星的热红外数据实现了晴空条件下的地表下行长波辐射估算。Wang 等(2017) 利用卫星遥感数据对重度气溶胶条件下的地表下行长波辐射进行了估算，结果表明，与其他气溶胶相比，粉尘气溶胶对地表下行长波辐射有明显的提升效应。相关研究均表明，基于极轨卫星遥感数据获取区域尺度上的地表下行长波辐射是切实可行的，但是这种方式获取的地表下行长波辐射基本都是晴空条件下的瞬时值。如何获取高时间分辨率的全天候地表下行长波辐射已经成为一个亟待解决的问题。由于模式资料提供了高时间分辨率的气象参数，利用其计算地表下行长波辐射，是一个值得探讨的问题。

在上述背景下，本章面向包含西南河流源区的整个青藏高原，面向高时间分辨率的模式资料，评价学术界在晴空和非晴空两种条件下建立的地表下行长波辐射估算模型，实现全天候地表下行长波辐射的估算。同时，基于卫星遥感提供的地表温度等参数，进一步估算青藏高原的地表上行长波辐射。

4.1　研 究 数 据

4.1.1　模式数据

本章采用的模式数据为中国气象局陆面数据同化系统数据(CLDAS)。CLDAS 提供了可用于估算地表下行长波辐射的气象要素，包括空气比湿(q)、近地表气温(t)和地面气压(p)等(师春香等，2011)。CLDAS 数据的空间分辨率为 0.0625°，时间分辨率为 1 h。CLDAS 数据是通过多种源数据融合得到的(Joyce et al.，2004；师春香等，2011；Jia et al.，2013)。第一种数据是地面站点观测数据，包含 2400 多个国家级自动气象站点和 4000 多个区域自动气象站的逐小时的空气温度、压强、湿度、风速、降水和其他的气象数据。第二种数据是 ECMWF 发布的时间分辨率为 3h、空间分辨率为 0.125° 的再分析资料(Uppala et al.，2008；Dee et al.，

2011；Gao et al.，2017）。ECMWF 再分析资料中使用的气象要素包括气温、空气湿度、风速和地面气压。第三种数据是美国国家气象环境监测预测中心发布的全球臭氧、大气可降水量、地面气压等数据(Kalnay et al.，1996；Onogi et al.，2007；Wang et al.，2015)。第四种数据是由我国国家卫星气象数据中心发布的降水以及其他气象参数。因此，CLDAS 与其他同类型的数据相比较，在中国区域有更好的质量和更高的时空分辨率(Joyce et al.，2004；师春香等，2011)。

4.1.2 地面站点数据

为检验地表长波辐射估算结果，结合数据的可获得性，本章选取青藏高原及周边地区的 9 个地面站点(表 4.1)进行检验。在后面章节使用到的冰沟站点也被补充在表 4.1 中。这些站点监测了大量的瞬时气象要素(包括近地表气温、相对湿度和辐射四分量等)，观测时间间隔为 10～60 min。

表 4.1 用于检验地表长波辐射所选取的地面站点信息

站点	经纬度	海拔/m	时间段	观测时间间隔/min	数据来源
安妮(AN)	31.2544N 92.1824E	4480	2002.10.01～2004.12.31	60	CEOP-AEGIS[1]
那曲 1(BJ)	31.3686N 91.8987E	4509	2002.10.01～2004.12.31	60	CEOP-AEGIS[1]
昆南(TD)	35.5235N 93.7845E	4585	2002.10.01～2004.12.31	60	CEOP-AEGIS[1]
改则(GZ)	32.3001N 84.0500E	4416	2002.10.01～2004.12.31	60	CEOP-AEGIS[1]
当雄(DX)	30.4973N 91.0664E	2957	2012.01.01～2012.12.31	30	ChinaFLUX[2]
海北(HB)	37.6167N 101.3167E	3190	2010.01.01～2010.12.31	30	ChinaFLUX[2]
哀牢山(AL)	24.5333N 101.0167E	2450	2012.01.01～2013.12.31	30	ChinaFLUX[2]
玛曲(MQ)	33.8872N 102.1407E	3435	2013.01.01～2013.12.31	30	NIEER[3]
那曲 2(NQ)	31.3687N 91.8987E	4512	2010.01.01～2010.12.31	30	CEOP-AEGIS[1]
冰沟(BG)	38.0700N 100.2200E	3449	2010.01.01～2010.12.31	10	WATER[4]

注：[1]青藏高原协调亚欧长期观测系统(Shang et al.，2016；王宾宾等，2012)；[2]中国通量观测研究联盟(ChinaFLUX)(Shi et al.，2006；Zhang et al.，2005；Huang et al.，2013；Shang et al.，2016)；[3]中国科学院西北生态环境与资源研究院(王宾宾等，2012；文军等，2011)；[4]黑河综合遥感联合试验(Li et al.，2009)。

4.2 研究方法

4.2.1 晴空条件下地表下行长波辐射估算

本章选取 8 种被广泛使用的晴空条件下的地表下行长波辐射估算模型，具体如表 4.2 所示。基于前文所述的地面站点提供的气象观测数据，测试和评价了这 8 种模型，根据测试和评价的结果，选取最适于青藏高原的晴空地表下行长波辐射估算模型。

表 4.2　选取的 8 种晴空条件下地表下行长波辐射的估算模型

模型	表达式	来源
AN-CK	$R_{L_0}^{\downarrow}=\sigma(0.83-0.18\times 10^{-0.067e})T_a^4$	Ångström (1915)
BT-CK	$R_{L_0}^{\downarrow}=\sigma(0.605+0.048e^{0.5})T_a^4$	Brunt (1932)
SW-CK	$R_{L_0}^{\downarrow}=5.31\times 10^{-13}T_a^6$	Swinbank (1963)
IJ-CK	$R_{L_0}^{\downarrow}=\sigma[1-0.261\exp(-0.00077(273-T_a)^2)]T_a^4$	Idso 和 Jackson (1969)
BR-CK	$R_{L_0}^{\downarrow}=\sigma\left[1.24\left(\frac{e}{T_a}\right)^{\frac{1}{7}}\right]T_a^4$	Brutsaert (1975)
ID-CK	$R_{L_0}^{\downarrow}=\sigma\left[0.7-5.95\times 10^{-5}e\exp\left(\frac{1500}{T_a}\right)\right]T_a^4$	Idso (1981)
PR-CK	$R_{L_0}^{\downarrow}=\sigma\left\{1-(1+46.5eT_a)\exp\left[-(1.2+139.5e/T_a)^{0.5}\right]\right\}T_a^4$	Prata (1996)
DO-CK	$R_{L_0}^{\downarrow}=59.38+113.7\left(\frac{T_a}{273.3}\right)+99.96\left(\frac{93e}{5T_a}\right)^{0.5}$	Dilley 和 O'Brien (1998)

注：$R_{L_0}^{\downarrow}$ 为晴空条件下的地表下行长波辐射；σ为斯忒藩-玻耳兹曼常量；e 为水汽压。

在表 4.2 所列模型中，近地表气温(T_a)可由地面观测数据或 CLDAS 数据直接提供；水汽压(e)可根据式(4.1)计算：

$$e=e_s\times \text{RH} \tag{4.1}$$

式中，e_s为饱和水气压单位为 mb；RH 为空气相对湿度。

当 T_a的值高于 0℃时，e_s可以根据式(4.2)计算(Coulson，1959)：

$$e_s=6.1078\exp\left(\frac{17.2693882(T_a-273.16)}{T_a-35.86}\right) \tag{4.2}$$

当 T_a的值低于 0℃时，e_s可以根据式(4.3)计算(Coulson，1959)：

$$e_s = 6.112\exp\left(\frac{17.67t}{t+243.5}\right) \tag{4.3}$$

式中，t 为近地表气温，单位为℃。

由于 CLDAS 数据中没有 RH 这一参数，故使用式(4.4)基于 CLDAS 数据计算 e：

$$e = \frac{q \times p}{0.622 + 0.378 \times q} \tag{4.4}$$

式中，p 为近地面气压；q 为空气比湿，单位为 g/kg。

4.2.2 非晴空条件下地表下行长波辐射估算

当天空出现云时，大气中的水分含量将会明显上升，导致大气有效发射率(E_s)上升。根据斯忒藩-玻耳兹曼公式，大气有效发射率的上升将会直接导致地表下行长波辐射的增加。因此，在晴空条件下估算地表下行长波辐射与非晴空条件下存在显著的区别。本章选取 6 种非晴空条件下地表下行长波辐射的估算模型，如表 4.3 所示。

表 4.3 选取的 6 种非晴空条件下地表下行长波辐射的估算模型

模型	表达式	来源
MC-CL	$R_{Lc}^{\downarrow} = \mathrm{DL}R_0(1+0.22c^{2.75})$	Maykut 和 Church (1973)
JA-CL	$R_{Lc}^{\downarrow} = \mathrm{DL}R_0(1+0.26c)$	Jacobs (1978)
SB-CL	$R_{Lc}^{\downarrow} = \mathrm{DL}R_0(1+0.0496c^{2.45})$	Sugita 和 Brutsaert (1993)
KO-CL	$R_{Lc}^{\downarrow} = \mathrm{DL}R_0(1-c^4)+0.952c^4\sigma T_a^4$	Konzelmann 等(1994)
CD-CL	$R_{Lc}^{\downarrow} = \mathrm{DL}R_0(1-c)+c\sigma T_a^4$	Crawford 和 Duchon (1998)
LH-CL	$R_{Lc}^{\downarrow} = \mathrm{DL}R_0(1.03+0.34c)$	Lhomme 等(2007)

注：$R_{Lc}^{\downarrow}$ 为非晴空条件下的地表下行长波辐射；c 为云量。

表 4.3 所列的非晴空模型均需云量作为输入参数。由于只有少量的普通地面站点观测云量，如何将云量定量化是非晴空模型在实际应用中面临的难题。本章采用地表短波辐射确定云量(Crawford and Duchon，1998)：

$$c = 1 - \frac{R_s}{R_{s_0}} \tag{4.5}$$

式中，R_s 和 R_{s_0} 分别为实际的地表下行短波(太阳)辐射和理论的地表下行短波(太阳)辐射。当 c 低于 0.05 时，认为此时是晴空条件，否则为非晴空条件。

R_s 可以由地面观测站点直接观测获取。R_{s_0} 可以根据式(4.6)计算得到(Lhomme et al.，2007；Carmona et al.，2014)：

$$R_{s_0} = R_{ex}\tau = R_{ex}\exp\left(\frac{-0.018P}{K_t \cos z}\right) \tag{4.6}$$

式中，z、K_t 分别为太阳天顶角和浑浊系数（在晴空条件下 K_t=1）；p 为根据海拔 h(m) 计算的气压，计算公式如下：

$$p(h) = 1013[1-(0.0065h/293)]^{5.26} \tag{4.7}$$

R_{ex} 的参数化方式如下：

$$R_{ex} = I_0 d_r^2 \cos z = I_0 d_r^2(\sin\psi\sin\theta + \cos\psi\cos\theta\cos\alpha) \tag{4.8}$$

式中，I_0 为太阳常数（1367 W/m^2）；d_r 为天文单位下的日地距离；ψ、θ、α 分别为纬度、太阳赤纬、时角。这些参数可采用式(4.9)～式(4.12)计算：

$$d_r^2 = 1 + 0.33\cos(2\pi D/365) \tag{4.9}$$

$$\theta = 0.409\sin\left(\frac{2\pi D}{365} - 1.39\right) \tag{4.10}$$

$$\alpha = \left(\frac{\pi}{12}\right)(12 - t_s) \tag{4.11}$$

$$t_s = t + L_c + S_c \tag{4.12}$$

式中，D 和 t_s 分别为年积日和地方太阳时(h)；t、L_c、S_c 分别为地方时、地方时经度校正、太阳时的季节校正。

S_c 进一步被参数化如下：

$$S_c = 0.1645\sin(2f) - 0.1255\cos f + 0.0250\sin f \tag{4.13}$$

$$f = \frac{2\pi(D-81)}{364} \tag{4.14}$$

4.2.3　地表上行长波辐射估算

地表上行长波辐射根据地表温度、宽波段发射率和地表下行长波辐射计算：

$$R_L^{\uparrow} = \sigma\varepsilon_s T_s^4 + (1-\varepsilon_s)R_L^{\downarrow} \tag{4.15}$$

式中，ε_s 为地表宽波段发射率，此处采用 GLASS 的地表发射率产品确定(Cheng et al.，2014)；T_s 为地表温度，为便于时空匹配，此处采用 CLDAS 数据集提供的地表温度。

4.3　结 果 分 析

4.3.1　晴空条件下地表下行长波辐射模型测试结果

根据表 4.1 中的 8 种晴空模型，估算了 9 个站点晴空条件下的地表下行长波辐射。结果表明，在晴空条件下 BR-CK 模型在所有实测站点均处有较大的系统误差，其误差高达 80 W/m^2。因此，在后续的研究中，对 BR-CK 模型不予进一步分析和考虑。图 4.1(a)为其余 7 个模型估算结果的均方根误差。不同模型在不同的站点有不同的 RMSE 值。此处计算了 7 个模型在 9 个站点处的 RMSE 平均值和标准差。对于 AN-CK 模型，RMSE 平均值(标准差)为 26.8 W/m^2(7.6 W/m^2)；对于 BT-CK 模型，为 24.1 W/m^2(7.6 W/m^2)；对于 SW-CK 模型，为 33.9 W/m^2(9.6 W/m^2)；对于 IJ-CK 模型，为 39.6 W/m^2(11.8 W/m^2)；对于 ID-CK 模型，为 34.1 W/m^2(7.8 W/m^2)；对于 PR-CK 模型，为 27.9 W/m^2(8.3 W/m^2)；对于 DO-CK 模型，为 22.5 W/m^2(6.4 W/m^2)。由结果可知，总体上基于 DO-CK 模型的估算结果有较好的精度和稳定性。

为进一步检验各个模型的系统偏差大小，分别计算上述 7 个估算模型在 9 个站点处的 MBE[图 4.1(b)]，并统计其平均值与标准差。对于 AN-CK、BT-CK、SW-CK、IJ-CK、ID-CK、PR-CK 和 DO-CK 模型，MBE 的平均值(标准差)分别为 11.7 W/m^2(7.6 W/m^2)、3.1 W/m^2(7.6 W/m^2)、17.2 W/m^2(9.6 W/m^2)、28.6W/m^2(11.8 W/m^2)、10.4 W/m^2(7.8 W/m^2)、11.6 W/m^2(8.3 W/m^2)和 -2.8W/m^2(6.4 W/m^2)。总体上，AN-CK、SW-CK、IJ-CK、ID-CK 和 PR-CK 模型对于晴空条件下地表下行长波辐射有显著的高估，BT-CK 模型有轻微高估，DO-CK 模型则有轻微的低估，且其系统偏差在 7 种模型中最小。

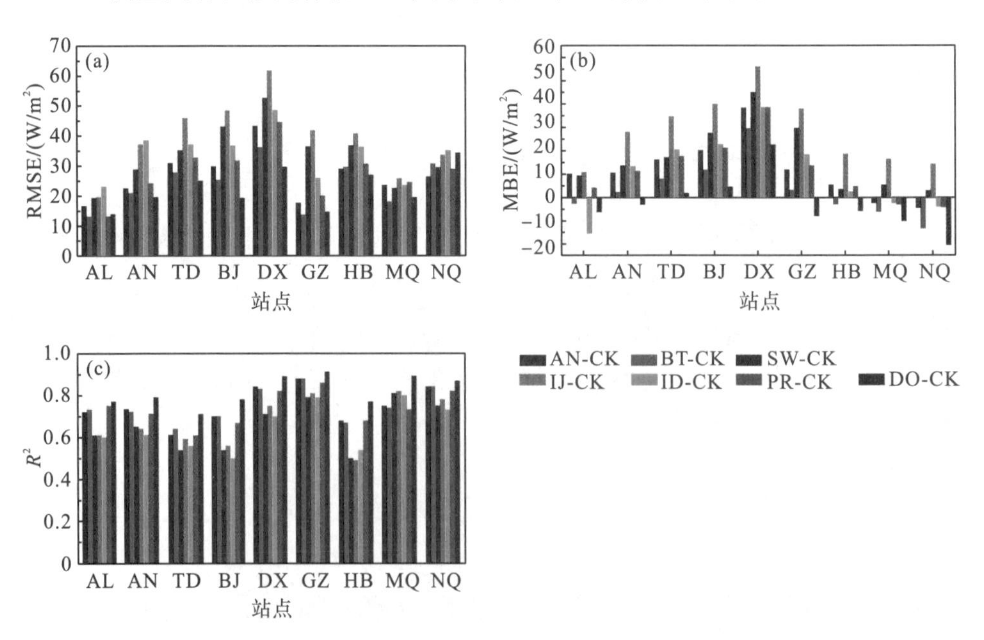

图 4.1 对 7 种晴空条件下地表下行长波辐射估算模型的检验(不含 BR-CK 模型)

图 4.1(c)展示了 7 种模型的决定系数。对于检验的 9 个站点，AN-CK、BT-CK、SW-CK、IJ-CK、ID-CK、PR-CK、DO-CK 模型的 R^2 平均值(标准差)分别为 0.75(0.083)、0.75(0.77)、0.66(0.109)、0.67(0.114)、0.65(0.104)、0.74(0.077)和 0.82(0.066)。在相同的站点不同模型的 R^2 有较大差异，相同模型在不同站点也有较大差异。造成这一现象的主要原因是这些模型都是经验或者半经验估算模型，普适性有限，尤其是在青藏高原这一复杂区域更是如此。通过对比分析发现，DO-CK 模型有最大和最稳定的 R^2，这一结果与对 RMSE 和 MBE 的比较分析得出的结论一致。因此，对于检验的 9 个站点而言，DO-CK 模型在所选择的 8 种晴空模型中是估算晴空条件下地表下行长波辐射的最优模型。

为了进一步探究模型精度存在差异的原因，本章对所有模型在形式上做了比较分析，发现 DO-CK 模型直接考虑了近地表气温和水汽压对地表下行长波辐射的影响，SW-CK 模型则只考虑了近地表气温而未考虑水汽压的影响。其他 5 个模型则是基于斯忒藩-玻耳兹曼定律计算地表下行长波辐射的，因此这 5 个模型中 E_s 需要根据近地表气温和水汽压计算得到。然而，水汽压不能直接得到，需要根据相关参数和模型通过估算得到，该过程可能造成误差累积，从而降低地表下行长波辐射的估算精度。

为了分析站点位置对估算结果的影响，本书进一步计算了不同站点处 7 个估算模型的 MBE 平均值。在 9 个站点处，这些模型的 MBE 平均值分别为 1.45 W/m^2(AL)、10.8 W/m^2(AN)、16.4 W/m^2(TD)、21.2 W/m^2(BJ)、38.4 W/m^2(DX)、15.2 W/m^2(GZ)、3.7 W/m^2(HB)、0.58 W/m^2(MQ)和 4.38 W/m^2(NQ)。总体上，这些模型在 AL、HB 和 MQ 站点没有显著的系统偏差，而在其他站点却存在系统的高估或低估。进一步观察图 4.1(a)可以发现，所有模型在 AL 站点的表现都优于其他站点。造成这一现象的主要原因是 AL 站点与其他站点之间的地理和气候条件有差异。AL 位于青藏高原东南部边缘，属于季风和亚热带山地气候；其他站点位于青藏高原西南部和北部区域，大气干燥洁净，属于高原气候区。这些模型都是经验或者半经验模型，其训练区域都不是高原区域，AL 站点的气候条件和大气条件与这些模型的训练区域更加相似才得出这一结果。

4.3.2　非晴空条件下地表下行长波辐射模型测试结果

估算非晴空条件下的地表下行长波辐射对于全天候条件下的地表下行长波辐射估算是必要的。在本章中，当云量 c 大于 0.05 时，假定此时天气情况为非晴空。基于 9 个地面站点的实测气象数据和表 4.3 所列出的 6 个非晴空模型，估算每个站点的地表下行长波辐射。需要说明的是，对于非晴空条件下的地表下行长波辐射估算，需事先确定晴空条件下的地表下行长波辐射。根据 4.3.1 节内容，在晴空条件下选用 DO-CK 模型。

图 4.2 展示了 6 种非晴空模型和 DO-CK 模型在不同站点的 RMSE、MBE 和 R^2。图 4.2(a)表明，在非晴空条件下，即使采用晴空条件下性能最优的 DO-CK 模型，其估算结果仍然有很大的误差。考虑云覆盖之前，DO-CK 模型的 RMSE 平均值(标准差)为 44.9 W/m^2(8.6W/m^2)。6 种非晴空模型均能不同程度地降低云带来的估算误差。6 种模型(MC-CL、JA-CL、SB-CL、KO-CL、CD-CL 和 LH-CL)在 9 个站点的 RMSE 平均值(标准差)分别为 34.7 W/m^2(6.7 W/m^2)、23.3 W/m^2(5.0 W/m^2)、42.0 W/m^2(7.9 W/m^2)、36.2 W/m^2(6.9W/m^2)、24.5 W/m^2(4.1 W/m^2)和 23.2 W/m^2(3.1 W/m^2)。LH-CL 模型在考虑云对地表下行长波辐射的影响后有最小的估算误差。

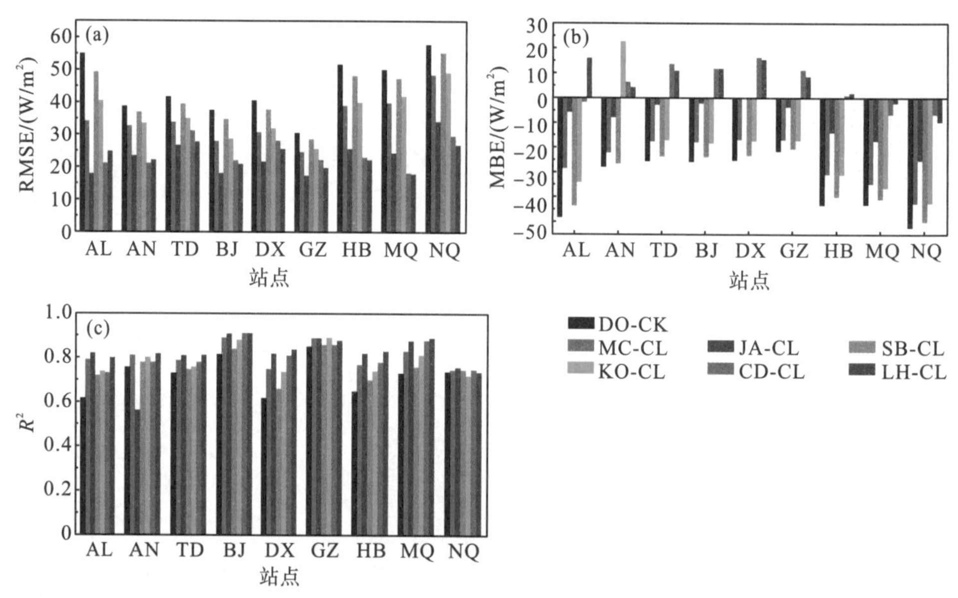

图 4.2 对 6 种非晴空条件下地表下行长波辐射估算模型的检验

注：为对比，同时列出 DO-CK 模型结果

就系统误差而言，上述 6 种非晴空模型在 9 个站点的 MBE 平均值(标准差)依次为 25.4 W/m^2(8.8 W/m^2)、−8.8 W/m^2(8.0 W/m^2)、32.4 W/m^2(10.4 W/m^2)、21.3 W/m^2(18.0 W/m^2)、6.5 W/m^2(8.4 W/m^2)和 6.4 W/m^2(8.1 W/m^2)。相对地，DO-CK 模型的 MBE 平均值(标准差)为−34.8 W/m^2(11.1 W/m^2)。显然，由于 DO-CK 模型没有考虑云对地表下行长波辐射的贡献，所以其估算结果存在较大的低估。而 6 种非晴空模型均能在不同程度上缓解这种低估，其中，LH-CL 模型能最大程度地考虑云对地表下行长波辐射的影响，其估算结果的系统偏差最小，对于所选择的

9 个地面站点均具有较好的估算精度。从 R^2 来看，LH-CL 模型的估算结果对非晴空条件下的地表下行长波辐射的解释率最高，达到 84%，优于其他模型；而 DO-CK 模型的 R^2 平均值为 0.72，低于所有的非晴空模型。

对比上述 6 种非晴空模型发现，MC-CL、JA-CL、SB-CL 和 LH-CL 模型有相似的表达形式。在这 4 个模型中，LH-CL 中 c 的系数最大，其他 3 种模型中 c 的系数相对较小。MC-CL 和 SB-CL 中 c 的指数超过 1，而 c 本身小于 1，因此 c 对地表下行长波辐射的贡献被削弱(即云对地表下行长波辐射的贡献被削弱)。MC-CL、JA-CL 和 SB-CL 这 3 种模型没有充分表达云对地表下行长波辐射的贡献，导致这 3 种模型的估算结果被低估。KO-CL 和 CD-CL 有相同的表达形式，c 的大小在 0～1，所以 c 的 4 次方比 c 本身小，这就导致 KO-CL 模型对云的表达能力要弱于 CD-CL 模型。KO-CL 模型本身的表达形式并不很适合于青藏高原。对于 CD-CL 和 LH-CL 两种模型，LH-CL 模型的原始研究区是安第斯高原，与青藏高原有更相似的海拔和大气条件，这使得 LH-CL 模型在所选择的 6 种模型中是估算非晴空条件下青藏高原地表下行长波辐射的最优模型。这一结论与此前检验结果吻合。

对 6 种非晴空模型进行综合分析，结合 DO-CK 模型与 LH-CL 模型可以较准确地估算青藏高原非晴空条件下的地表下行长波辐射。此处进一步分析基于 LH-CL 模型估算的地表下行长波辐射在各个站点的性能表现。图 4.3 为 9 个地面站点实测的地表下行长波辐射与基于 DO-CK 模型估算得到的下行长波辐射及经 LH-CL 模型校正后的非晴空条件地表下行长波辐射的散点图。考虑云覆盖之前，DO-CK 模型估算结果 MBE 的范围是−52.3W/m²(NQ)～−21.7W/m²(GZ)，存在很大的负偏差；RMSE 的范围是 30.4W/m²(NQ)～57.8W/m²(GZ)，表明 DO-CK 模型不能用来估算非晴空条件下的地表下行长波辐射。考虑云覆盖后，MBE 和 RMSE 的范围变为：−9.7W/m²(NQ)～16.2W/m²(ALS) 和 19.2W/m²(GZ)～27.8W/m²(TD)。由此可见，LH-CL 模型可以在很大程度上减小由 DO-CK 模型带来的低估。DO-CK 模型与 LH-CL 模型结合可以使估算结果误差小于 30W/m²。

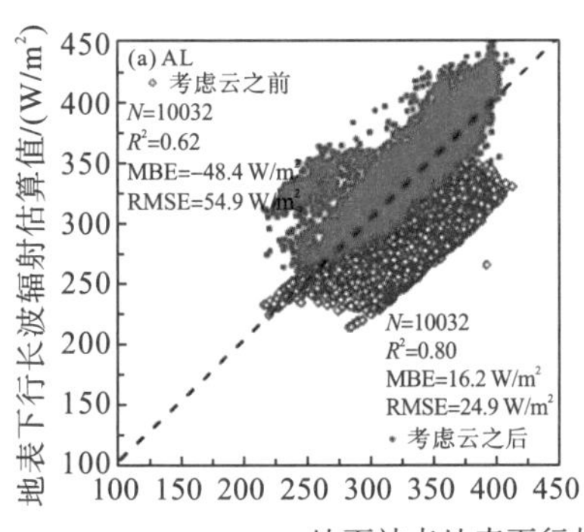

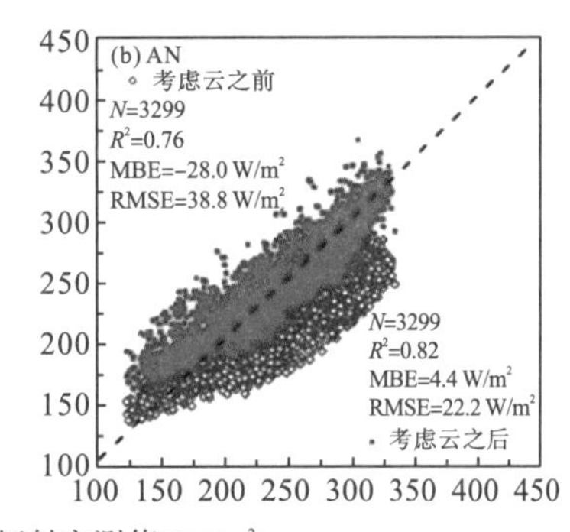

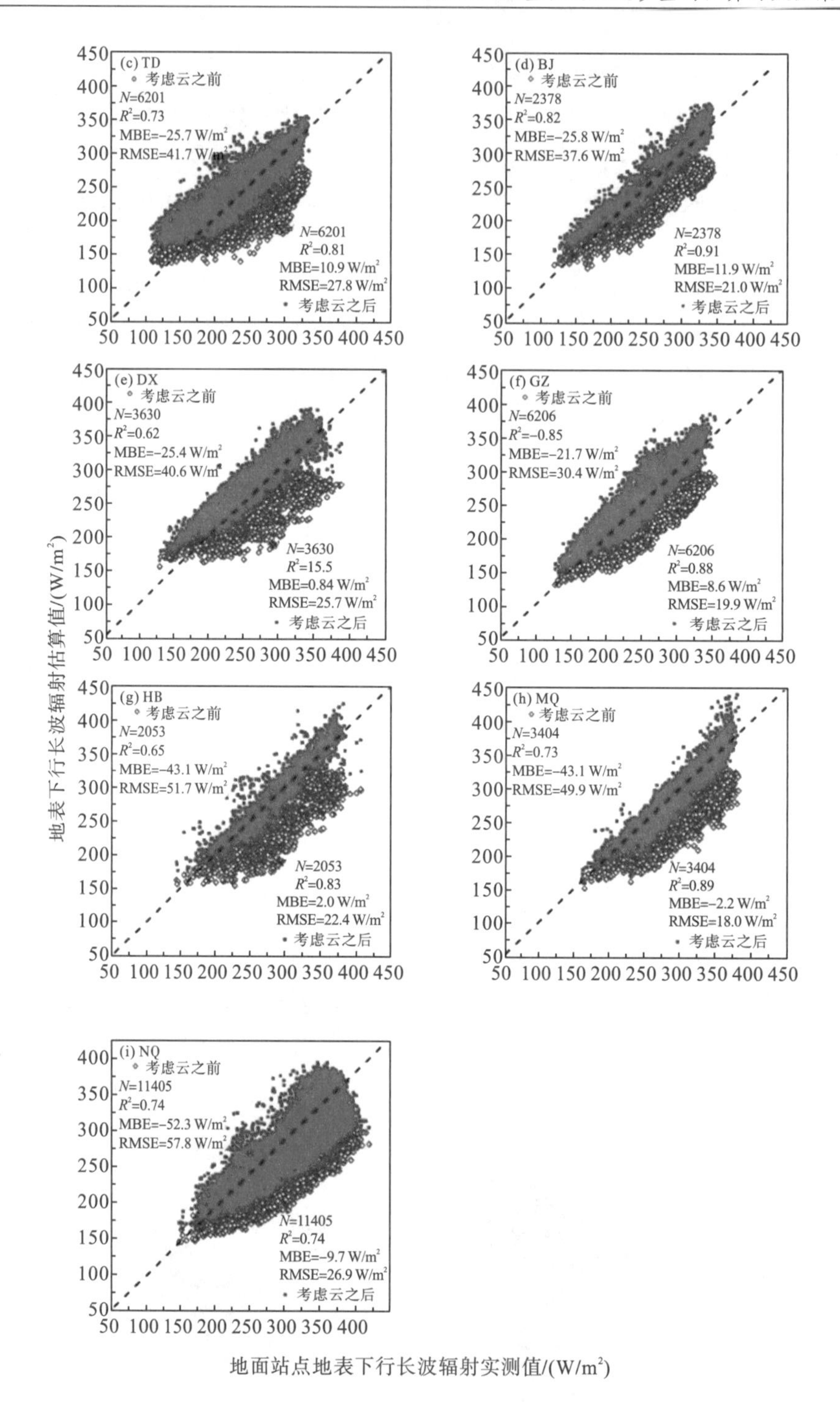

图 4.3 基于 9 个地面站点实测数据对 DO-CK 模型(考虑云覆盖之前)与 LH-CL 模型(考虑云覆盖之后)估算结果的验证

4.3.3　全天候地表下行长波辐射估算结果

综合比较地表下行长波辐射估算的晴空模型和非晴空模型可以发现，DO-CK 模型适用于青藏高原的晴空条件；DO-CK 模型和 LH-CL 模型可以较好地适用于青藏高原的非晴空条件。DO-CK 模型中需要用到的水汽压可以根据 CLDAS 数据集中提供的气压、比湿和近地表气温计算得到。因此，基于 CLDAS 数据可以估算青藏高原全天候地表下行长波辐射。由于本章研究采用的 CLDAS 数据集时间跨度为 2008～2016 年，部分地面站点(AN、TD、BJ 和 GZ)在这期间没有地面实测数据。因此，本章只采用 5 个地面站点(HB、NQ、AL、DX 和 MQ)的实测数据用于检验基于 CLDAS 数据计算得到的全天候地表下行长波辐射，结果如图 4.4 所示。为了更加直观地评价通过 CLDAS 数据得到的地表下行短波辐射与理想情况下地表下行短波辐射计算云参数的方法是否可行，未考虑云之前使用 DO-CK 模型估算的全天候地表下行长波辐射也同时被验证，并与考虑云之后的验证结果进行了对比分析。

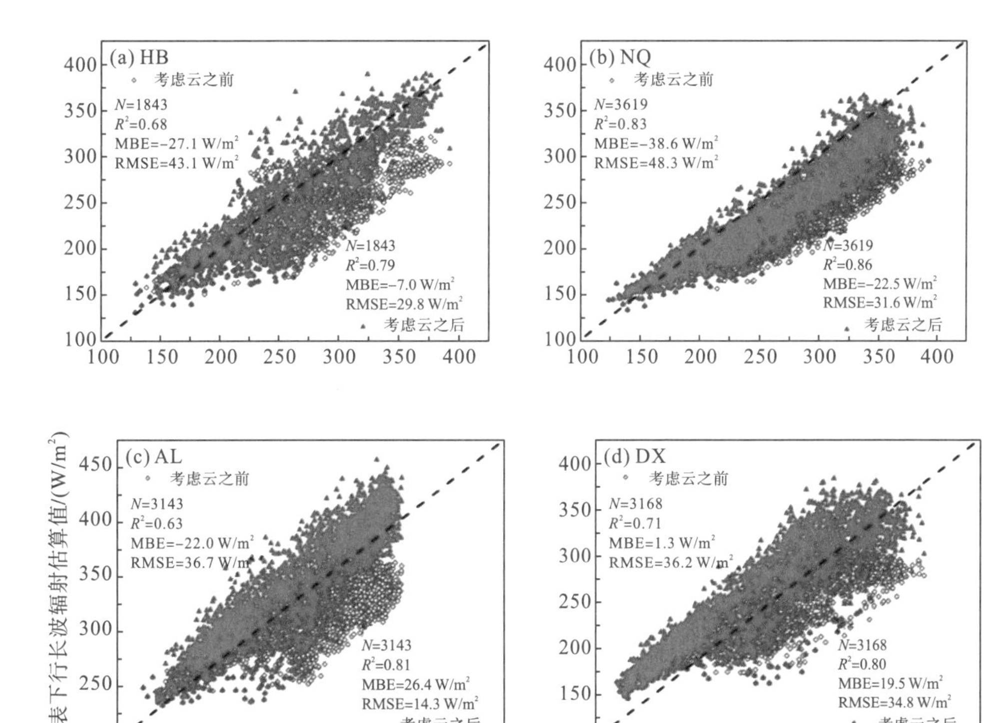

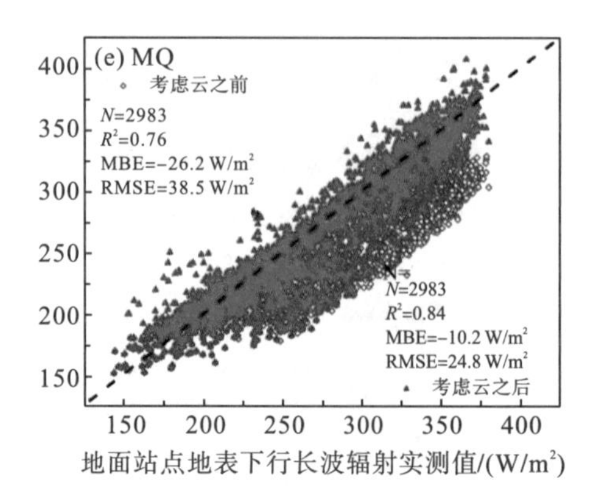

图 4.4　5 个地面站点的地表下行长波辐射实测值与基于 CLDAS 数据得到的全天候地表下行长波辐射估算值的散点图

在考虑云之前，使用 DO-CK 模型估算得到的地表下行长波辐射的 MBE 和 RMSE 的范围分别为-36.8～1.3 W/m^2 和 36.2～48.3 W/m^2。在 HB、NQ、AL 和 MQ 站点，不考虑云影响估算得到的地表下行长波辐射有较大的负偏差，其主要原因是云的出现导致大气水汽含量上升，进而使大气自身辐射量增大。DO-CK 模型仅适用于晴空条件，它未把云对地表下行长波辐射的影响考虑进去。在 DX 站，尽管未有明显的负偏差，但 RMSE 依然较大，其主要原因是 DO-CK 模型在 DX 站对晴空条件下的地表下行长波辐射有较大的高估，这部分高估在一定程度上抵消了非晴空条件对地表下行长波辐射的低估，使得 MBE 绝对值较小，却依然有较大的估算误差。

考虑云之后，利用 DO-CK 模型估算得到的地表下行长波辐射的 MBE 和 RMSE 的范围分别为-22.5～19.5 W/m^2 和 24.9～34.8 W/m^2。与考虑云之前的估算结果相比，LH-CL 模型能够有效地减小 DO-CK 模型带来的低估。尤其是在 HB、NQ、AL 和 MQ 站点，负偏差减小了大约 20 W/m^2。所选用的 5 个站点的 RMSE 都比考虑云之前更小了，RMSE 值的减小范围为 1.4～16.7 W/m^2。结果表明，基于 CLDAS 数据中的地表下行短波辐射数据计算云参数的方法是可行的，基于 CLDAS 数据估算的青藏高原全天候地表下行长波辐射具有较高精度。

为了更加直观仔细地了解云量 c 对基于 CLDAS 数据估算的全天候地表下行长波辐射的贡献程度，图 4.5 展示了 2012 年第 62 天一天中 9 个时刻云的空间分布。可以看到青藏高原在日出(UTC 时间 01:00 和 02:00)和日落(UTC 时间 09:00)时刻云量较少，而在其他几个时刻(UTC 时间 03:00～08:00)整个青藏高原几乎全部被云覆盖。就空间分布而言，青藏高原东南部的云覆盖更多，西北部更少。出现这一空间分布的原因是空气湿度不同，东南部区域空气湿度大，容易形成更多的厚云，而西北区域则空气相对更干燥，形成云的概率更小，更容易形成碎云(King et al.，1992，2003)。

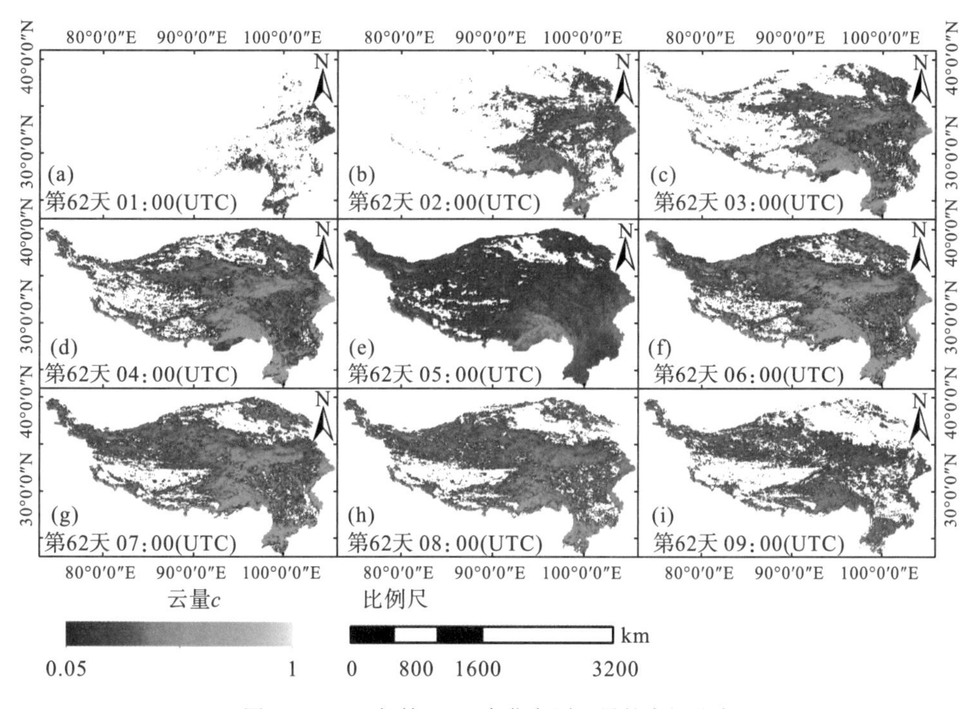

图 4.5　2012 年第 62 天青藏高原云量的空间分布

进一步分析 5 个站点处估算的 c 对基于 CLDAS 数据估算得到的地表下行长波辐射的影响，如图 4.6 所示。当云出现时，如果不考虑云的贡献，估算的地表下行长波辐射将显著低于地面实测值。相比之下，在考虑云的贡献后，估算值与地面测量值具有更好的一致性。此外，估算的地表下行长波辐射变化趋势与 c 值变化趋势基本一致，尤其是 NQ 和 AL 站点。

基于前文所述的全天候地表下行长波辐射的估算流程，以 CLDAS 数据为基础生成了时间分辨率为 1h、空间分辨率为 0.0625° 的青藏高原全天候地表下行长波辐射数据集。图 4.7 展示了青藏高原 2012 年第 1、61、122、183、245 和 305 天在 06:00(UTC 时间)的全天候地表下行长波辐射。如图 1.2 所示，青藏高原东南部区域海拔范围为 60～4000 m，这一区域大气充沛湿润；而青藏高原西北部大部分区域海拔超过 4000 m，这里大气干洁、稀薄。海拔差异造成的大气差异直接影响这两个区域的地表下行长波辐射的分布。因此，可以清晰地看到青藏高原地表下行长波辐射的空间分布趋势是东南高、西北低。除此之外，青藏高原地表下行长波辐射的时间变化也十分明显。图 4.7 可以明显地看到，第 122、183 和第 245

天的地表下行长波辐射值明显高于第 1、61 和 305 天。气温是地表下行长波辐射估算过程中主要的输入参数之一，估算结果对气温变化十分敏感。因此，上述变化趋势的主要原因可能是不同季节之间存在气温差异。

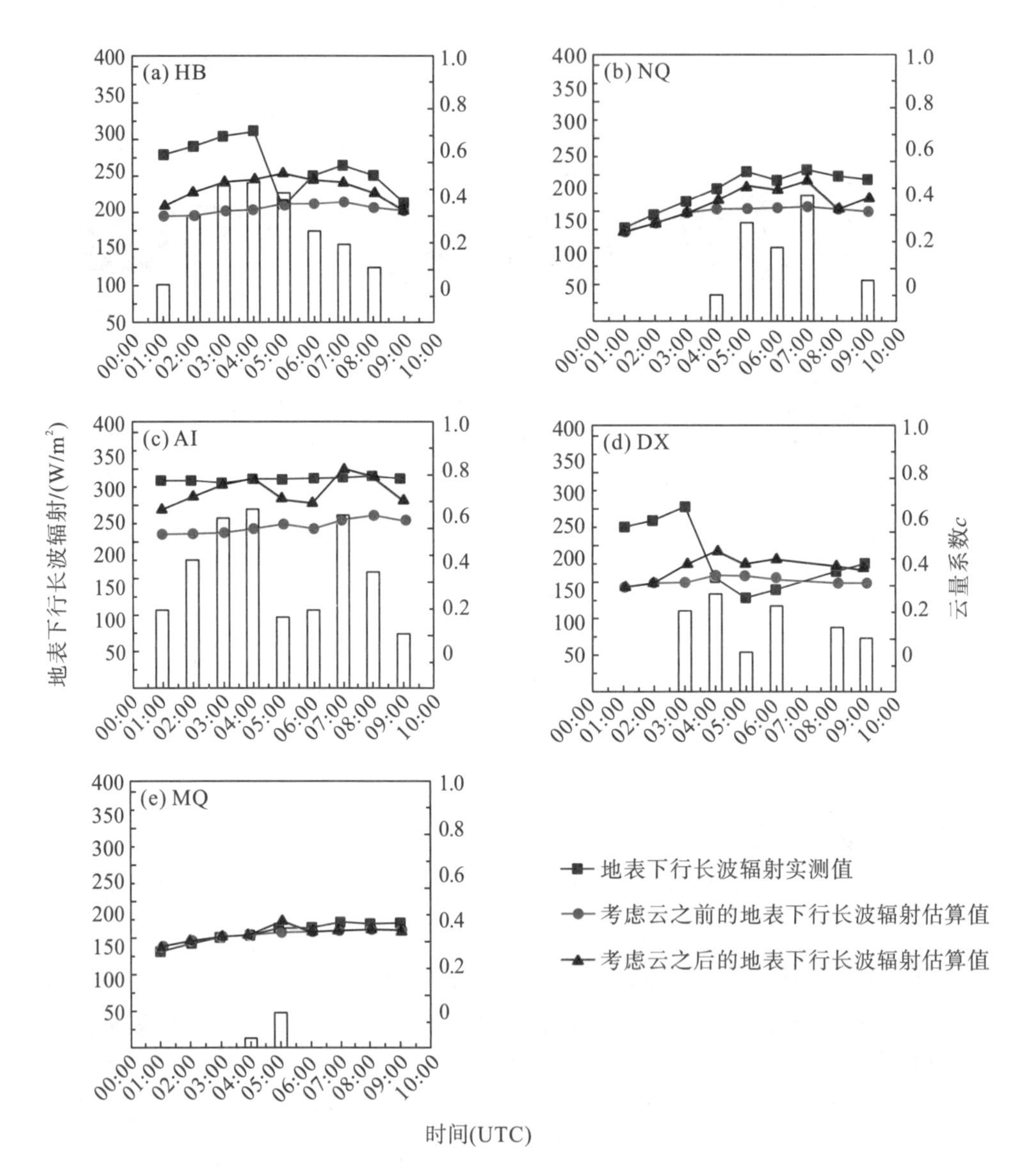

图 4.6 2012 年第 62 天 5 个地面站点地表下行长波辐射实测值、考虑云前后基于 CLDAS 数据估算的地表下行长波辐射及云量系数

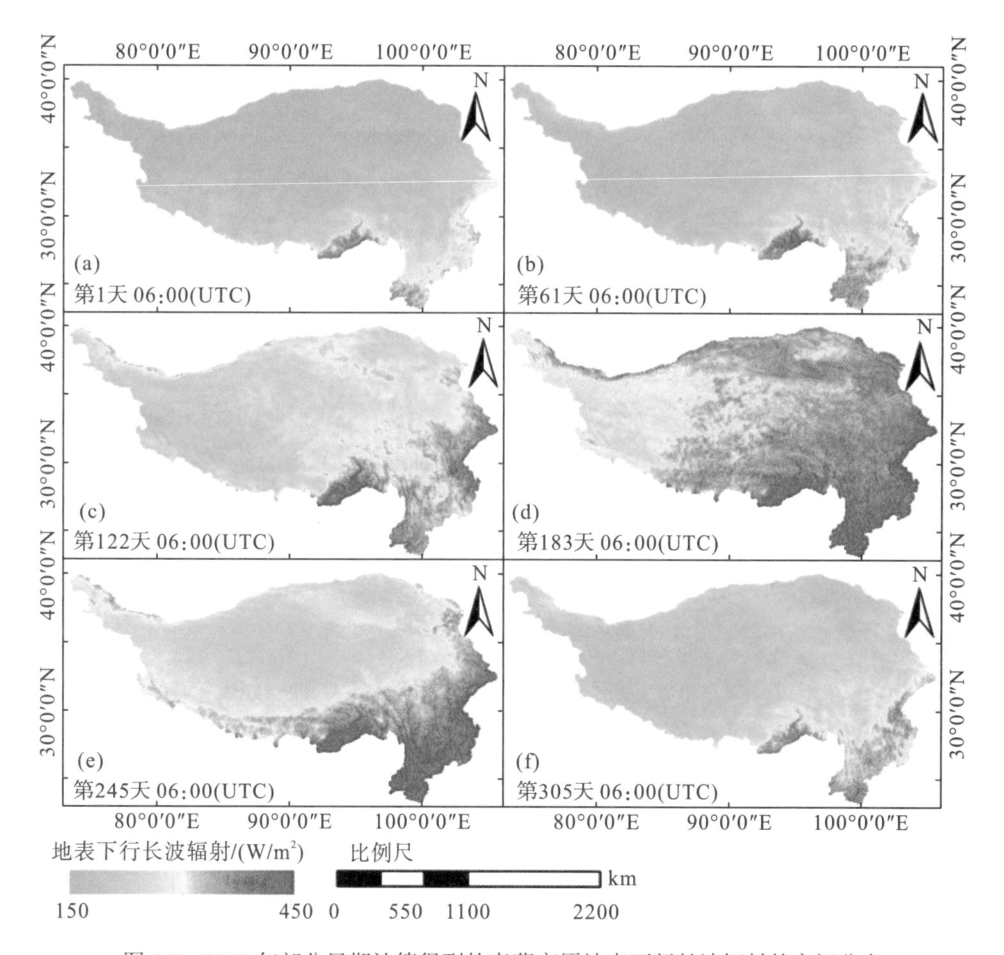

图 4.7　2012 年部分日期计算得到的青藏高原地表下行长波辐射的空间分布

4.3.4　全天候地表上行长波辐射估算结果

基于估算得到的全天候地表下行长波辐射，根据式(4.15)以及 CLDAS 提供的相应数据，可计算得到全天候地表上行长波辐射。对于这个过程中所需要的地表宽波段发射率，本章采用 GLASS 提供的地表宽波段发射率产品，其空间分辨率为 1 km，时间分辨率为 8d。根据地表宽波段发射率可知地表对下行长波辐射进行反射的能力。图 4.8 展示了 2010 年第 1、65、217 和 361 天的地表宽波段发射率。由图 4.8 可知，地表宽波段发射率在一年中的部分地方存在较大变化，因此采用 8 天合成的地表发射率是必要且合理的。为了将 GLASS 宽波段发射率与 CLDAS 数据进行匹配，采用双线性内插法将前者重采样至 0.0625°。

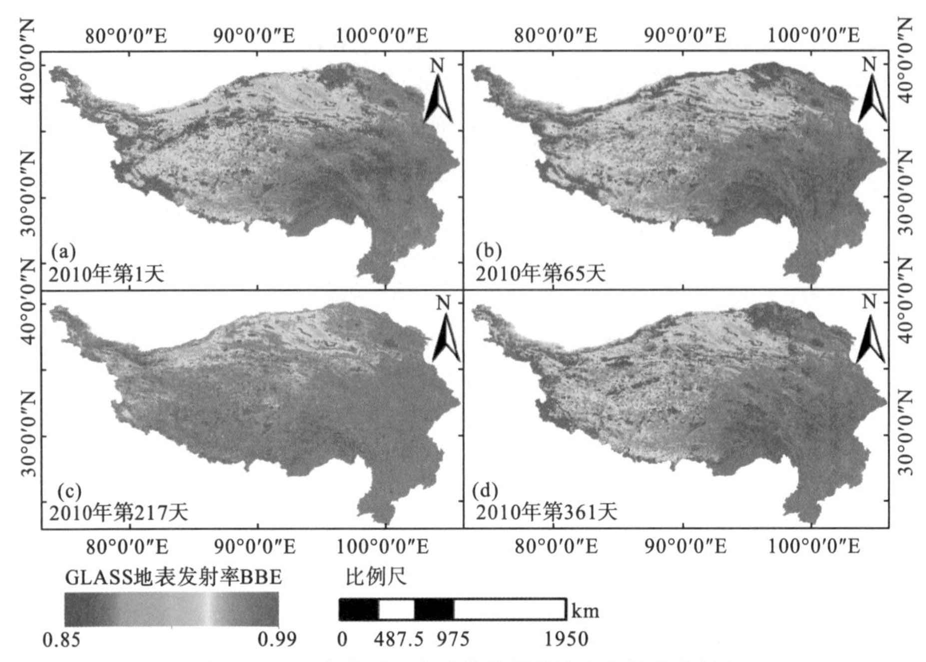

图 4.8 2010 年部分日期青藏高原的地表宽波段发射率

图 4.9 为计算得到的 2010 年部分日期青藏高原的地表上行长波辐射。就量级而言，地表上行长波辐射总体上高于地表下行长波辐射。在冬季地表下行短波辐射较小时，地表上行长波辐射会一直大于地表下行长波辐射，从而使地表能量迅速向外辐射，地表净长波辐射为负值。从时间变化趋势上看，地表上行长波辐射与地表下行长波辐射吻合，高温季节地表上行长波辐射高，低温季节则低。出现这一变化趋势的原因主要有两个方面：首先，地表温度的年内变化趋势是中间时间段(夏季前后时间段)较高，年初和年末(冬季前后时间段)较低，地表温度表征了地表向外发射长波的能力，从而使得地表上行辐射的时间变化也呈现相应的趋势。其次，前文提到地表下行长波辐射的年内变化趋势是高温时间段较高，低温时间段较低，而地表宽波段发射率年内的绝对变化值不大，从而导致地表反射长波的能力不会出现剧烈波动，所以反射的地表下行长波辐射也与地表下行长波辐射保持相同的时间变化趋势。地表上行长波辐射的两部分分量具有一致的时间变化趋势，两者叠加后这一趋势更加明显。

对青藏高原地表上行辐射的空间分布，出现了与地表下行长波辐射并不完全一致的情况。在冬季等低温时段(如第 1、61 和 305 天)出现地表上行长波辐射与地表下行长波辐射的空间分布基本一致的情况，即东南部明显高于西北部及北部；在夏季等温度较高的时段(如第 122、183 和 245 天)，地表上行长波辐射的整体分布较为一致，其主要原因是夏季日照强烈，高原北部及西北部这些高海拔区域在

06：00（UTC）时处于强烈日照下，具有较高的地表温度，从而发射长波的能力变强，缩小了与西南部之间的空间差异。

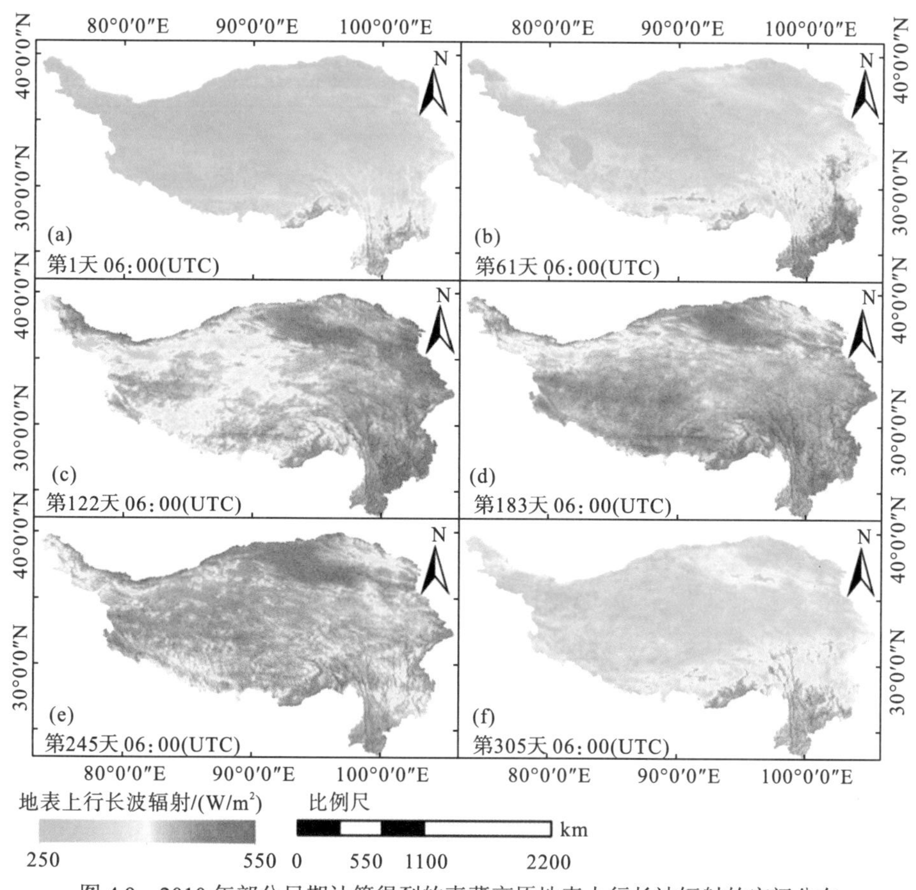

图 4.9　2010 年部分日期计算得到的青藏高原地表上行长波辐射的空间分布

由于实测数据有限，采用两个站点（HB 和 NQ）的实测数据对计算得到的地表上行长波辐射进行检验，结果如图 4.10 所示。对于 HB 站，估算的地表上行长波辐射具有较好的精度：MBE=−0.2 W/m^2，RMSE=19.8 W/m^2，R^2=0.89，表明该站点处估算结果几乎没有系统偏差，与实测值较为吻合。对于 NQ 站，估算结果精度略低，MBE=−16.4 W/m^2，RMSE=37.5 W/m^2，R^2=0.78，表明地表上行长波辐射总体被低估，尤其是在高值部分。将图 4.10（b）与图 4.4（b）作对比发现，基于 CLDAS 数据估算的地表下行长波辐射在 NQ 站点也出现了明显的低估，这直接导致地表上行长波辐射出现低估。虽然 NQ 站点的地表上行长波辐射精度低于 HB 站点，但其相对误差低于 10%，表明估算所得的地表上行长波辐射仍能够较好地反映地表的实际状况。总体上，基于 CLDAS 等数据计算地表上行长波辐射是可行的。

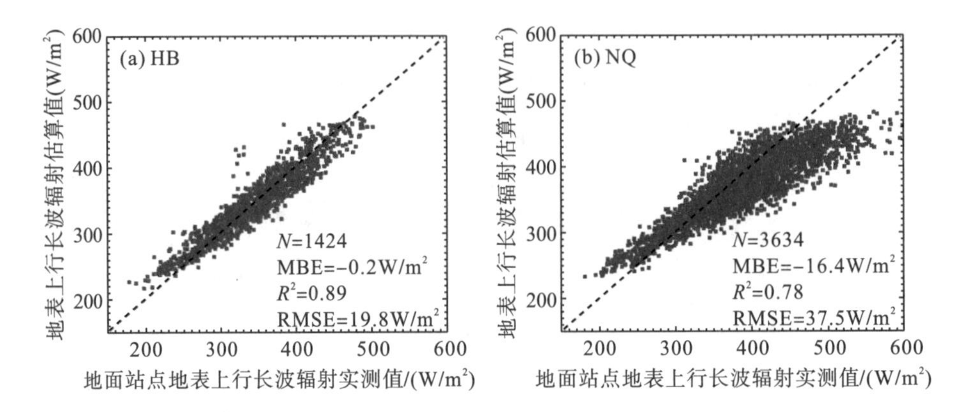

图 4.10 地面站点地表上行长波辐射实测值与地表上行长波辐射估算值的散点图

4.4 小 结

本章主要内容可以分为两个部分。第一部分是地表下行长波辐射的估算，在地表下行长波辐射估算过程中先基于站点实测的气象数据对现有的 8 种晴空估算模型和 6 种非晴空估算模型进行了测试。根据测试结果，基于最优的晴空和非晴空估算模型，以 CLDAS 提供的相关参数为输入数据，估算生成了整个青藏高原 2008～2016 年的全天候地表下行长波辐射。基于站点实测数据验证了全天候地表下行长波辐射的估算结果，结果表明，全天候地表下行长波辐射具有可接受的精度。第二部分是基于估算的全天候地表下行长波辐射，以 CLDAS 中的地表温度和 GLASS 产品中的地表发射率等为输入参数，估算了青藏高原的地表上行长波辐射，验证结果表明，估算的地表上行长波辐射具有较好的精度。基于本章研究，可以生成青藏高原地表下行长波辐射和地表上行长波辐射两个分量数据集。这两个数据集是辐射平衡参数中关键的两个参数，是计算净辐射的重要组成部分。

参 考 文 献

师春香, 谢正辉, 钱辉, 等, 2011. 基于卫星遥感资料的中国区域土壤湿度 EnKF 数据同化[J]. 中国科学: 地球科学, 41(03): 375-385.

王宾宾, 马耀明, 马伟强, 2012. 青藏高原那曲地区 MODIS 地表温度估算[J]. 遥感学报, 16(06): 1289-1309.

文军, 蓝永超, 苏中波, 等, 2011. 黄河源区陆面过程观测和模拟研究进展[J]. 地球科学进展, 26(6): 575-586.

Angström A K, 1915. A study of the radiation of the atmosphere, based upon observations of the nocturnal radiation during expeditions to Algeria and to California[J]. Smithsonian Miscellaneous Collections, 65(3): 1-159.

Brunt D, 1932. Notes on radiation in the atmosphere[J]. Quarterly Journal of the Royal Meteorological Society, 58(247): 389-420.

Brutsaert W, 1975. On a derivable formula for long-wave radiation from clear skies[J]. Water Resources Research, 11(5): 742-744.

Carmona F, Rivas R, Caselles V, 2014. Estimation of daytime downward longwave radiation under clear and cloudy skies conditions over a sub-humid region[J]. Theoretical and Applied Climatology, 115(1): 281-295.

Cheng J, Liang S, Yao Y, et al, 2014. A comparative study of three land surface broadband emissivity datasets from satellite data[J]. Remote Sensing, 6(1): 111-134.

Choi M, Jacobs J M, Kustas W P, 2008. Assessment of clear and cloudy sky parameterizations for daily downwelling longwave radiation over different land surfaces in Florida, USA[J]. Geophysical Research Letters, 35(20): 288-299.

Coulson K L, 1959. Characteristics of the radiation emerging from the top of a rayleigh atmosphere-I: Intensity and polarization[J]. Planetary and Space Science, 1(4): 265-276.

Crawford T M, Duchon C E, 1998. An improved parameterization for estimating effective atmospheric emissivity for use in calculating daytime downwelling longwave radiation[J]. Journal of Applied Meteorology, 38(4): 474-480.

Dee D P, Uppala S M, Simmons A J, et al, 2011. The ERA-Interim reanalysis: Configuration and performance of the data assimilation system[J]. Quarterly Journal of the Royal Meteorological Society, 137(656): 553-597.

Dilley A C, O'Brien D M, 1998. Estimating downward clear sky long-wave irradiance at the surface from screen temperature and precipitable water[J]. Quarterly Journal of the Royal Meteorological Society, 124(549): 1391-1401.

Gao L, Bernhardt M, Schulz K, et al, 2017. Elevation correction of ERA-Interim temperature data in the Tibetan Plateau[J]. International Journal of Climatology, 37(9): 3540-3552.

Idso S B, 1981. A set of equations for full spectrum and 8-to 14-μm and 10. 5-to 12. 5-μm thermal radiation from cloudless skies[J]. Water Resources Research, 17(2): 295-304.

Idso S B, Jackson R D, 1969. Thermal radiation from the atmosphere[J]. Journal of Geophysical Research, 74(23): 5397-5403.

Jacobs J D, 1978. Radiation climate of Broughton Island[J]. Institute of Arctic and Alpine Research, University of Colorado: 105-120.

Jia B, Xie Z, Dai A, et al, 2013. Evaluation of satellite and reanalysis products of downward surface solar radiation over East Asia: Spatial and seasonal variations[J]. Journal of Geophysical Research: Atmospheres, 118(9): 3431-3446.

Joyce R J, Janowiak J E, Arkin P A, et al, 2004. CMORPH: A method that produces global precipitation estimates from passive microwave and infrared data at high spatial and temporal resolution[J]. Journal of Hydrometeorology, 5(3): 487-503.

Kalnay E, Kanamitsu M, Kistler R, et al, 1996. The NCEP/NCAR 40-Year Reanalysis Project[J]. Bulletin of the American Meteorological Society, 77(3): 437-472.

King M D, Kaufman Y J, Menzel W P, et al. Remote sensing of cloud, aerosol, and water vapor properties from the moderate resolution imaging spectrometer(MODIS)[J]. IEEE Transactions on Geoscience and Remote Sensing,

1992, 30(1): 2-27.

King M D, Menzel W P, Kaufman Y J, et al, 2003. Cloud and aerosol properties, precipitable water, and profiles of temperature and water vapor from MODIS[J]. IEEE Transactions on Geoscience and Remote Sensing, 41(2): 442-458.

Konzelmann T, Wal RSWVD, Greuell W, et al, 1994. Parameterization of global and longwave incoming radiation for the Greenland Ice Sheet[J]. Global and Planetary Change, 9(1): 143-164.

Lhomme J P, Vacher J J, Rocheteau A, 2007. Estimating downward long-wave radiation on the Andean Altiplano[J]. Agricultural and Forest Meteorology, 145(3): 139-148.

Li X, Cheng G, Liu S, et al, 2013. Heihe Watershed Allied Telemetry Experimental Research (HiWATER): Scientific objectives and experimental design[J]. Bulletin of the American Meteorological Society, 94(8): 1145-1160.

Li X, Li X W, Li Z, et al, 2009. Watershed allied telemetry experimental research[J]. Journal of Geophysical Research: Atmospheres, 114: 2191-2196.

Liang S, 2005. Quantitative remote sensing of land surfaces[M]. New Jersey: John Wiley & Sons.

Maykut G A, Church P E, 1973. Radiation climate of barrow Alaska, 1962-66[J]. Journal of Applied Meteorology, 12(4): 924-936.

Onogi K, Tsutsui J, Koide H, et al, 2007. The JRA-25 Reanalysis[J]. Journal of the Meteorological Society of Japan, 85(3): 369-432.

Prata A J, 1996. A new long-wave formula for estimating downward clear-sky radiation at the surface[J]. Quarterly Journal of the Royal Meteorological Society, 122(533): 1127-1151.

Shang L, Zhang Y, Lyu S, et al, 2016. Seasonal and inter-annual variations in carbon dioxide exchange over an alpine grassland in the Eastern Qinghai-Tibetan Plateau[J]. PLOS One, 11(11): e0166837.

Sugita M, Brutsaert W, 1993. Cloud effect in the estimation of instantaneous downward longwave radiation[J]. Water Resources Research, 29(3): 599-605.

Swinbank W C, 1963. Long-wave radiation from clear skies[J]. Quarterly Journal of the Royal Meteorological Society, 89(381): 339-348.

Uppala S M, Dee D, Kobayashi S, et al, 2008. Towards a climate data assimilation system: Status update of ERA-Interim[J]. ECMWF Newsletter, 115(7): 12-18.

Wang C, Tang B H, Wu H, et al, 2017. Estimation of downwelling surface longwave radiation under heavy dust aerosol sky[J]. Remote Sensing, 9(3): 207.

Wang S, Zhang M, Sun M, et al, 2015. Comparison of surface air temperature derived from NCEP/DOE R2, ERA-Interim, and observations in the arid northwestern China: A consideration of altitude errors[J]. Theoretical and Applied Climatology, 119(1): 99-111.

Wang W, Liang S, 2009. Estimation of high-spatial resolution clear-sky longwave downward and net radiation over land surfaces from MODIS data[J]. Remote Sensing of Environment, 113(4): 745-754.

Wu H, Zhang X, Liang S, et al, 2012. Estimation of clear-sky land surface longwave radiation from MODIS data products by merging multiple models[J]. Journal of Geophysical Research: Atmospheres, 117(D22107), doi: 10.

1029/2012JD017567.

Yu S S, Xin X Z, Liu Q II, 2013. Estimation of clear-sky longwave downward radiation from HJ-1B thermal data[J]. Science China Earth Sciences, 56(5): 829-842.

Yu S, Xin X, Liu Q, et al, 2011. Estimation of clear-sky downward longwave radiation from satellite data in Heihe River basin of northwest China[C]. IEEE International Geoscience and Remote Sensing Symposium: 269-272.

Shi P L, Zhang X Z, Zhong Z M, et al, 2006. Diurnal and Seasonal Variability of Soil CO2 Efflux in a Cropland Ecosystem on the Tibetan Plateau[J]. Agricultural and Forest Meteorology, 137: 220-233.

Zhang X, Shi P, Liu Y, et al, 2005. Experimental study on soil CO2 emission in the alpine grassland ecosystem on Tibetan Plateau[J]. Science China Earth Sciences, 48: 218-224.

Huang Y, Li S G, Liang N, et al, 2013. A comparison of methane emission measurements using eddy covariance and manual and automated chamber-based techniques in Tibetan Plateau alpine wetland[J]. Environmental Pollution, 181: 81-90.

第 5 章　地表短波辐射产品验证

地表短波辐射主要包括下行短波辐射和上行短波辐射两个分量。20 世纪，卫星遥感技术尚不是特别发达，下行短波辐射的估算都以地面台站为基础，根据地面台站测量的常规气象参数，建立它们与下行短波辐射之间的函数关系式，从而反演得到下行短波辐射。根据主要使用的气象参数，可以大致把这些方法分为以下三类：第一类是以云参数为基础的回归方法，该方法建立云与下行短波辐射之间的函数关系式，通过对云对下行短波辐射的影像，定量化估算下行短波辐射(Supit and Kappel，1998；Ehnberg and Bollen，2005)；第二类是以近地面气温作为下行短波辐射的主要描述因子，建立气温与下行短波辐射之间线性或非线性函数关系式，从而进一步估算得到下行短波辐射数据(Bristow and Campbell，1984；Thornton and Running，1999)；第三类是以日照时长为因变量，将下行短波辐射作为自变量(Angstrom，1924)。但是回归模型的精度依赖于大量的实测数据，只有足够密度的实测数据才会让回归模型更加接近真实情况，因此统计经验回归的方法对站点数量有很高的要求。

进入 21 世纪以来，随着遥感技术的不断进步，遥感手段变得多样化，遥感数据不断丰富，学术界开始通过遥感数据反演地表下行短波辐射和上行短波辐射。在早期，人们估算短波辐射分量数据的第一类方法以辐射传输模式为基础，利用辐射传输模式计算各个分量。常用的大气传输模式有低波谱分辨率的大气辐射传输模式(LOWTRAN)和中分辨率大气辐射传输模式(MODTRAN)(Berk et al.，1998)。第二类方法通过卫星数据反演与短波辐射相关的各个地表参量，然后建立地表参量与下行短波辐射或者短波净辐射之间的函数关系，最后间接反演得到下行短波辐射或者短波净辐射(郭鹏和武法东，2018)。第三类方法根据传感器获取的大气顶层辐射，直接建立它与下行短波辐射或其他辐射分量之间的回归关系，从而进一步估算得到相关的辐射分量(Wang et al.，2015)。

基于上述方法，到目前为止，已有大量的下行短波辐射产品发布，这些产品的质量参差不齐，尤其是在地形较为复杂的青藏高原地区。学术界十分关注这些产品在不同地区的精度，尤其是瞬时下行短波辐射在一些复杂区域的精度。因为先前大多数研究评价的都是日均或者月均下行短波辐射在较大区域甚至是全球的精度，对于局部应用参考性不大。因此评价这些下行短波辐射产品在一些特殊区域的精度已经成为一个关键又紧迫的问题。

5.1 研究数据

本章选用两种地表下行短波辐射的数据产品。第一种是 CLDAS 数据，其提供的地表下行短波辐射产品的时间分辨率为 1h，空间分辨率为 0.0625°，根据陆面数据同化模型得到。第二种是中国高时空分辨率地表太阳辐射数据集（the high-resolution surface solar radiation datasets over China，HRSSR），该数据集由中国科学院青藏高原研究所提供（Qin et al.，2015；Tang et al.，2016），其时间分辨率为 1 h，空间分辨率为 0.05°。该数据建立了 MODIS 云产品与多功能传输卫星（multifunctional transport satellite，MTSAT）信息之间的估算模型，可进一步获得瞬时云参数，并在考虑瞬时云参数的情况下，利用神经网络估算下行短波辐射。

为估算地表上行短波辐射，本章选取全球陆表特征参量（global land surface satellite，GLASS）产品中的地表反照率产品。该地表反照率产品是空间分辨率为 1km 的 8 天合成产品。地表反照率的反演是以每日分辨率的 MODIS 地表反射率数据（MYD09GA）与 MODIS 大气层顶反射率数据（MYD021KM）为基础生成的初级反照率产品，因为初级产品质量不稳定，所以在第二步中对其进行滤波和填补以得到高质量的融合产品（Liu et al.，2013；Qu et al.，2014）。

选用 4.1.2 节所列的 5 个站点（AL、DX、HB、MQ 和 NQ）的观测数据进行地表短波辐射的检验，具体要素包括地表下行短波辐射、地表上行短波辐射以及常规气象要素。

5.2 研究方法

5.2.1 地表下行短波辐射的检验

基于青藏高原 5 个地面站点的实测数据，考虑云对地面实测数据的影响，在晴空和非晴空条件下对 CLDAS 和 HRSSR 两种产品的地表下行短波辐射数据进行检验，根据检验结果分析产品的不确定性。

判断实测数据处于晴空还是非晴空条件的思路如下。在地面站点的实测参数中，包含了地表下行短波辐射这一参数。根据站点经纬度、海拔和时间等参数，由式（4.6）～式（4.14）可以计算出站点在各个时刻的地表下行短波辐射的理论值。根据实测地表下行短波辐射与理论下行短波辐射的比值，由式（4.5）可以计算出云量参数 c。当 $c>0.05$ 时，认为此时站点上空被云覆盖，实测数据受到云的影响；当 $c\leqslant 0.05$ 时，认为此刻站点处于晴空条件下，此时记录的地表下行短波辐射是晴空条件下的地表下行短波辐射。

根据上述划分标准对实测数据进行分类后，根据站点位置提取出两种产品在站点处的日间地表下行短波辐射值，基于实测数据对其分别进行检验。选用 MBE、RMSE 和 R^2 作为验证指标。根据两种产品的验证结果，选择其中表现最好的产品作为计算地表上行短波辐射的基础数据。

5.2.2 地表上行短波辐射的估算

根据地表下行短波辐射和地表反照率，可计算得到地表上行短波辐射：

$$R_s^{\uparrow} = \mathrm{ABD_{blu}} \times R_s \tag{5.1}$$

式中，$R_s^{\uparrow}$ 为上行短波辐射；$\mathrm{ABD_{blu}}$ 为通常情况下的地表反照率。

GLASS 产品提供了白空和黑空条件下的短波反照率，需要根据其计算 $\mathrm{ABD_{blu}}$。$\mathrm{ABD_{blu}}$ 计算公式(Cheng et al.，2014，2016)如下：

$$\mathrm{ABD_{blu}} = \theta_i \times \mathrm{WSA} + (1 - \theta_i) \times \mathrm{BSA} \tag{5.2}$$

$$\theta_i = 0.122 + 0.85 \exp(-4.8 \cos u) \tag{5.3}$$

式中，θ_i 为天空散射比因子；WSA 为白空条件下的短波反照率；BSA 为黑空条件下的短波反照率；u 为太阳天顶角。

太阳天顶角可以根据式(5.4)计算得到：

$$u = \mathrm{Lat} - \eta \tag{5.4}$$

式中，Lat 为弧度制下的纬度；η为太阳赤纬，计算方式如式(4.10)所示。

5.3 结果分析

5.3.1 CLDAS 地表下行短波辐射检验结果

图 5.1 为所选的 5 个站点的地面站点地表下行短波辐射实测点与 CLDAS 提供的地表下行短波辐射的散点图，并列出了晴空与非晴空条件下后者的检验指标。根据图 5.1 可以十分明显地看到，在晴空条件下 CLDAS 提供的地表下行短波辐射与站点实测值具有很高的一致性，R^2 达到 0.90 左右。5 个站点的 RMSE 值分别为 73.8 W/m^2(AL)、73.7 W/m^2(DX)、84.9 W/m^2(HB)、72.6 W/m^2(MQ)和 67.4 W/m^2(NQ)，整体误差低于 85 W/m^2，表明晴空条件下 CLDAS 提供的地表下行短波辐射与实测数据接近。5 个站点的 MBE 值分别为−44.7 W/m^2(AL)、7.1 W/m^2(DX)、−34.8 W/m^2(HB)、−19.9 W/m^2(MQ)和−1.2 W/m^2(NQ)，表明 CLDAS 提供的地表下行短波辐射在 AL、HB 和 MQ 这 3 个站点出现了显著的低估。根据散点图可以推测出现

显著低估的主要原因是这 3 个站点处的局地天气状况与 CLDAS 像元尺度所标定的不一致，这意味着站点局地的实际天气条件为晴空，而 CLDAS 在估算地表下行短波辐射时在像元尺度上将天气状况判定为非晴空，使得估算得到的像元尺度上的地表下行短波辐射与站点实测数据之间存在天气背景的差异，因此导致 CLDAS 估算的下行短波辐射显著低于站点实测值。

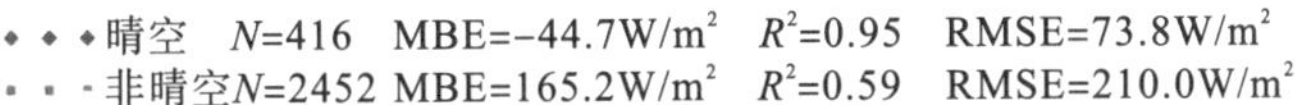

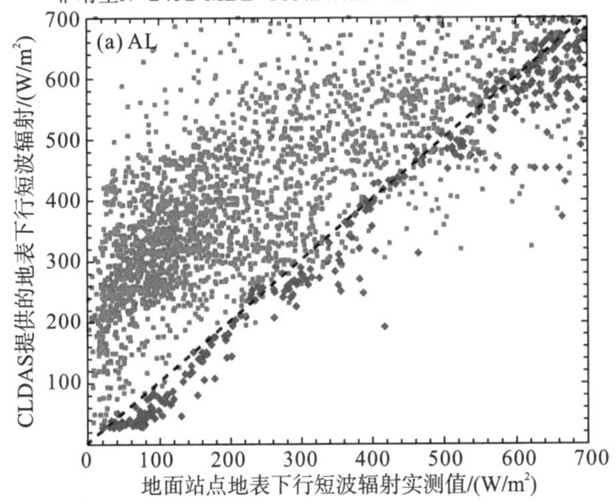

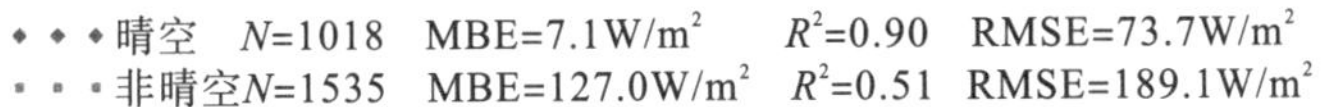

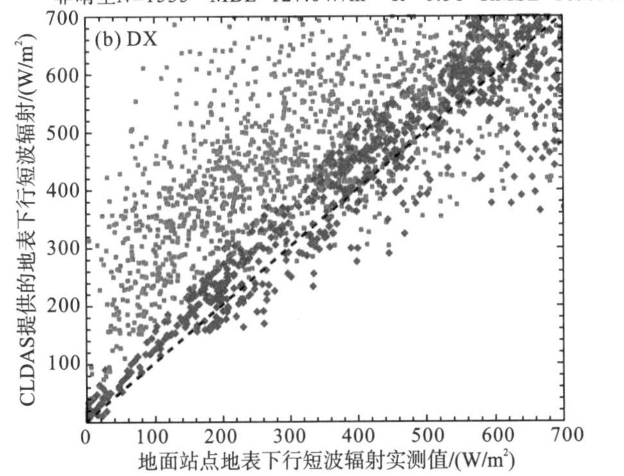

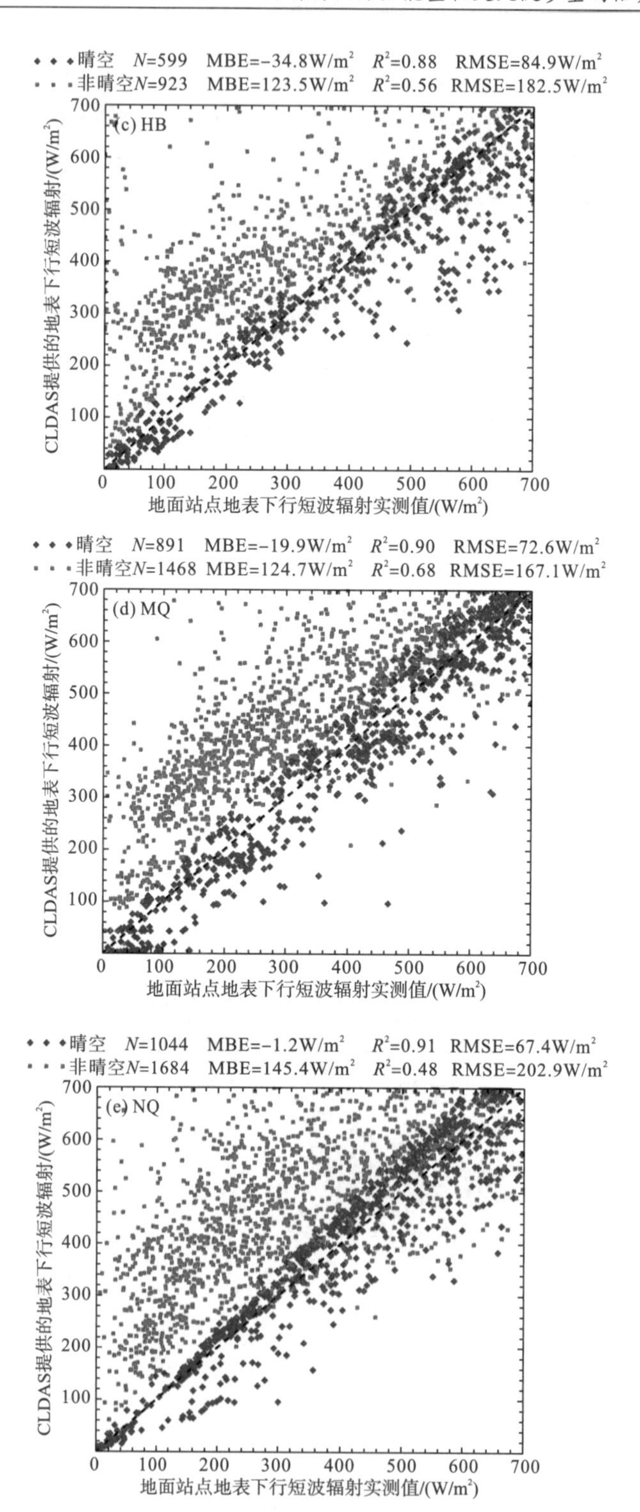

图 5.1 地面站点地表下行短波辐射实测值与 CLDAS 提供的地表下行短波辐射的散点图

由图 5.1 可知，DX 和 NQ 站出现严重负偏差的样本点相对较少，表明 CLDAS 估算的地表下行短波辐射在 DX 和 NQ 站没有出现明显的系统偏差。出现这一现象的主要原因可能是这两个站点位于草地下垫面，周围地势平坦开阔。这样的地形条件使站点局地天气与像元尺度天气条件出现不一致的情况相对较少，即在站点局地天气条件为晴空时，CLDAS 像元素被判定为非晴空的情况较少，使得这两个站点在晴空下的估算结果没有较大系统偏差，具有较好的精度。

根据图 5.1 可以明显看到，在非晴空条件下，所有站点处 CLDAS 提供的地表下行短波辐射均出现了显著的高估。5 个站点的 R^2 分别为 0.59(AL)、0.51(DX)、0.56(HB)、0.68(MQ)和 0.48(NQ)。与晴空条件下的验证结果相比，R^2 明显降低，表明在非晴空条件下 CLDAS 估算的地表下行短波辐射与站点实测值的一致性较晴空条件低。5 个地面验证站点的 MBE 分别为 165.2W/m^2(AL)、127.0W/m^2(DX)、123.5W/m^2(HB)、124.7W/m^2(MQ)和 145.4W/m^2(NQ)。根据散点图中的样本点可以看出，其中有大量严重高估的样本点。出现这一结果的主要原因之一也是像元尺度与站点尺度天气情况的判定结果不一致，即当站点通过实测地表下行短波辐射判定站点上空处于非晴空，而 CLDAS 在像元尺度上的判定结果为晴空。站点与像元尺度两者之间天气状况的判定差异使得 CLDAS 的估算结果在大多数情况下高于地面站点的实测结果。5 个地面验证站点处的 RMSE 分别为 210.0W/m^2(AL)、189.1W/m^2(DX)、182.5W/m^2(HB)、167.1W/m^2(MQ)和 202.9W/m^2(NQ)。大量样本点的高估使得非晴空条件下的估算结果出现了较大的误差，RMSE 高于 150W/m^2，这样的估算精度在实际运用中还需要进一步验证。

根据验证结果可知，CLDAS 在晴空条件下的估算精度较好，在非晴空条件下的估算结果有很大的不确定性。根据当前的验证方法很难对 CLDAS 的精度给出一个定量化的指标。但是验证结果显示，站点与像元尺度的空间尺度差异会导致两者在某些情况下出现天气情况不一致，使得验证结果存在一定的不确定性。如何估算更高空间分辨率的地表下行短波辐射对于青藏高原的研究是十分必要的。

5.3.2　HRSSR 地表下行短波辐射检验结果

图 5.2 展示了 HRSSR 提供的地表下行短波辐射在 5 个地面站点的检验结果。为了与 CLDAS 的验证结果进行对比，同样根据实测数据将验证结果分成了晴空和非晴空两种情况，下面就这两种情况下的验证结果进行分析。

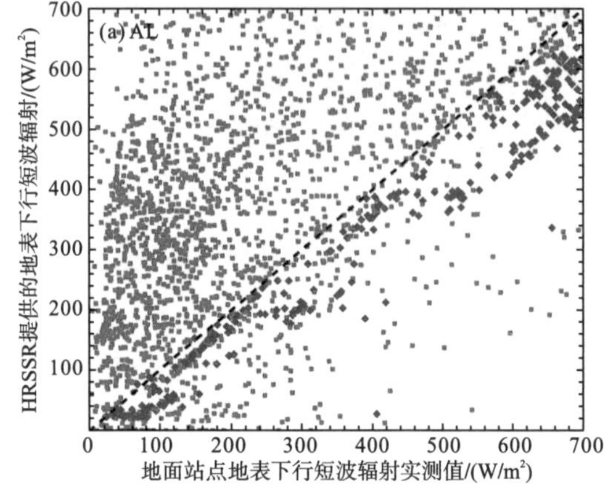
晴空 N=389 MBE=-88.9W/m² R²=0.94 RMSE=112.6W/m²
非晴空N=2130 MBE=153.0W/m² R²=0.34 RMSE=240.5W/m²
(a) AL
HRSSR提供的地表下行短波辐射/(W/m²)
地面站点地表下行短波辐射实测值/(W/m²)

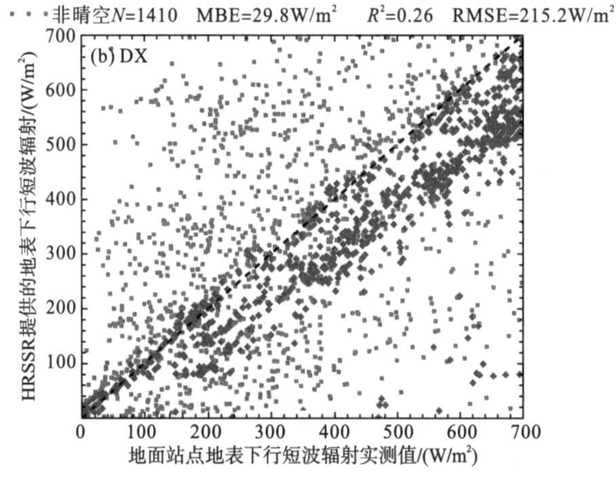
晴空 N=1003 MBE=-94.6W/m² R²=0.82 RMSE=135.9W/m²
非晴空N=1410 MBE=29.8W/m² R²=0.26 RMSE=215.2W/m²
(b) DX
HRSSR提供的地表下行短波辐射/(W/m²)
地面站点地表下行短波辐射实测值/(W/m²)

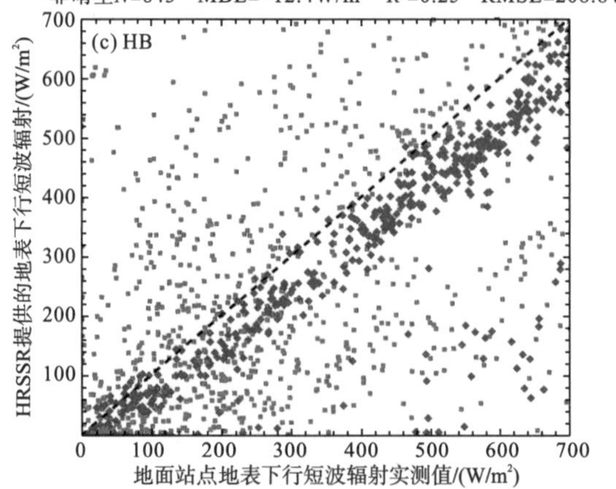
晴空 N=576 MBE=-92.2W/m² R²=0.74 RMSE=146.3W/m²
非晴空N=843 MBE=-12.4W/m² R²=0.25 RMSE=208.8W/m²
(c) HB
HRSSR提供的地表下行短波辐射/(W/m²)
地面站点地表下行短波辐射实测值/(W/m²)

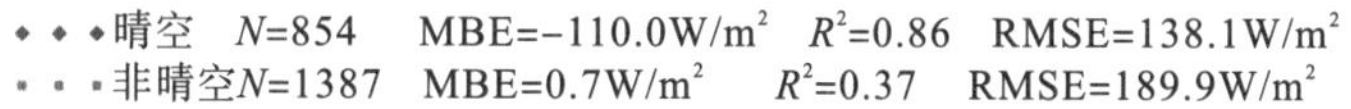

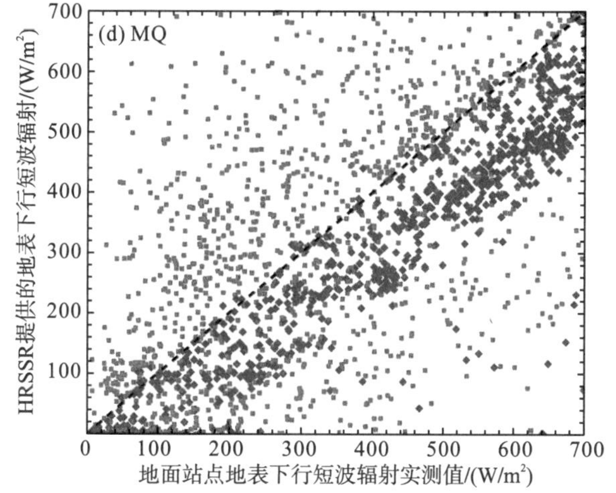

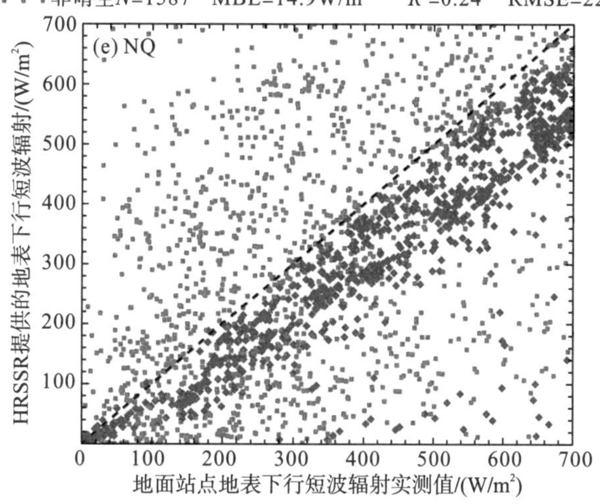

图 5.2 地面站点地表下行短波辐射实测值与HRSSR提供的地表下行短波辐射的散点图

在晴空条件下，HRSSR提供的地表下行短波辐射的总体表现不如CLDAS提供的地表下行短波辐射。5个站点的 R^2 分别为 0.94(AL)、0.82(DX)、0.74(HB)、0.86(MQ)和0.80(NQ)。与CLDAS在晴空条件下和实测数据之间的决定系数相比明显低很多。与CLDAS不同的是，HRSSR的地表下行短波辐射在所有站点处都出现了显著的低估。5个站点处对应的MBE分别是−88.9 W/m^2(AL)、−94.6 W/m^2(DX)、−92.2 W/m^2(HB)、−110.0 W/m^2(MQ)和−113.1W/m^2(NQ)。由MBE可以看出，HRSSR在晴空条件下的估算结果普遍偏低，出现了比CLDAS估算结果较高的估算误差。

较大的负偏差导致估算误差也相对较大。站点处对应的 RMSE 分别是 112.6W/m^2(AL)、135.9W/m^2(DX)、146.3W/m^2(HB)、138.1W/m^2(MQ)和 150.9W/m^2(NQ)。所有站点处的估算误差都高于 100W/m^2。在相同的情况下，HRSSR 的地表下行短波辐射的误差比 CLDAS 高大约 30W/m^2。观察散点图中的样本可以发现，在晴空条件下所有样本都偏低，因此 HRSSR 在晴空条件下有较大系统偏差。

在非晴空条件下，图 5.2 中的样本点比较分散，在所有站点处都没有明显规律。5 个站点对应的 R^2 分别为 0.34(AL)、0.26(DX)、0.25(HB)、0.37(MQ)和 0.24(NQ)。所有站点处的 R^2 都低于 0.40，表明 HRSSR 在非晴空条件下与实测数据的相关性远低于其在晴空条件下与实测数据的相关性，且数据分布较为杂乱。5 个站点对应的 RMSE 分别是 240.5W/m^2(AL)、215.2W/m^2(DX)、208.8W/m^2(HB)、189.9W/m^2(MQ)和 220.0W/m^2(NQ)，所有站点处的 RMSE 均超过 180W/m^2。

通过在晴空和非晴空条件下对 HRSSR 进行验证可以发现，HRSSR 提供的地表下行短波辐射的估算结果在晴空下存在显著的系统偏差，在非晴空下则存在很大的不确定性，估算结果的误差分布存在很大的随机性。晴空与非晴空条件下的估算结果都有很大的不确定性，由此可见云对地表下行短波辐射的影响是十分巨大的。这一点与 CLDAS 的验证结果一致，两种产品都对云十分敏感。因此在地表下行短波辐射的估算过程中，如何有效地考虑云的影响是十分关键的。

5.3.3 地表上行短波辐射估算结果

根据地表上行短波辐射的估算方法，基于 CLDAS 中的地表下行短波辐射数据和 GLASS 提供的地表宽波段反照率产品，计算青藏高原地表上行短波辐射。因为 GLASS 中的反照率数据空间分辨率为 1 km，该分辨率与 0.01° 的网格分辨率大致相当。而 CLDAS 中的地表下行短波辐射数据空间分辨率为 0.0625°，因此两种数据需要统一空间分辨率。为了避免反照率数据在从高分辨率重采样至低分辨率时出现精度丢失，本节采用最近邻重采样法分别将地表下行短波辐射数据和反照率数据都重采样至 0.01°，在此空间分辨率上进行地表上行短波辐射的估算。得到地表上行短波辐射的估算结果后，在 3 个地面站点(由于 5 个站点中有两个站点所在年份没有 CLDAS 数据，故选用其他 3 个站点数据)对估算结果进行验证。尽管本章选择的 CLDAS 的地表下行短波辐射数据相对于 HRSSR 具有更高的精度，但是瞬时地表下行短波辐射的估算受天气影响十分剧烈，准确地估算瞬时地表下行短波辐射本身就比较困难，而青藏高原部分区域又属于多云雾地区，其气象条件更加复杂多变，因此 CLDAS 在青藏高原本身就存在较大的不确定性。当使用 CLDAS 的地表下行短波辐射数据作为基础数据时，必然会给地表上行短波辐射的估算结果带来影响，导致较大的估算误差。

图 5.3 为 DX、HB 和 NQ 3 个地面站点处的地表上行短波辐射实测值与估算结果的散点图。在这 3 个地面站点中，表现最好的是 HB 站点，其 MBE、RMSE、R^2 分别为-9.8W/m^2、34.2W/m^2 和 0.65。从 MBE 值来看存在一定的负偏差，说明估算结果中低估的样本点较多。RMSE 值较低表明 HB 站的估算结果具有较好的精度。决定系数 R^2 较小表明估算结果与实测数据具有较高的一致性。结合图 5.1 (c) 可以发现，地表上行短波辐射估算结果在 HB 站表现较好的原因之一是地表下行短波辐射在这一区域有较好的估算精度且晴空样本占比较高，根据地表上行短波辐射估算公式可以知道地表下行短波辐射的精度是决定估算精度的两个参数之一。DX 和 NQ 站点的估算结果精度较差。两个站点的决定系数均低于 0.4，估算结果与实测数据的一致性较差；MBE 均低于-10W/m^2，出现了负偏差；RMSE 值在两个站点处分别为 49.8W/m^2 和 69.2W/m^2。

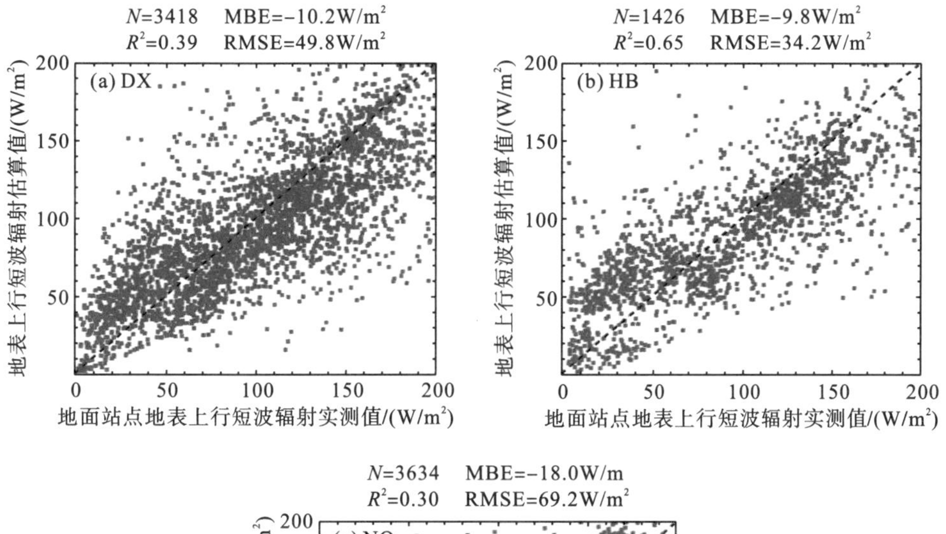

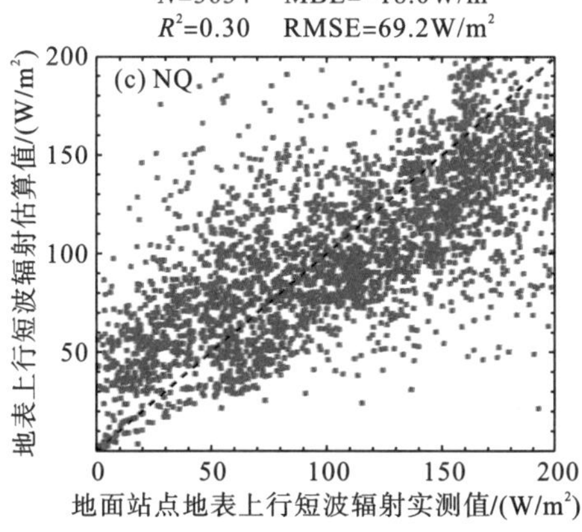

图 5.3　地面站点地表上行短波辐射实测值与估算结果的散点图

5.4 小　　结

本章首先基于地面站点对现有的两种地表下行短波辐射产品(CLDAS 和 HRSSR)进行了验证。在验证过程中，为了评估云对地表下行短波辐射估算和验证过程的影响，本章通过实测地表下行短波辐射和理论地表下行短波辐射之间的比值将站点天气状况分为晴空和非晴空两种情况。根据验证结果可知，在晴空条件下两种产品都具有较好的估算精度，选择 CLDAS 略优于 HRSSR。在非晴空条件下，CLDAS 出现了明显的高估，HRSSR 则有很大的不确定性。最后的验证结论是 CLDAS 的精度总体优于 HRSSR。

根据地表下行短波辐射的验证结果，CLDAS 被选择作为估算地表上行短波辐射的基础数据。为了准确估算地表上行短波辐射，本章还根据 GLASS 产品提供的黑空短波反照率和白空短波反照率计算了蓝空短波反照率。估算得到地表上行短波辐射后，基于三个地面站点的实测数据对地表上行短波辐射的估算结果进行了验证。验证结果表明，估算结果在个别站点有较好的精度，误差约为 34.2W/m^2(HB)，在其他站点不确定性较大，其原因在于地表下行短波辐射和短波反照率两个输入参数均有较大的估算误差。

参 考 文 献

郭鹏, 武法东, 2018. 利用 Landsat8 数据估算干旱区晴天太阳瞬时和日间净辐射[J]. 干旱区地理, 41(1): 32-37.

Angstrom A, 1924. Solar and terrestrial radiation[J]. Quarterly Journal of the Royal Meteorological Society, 50(210): 121-126.

Berk A, Bernstein L, Anderson G, et al, 1998. MODTRAN cloud and multiple scattering upgrades with application to AVIRIS[J]. Remote Sensing of Environment, 65(3): 367-375.

Bristow K L, Campbell G S, 1984. On the relationship between incoming solar radiation and daily maximum and minimum temperature[J]. Agricultural and Forest Meteorology, 31(2): 159-166.

Cheng J, Liang S, 2014. Estimating the broadband longwave emissivity of global bare soil from the MODIS shortwave albedo product[J]. Journal of Geophysical Research: Atmospheres, 119(2): 614-634.

Cheng J, Liang S, Verhoef W, et al, 2016. Estimating the Hemispherical Broadband Longwave Emissivity of Global Vegetated Surfaces Using a Radiative Transfer Model[J]. IEEE Transactions on Geoscience and Remote Sensing, 54(2): 905-917.

Cheng J, Liang S, Yao Y, et al, 2014. A comparative study of three land surface broadband emissivity datasets from satellite data[J]. Remote Sensing, 6(1): 111-134.

Ehnberg J S G, Bollen M H J, 2005. Simulation of global solar radiation based on cloud observations[J]. Solar Energy, 78 (2) : 157-162.

Liu N, Liu Q, Wang L, et al, 2013. A statistics-based temporal filter algorithm to map spatiotemporally continuous shortwave albedo from MODIS data[J]. Hydrology and Earth System Sciences, 17 (6) : 2121-2129.

Liu Q, Wang L, Qu Y, et al, 2013. Preliminary evaluation of the long-term GLASS albedo product[J]. International Journal of Digital Earth, 6 (sup1) : 69-95.

Qin J, Tang W, Yang K, et al, 2015. An efficient physically based parameterization to derive surface solar irradiance based on satellite atmospheric products[J]. Journal of Geophysical Research: Atmospheres, 120 (10) : 4975-4988.

Qu Y, Liu Q, Liang S, et al, 2014. Direct-estimation algorithm for mapping daily land-surface broadband albedo from MODIS data[J]. IEEE Transactions on Geoscience and Remote Sensing, 52 (2) : 907-919.

Supit I, Kappel R V, 1998. A simple method to estimate global radiation[J]. Solar Energy, 63 (3) : 147-160.

Tang W, Qin J, Yang K, et al, 2016. Retrieving high-resolution surface solar radiation with cloud parameters derived by combining MODIS and MTSAT data[J]. Atmospheric Chemistry and Physics, 16 (4) : 2543-2557.

Thornton P E, Running S W, 1999. An improved algorithm for estimating incident daily solar radiation from measurements of temperature, humidity, and precipitation[J]. Agricultural and Forest Meteorology, 93 (4) : 211-228.

Wang D, Liang S, He T, et al, 2015. Surface shortwave net radiation estimation from FengYun-3 MERSI data[J]. Remote Sensing, 7 (5) : 6224-6239.

第6章 基于优化SEBS模型的地表蒸散发估算

地表能量平衡模型是基于卫星遥感估算地表蒸散发的一类模型。该类模型不考虑平流引起的能量输送，认为地表获取的地表净辐射转换为感热通量、潜热通量和土壤热通量，采用余项法确定潜热通量，进而推算地表蒸散发。实用型的地表能量平衡模型包括单层模型、双层模型和多层模型。单层模型把土壤与植被作为一个整体的“大叶”来考虑，表面的源/汇不作区分，通过单一的空气动力学阻抗将气象数据、遥感地表温度、空气动力学参数和能量通量联系起来估算蒸散发。较为经典、使用广泛的单层模型包括地表能量平衡算法(surface energy balance algorithm for land，SEBAL)模型(Bastiaanssen et al.，1998a，1998b)和表面能量平衡系统(surface energy balance system，SEBS)模型(Su，2002)等。其中，SEBS 模型在我国黑河流域和青藏高原等地取得了较为成功的应用(Chen et al.，2013；Ma et al.，2015；马燕飞，2015)。双层模型将底层土壤与植被冠层分开考虑，将其看作是上下叠加、彼此连续的湍流源，总的热通量是各层热通量之和，这在理论上较单层模型更加合理且更加接近实际情况(Shuttleworth and Wallace，1985；Norman et al.，1995；Kustas and Norman，1997，1999；Anderson et al.，2005)。目前，双层模型大多用于农田的地表蒸散发研究(Song et al.，2016a，2016b)。多层模型因机理非常复杂且输入参数不易获取，目前在大范围的流域尺度中使用较少。

近年来，一些学者也将 SEBS 模型应用于青藏高原，用于估算地表能量平衡方程各分量以及地表蒸散发。例如，Oku 等(2007)基于静止气象卫星 GMS-5 数据，通过 SEBS 模型计算了青藏高原的地表热通量，验证表明土壤热通量、感热通量和潜热通量的均方根误差为 44.2 W/m^2、79.6 W/m^2 和 112.5 W/m^2。Zhuo 等(2014)采用 4 期 MODIS 数据和 SEBS 模型计算了我国西藏自治区的地表蒸散发，并与基于 P-M 方法计算得到的潜在蒸散发和地表实际蒸散发进行了对比。Chen 等(2013)基于 SEBS 模型建立了一个考虑起伏地形的 TESEBS 模型，并将其用于 TM/ETM+数据计算珠峰地区的地表热通量，使得感热通量和潜热通量的平均误差相对于 SEBS 模型减小了 5.9 W/m^2 和 3.4 W/m^2。SEBS 模型在全球被广泛应用，同时学者们也发现感热通量容易被低估(McCabe and Wood，2006；Van der Kwast et al.，2009；Chen et al.，2013；Timmermans et al.，2013；Pardo et al.，2014；Chirouze et al.，2014)，用余项法计算潜热通量(地表蒸散发)会造成地表蒸散发的高估。本章以青藏高原北缘的黑河流域为研究区，利用 2012 年“黑河流域生态水文过程综合遥感观测试验-通量观测矩阵试验”（HiWATER-MUSOEXE 试验）期间的 9 景 ASTER 遥感数据和矩阵试验区 21 个站点观测的气象数据来估算水热空间异质性强的荒漠—绿洲区域地表水热通量。地面观测数据的检验表明，感热通量（H）明显被低估，尤其在 H 高值区（即裸地和稀疏植被区等）低估更为严重，低估幅度达到 100 W/m^2；相反，不同下垫面下潜热通量均有明显高估。可见，在水热性质差异明显的地表面，SEBS 模型的表现有待优化。

考虑到 SEBS 模型具有简便易用等优势，加之此前已有少数研究将该模型应用于青藏高原，本章以 SEBS 模型为蓝本，针对西南河流源区的自然环境特点，优化 SEBS 模型及其参数化方案。在此基础上，形成面向西南河流源区的蒸散发模型和模型参数确定方法，实现西南河流源区地表能量收支各分量（包括土壤热通量、感热通量、潜热通量和地表蒸散发）的计算。

6.1 研 究 数 据

6.1.1 卫星遥感数据

本章采用的卫星遥感数据主要包括 MODIS 地表参数产品、全天候地表温度和地表蒸散发产品等。其中，MODIS 地表参数产品包括植被指数（MYD13Q1：空间分辨率是 250m；时间分辨率是 16 天合成）、叶面积指数（MOD15A2H：空间分辨率是 500 m；时间分辨率是 8 天合成）和地表反照率（MCD43A3 和 MCD43C3：空间分辨率分别是 500 m 和 5600 m；时间分辨率分别是逐日和 16 天合成）等。上述数据产品获取自 https://ladsweb.modaps.eosdis.nasa.gov。为覆盖整个西南河流源区，将所选择的 MODIS 产品的分幅编号为 H25V5、H25V6、H26V5、H26V6 和 H27V6。将 MODIS 地表温度产品与 AMSR-E/AMSR2 进行集成得到全天候地表温度产品，具体见本书第 2 章和 Zhang 等（2019）。

在综合利用多源遥感数据时，需对遥感数据进行前期的预处理（几何校正、裁剪、拼接和重采样等），其中几何校正是十分重要的处理之一，不同数据几何定位的精度直接影响模型的计算结果和后面模型验证中的像元选择的准确性。对于本章用到的 MODIS 卫星数据产品，利用 MRT（MODIS Reprojection Tool）软件进行后处理，包括重采样、投影转换和格式转换等。所用遥感数据均统一为 WGS-84 坐标系（World Geodetic System-1984 Coordinate System），投影均为 UTM（universal transverse mercatol projection）投影，投影带为 47N。此外，对于研究区范围数据，用已经设计好的范围边界数据完成数据的裁剪处理。

6.1.2 驱动数据

采用 Yang(2010)、He(2020)制作的“中国区域地面气象要素驱动数据集”作为模型输入的气象要素数据，具体见第 3 章。在大范围应用时，对地面气象要素进行大规模的密集观测是不现实的，一般采用气候模式或数据同化技术获取时段连续且比较可靠的区域气象要素驱动数据，但其缺点是空间分辨率较低，一般大于几千米到几十千米。为获取地表蒸散发计算所需的气象要素，以上述再分析数据集中的风速、气温、湿度和气压等格网数据作为背景场，结合地面站的实测数据，利用回归克里格插值方法制备模型所需的格网数据。该方法一方面可以对再分析数据进行精度校准；另一方面在一定程度上完成了对再分析数据的降尺度处理，达到大范围的气象要素格网数据的空间分辨率与遥感影像相匹配的目的。利用上述方案获取了气象要素(包括卫星过境时刻、日尺度近地面温度、风速和气压等)数据，并选取 2012 年 HiWATER-MUSOEXE 试验期间 17 个野外观测站点数据进行评价，如表 6.1 所示。统计结果表明，经回归克里格插值方法制备的气象要素精度高于原始数据精度，与站点观测值的一致性较好，如利用回归克里格插值法获取的风速的 MAPE 从 47.22%降低到 42.30%，相对湿度的 MAPE 从 19.71%降低到 12.64%，大气压的 MAPE 从 0.76%降低到 0.25%。可见，经回归克里格插值方法制备的地面气象要素进一步降低了误差，也在最大程度上与卫星遥感数据的格网尺度进行了匹配，提高了输入数据的准确度①。

表 6.1 中国区域地面气象要素驱动数据集与回归克里格插值方法制备的气象要素数据精度评价

评价指标	原数据			新制备数据		
	风速/(m/s)	相对湿度/%	大气压/Pa	风速/(m/s)	相对湿度/%	大气压/Pa
MBE	0.18	0.61	−4.71	−0.61	−0.70	0.12
MAPE	47.22	19.71	0.76	42.30	12.64	0.25
RMSE	1.50	12.17	14.79	1.47	7.32	5.95
R	0.37	0.70	0.94	0.43	0.90	0.96

注：MAPE 为平均绝对百分比误差；*R* 为相关系数。

6.1.3 地面站点数据

为检验估算得到的地表蒸散发，收集了西南河流源区及周边地区的地面站点观测数据。为使检验开展得更充分，将位于青藏高原北缘的黑河上游和中游部分

① 该野外观测数据可从国家青藏高原科学数据中心黑河流域数据专题下载(http://data.tpdc.ac.cn)。

地面站点也纳入检验。地面观测要素包括瞬时气象要素(包括近地表气温、相对湿度、风速、大气压和辐射四分量等)以及感热通量和潜热通量等，处理后的观测时间间隔为 10～30 min，选取的站点信息如表 6.2 所示。

表 6.2　用于验证遥感估算地表蒸散发的地面站点信息

站点	经度/(°)	纬度/(°)	海拔/m	时间段	观测时间间隔/min	数据来源
海北灌丛站(HBB)	101.3310	37.6652	3340	2003～2005 年	30	ChinaFLUX[1]
海北沼泽站(HBP)	101.3270	37.6084	3198	2003～2006 年	30	
林芝站(LZ)	94.7333	29.7667	3345	2008～2009 年	30	
哀牢山站(ALS)	101.0170	24.5333	2498	2013 年	30	
那曲站(NQ)	91.8987	31.3687	4505	2008～2009 年	30	CEOP-AEGIS[2]
纳木错站(NMC)	90.9833	30.7667	4728	2008～2009 年	30	
珠峰站(QOC)	86.5667	28.2167	5335	2008～2009 年	30	
阿柔超级站(ARS)	100.4643	38.0473	3018	2013～2016 年	30	HiWATER：DHION[3]
神沙窝沙漠站(SSW)	100.4905	38.7903	1570	2013～2016 年	30	
巴吉滩戈壁站(BJT)	100.3042	38.9150	1565	2013～2015 年	30	
大满超级站(DMS)	100.3722	38.8555	1560	2013～2016 年	30	
张掖湿地站(ZYW)	100.4464	38.9751	1458	2013～2015 年	30	

注：[1]中国通量观测研究联盟；[2]青藏高原协调亚欧长期观测系统(Shang et al.，2016)；[3]黑河生态水文试验：水文气象观测网。

6.1.4　其他辅助数据

本章涉及的其他辅助数据主要是西南河流源区的土地利用/覆盖数据和数字高程模型(DEM)数据。采用国家制图组织(National Mapping Organizations，NMOs)发布的 500 m 空间分辨率的全球土地利用/土地覆盖数据(GLCNMO2013/GLCNMO 第 3 版)①(Tateishi et al.，2011；Kobayashi et al.，2017)，该数据从全球地图数据存档网站②获取。GLCNMO2013 有 20 种覆盖类型(Kobayashi et al.，2017)，其总体

① https://globalmaps.github.io/glcnmo.html.
② http://globalmaps.github.io/.

准确率为 81.2%。本章根据 MCD12Q1 的土地覆盖分类，使用 ArcGIS 对 GLCNMO2013 的农业面积和稀疏植被区进行修正。最后对分类结果进行视觉检查和修改，转换为通用横向墨卡托投影(WGS 84/UTM zone 47N)，并使用最近邻算法重新采样到 1000 m(图 6.1)。DEM 数据采用空间分辨率为 1 弧秒(约 30m)的 ASTER 全球数字高程模型第 3 版[①](ASTER Global Digital Elevation Model V003)数据，用于气温等降尺度处理和地形阴影的计算，并使用聚合法将其重采样到 1000 m。此外，边界层高度数据直接从美国国家环境预报中心和大气研究中心的再分析数据集获取。

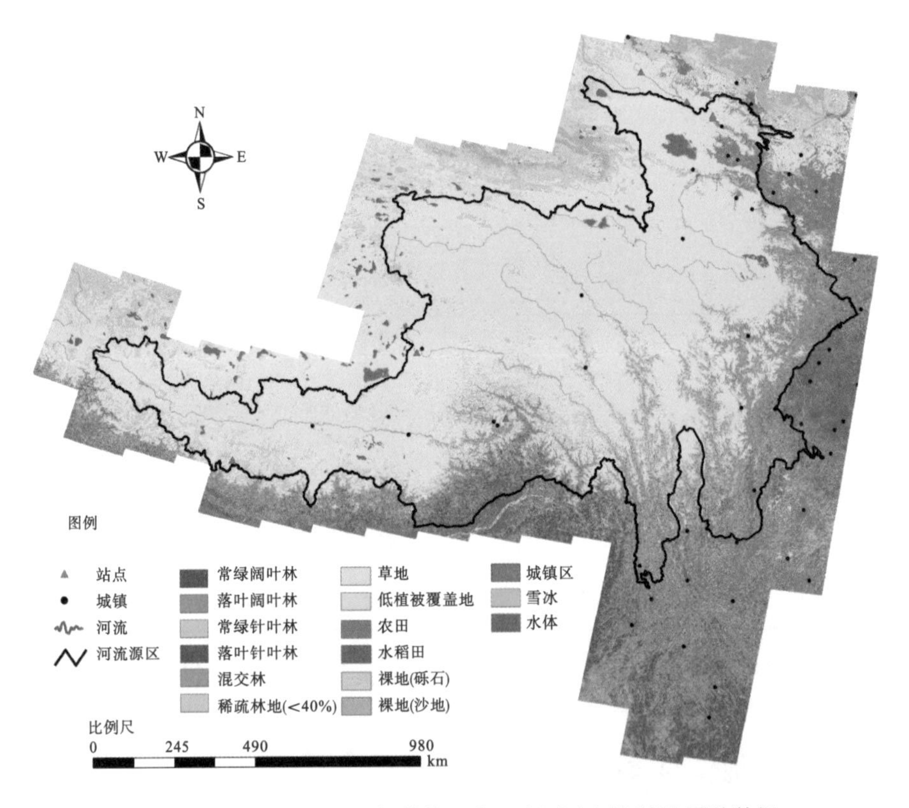

图 6.1 GLCNMO2013 提供的西南河流源区土地利用/覆盖数据

6.2 研 究 方 法

本章选择 SEBS 模型进行西南河流源区地表蒸散发估算。首先，针对西南河流源区典型的下垫面和特殊地形，通过全局敏感性分析确定敏感参数，优化 SEBS

① https://earthdata.nasa.gov/.

模型的参数化方案，包括空气动力学粗糙度、空气热力学粗糙度和土壤热通量等。其次，将多源卫星遥感估算的全天候地表温度作为输入参数之一，以克服该地区复杂天气特征的影响。最后，针对特殊下垫面条件(包括冰雪、高原水体等)进行有针对性的计算。通过上述流程，形成面向西南河流源区的地表蒸散发遥感估算方案，进而实现西南河流源区全天候地表蒸散发的估算，并利用地面观测数据和其他地表蒸散发产品进行检验，具体流程如图 6.2 所示。

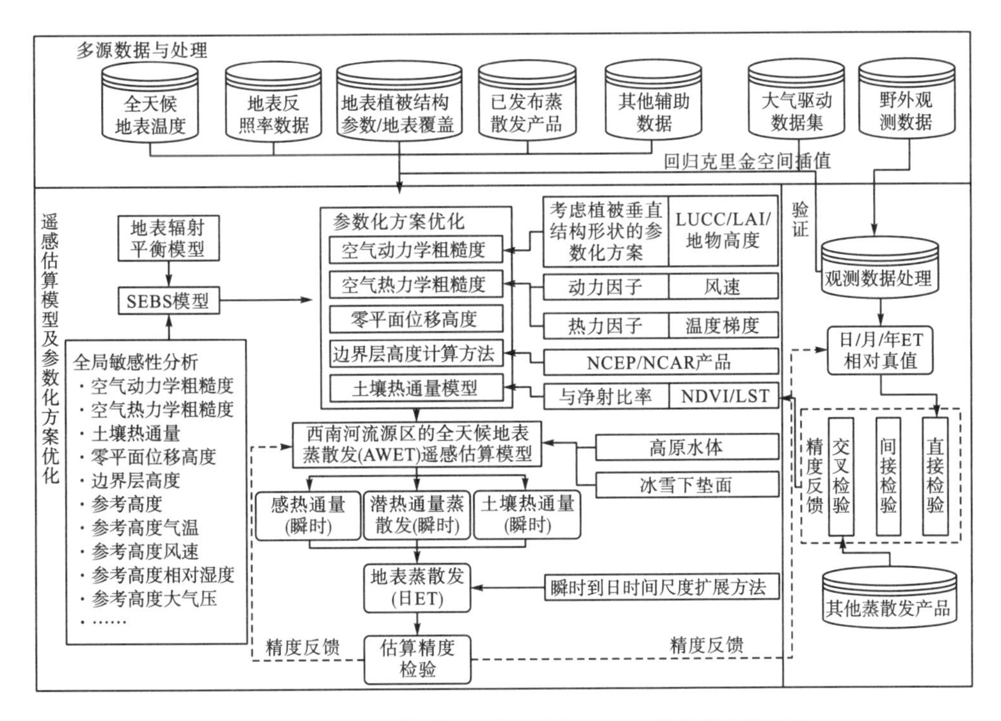

图 6.2　基于 SEBS 模型的西南河流源区地表蒸散发估算流程

6.2.1　地表蒸散发遥感估算模型

1. SEBS 模型

地表能量平衡系统(SEBS)模型是目前应用较为广泛的单层地表蒸散发遥感估算模型之一。该模型主要基于动力学、热力学粗糙度参数化方案和莫宁-奥布霍夫相似理论以及大气总体相似理论等而建立(Su，2002)。根据地表能量平衡方程，在任意时刻，地表净辐射近似等于地表感热通量、潜热通量和地表处土壤热通量之和，即

$$R_{\mathrm{n}} = H + \mathrm{LE} + G_0 \tag{6.1}$$

式中，R_{n} 为地表净辐射；H 为地表感热通量；LE 为潜热通量；G_0 为地表的土壤热通量。

地表净辐射根据地表辐射平衡方程计算，具体见式(1.1)。土壤热通量通过建立地表净辐射与地表土壤热通量之间不同的比例关系来确定，即

$$G_0 = R_n[\varGamma_c + (1 - \text{FVC})(\varGamma_s - \varGamma_c)] \tag{6.2}$$

式中，$\varGamma_c$为在植被全覆盖情况下土壤热通量与净辐射的比例，取值为0.05；$\varGamma_s$为在裸地的情况下土壤热通量与净辐射的比例，取值为0.315；FVC为植被覆盖度。

感热通量使用已知的参考高度处或大气边界层处的风速、温度、湿度和大气压力状况与空气动力学、热力学粗糙度、地表温度等，根据莫宁-奥布霍夫相似理论，通过式(6.3)～式(6.5)，利用迭代算法计算得到：

$$u_* = \frac{uk}{\ln\left(\frac{z - d_0}{z_{0m}}\right) - \varPsi_m\left(\frac{z - d_0}{L}\right) - \varPsi_m\left(\frac{z_{0m}}{L}\right)} \tag{6.3}$$

$$H = \frac{ku_*\rho C_p(\theta_0 - \theta_a)}{\ln\left(\frac{z - d_0}{z_{0h}}\right) - \varPsi_h\left(\frac{z - d_0}{L}\right) - \varPsi_h\left(\frac{z_{0h}}{L}\right)} \tag{6.4}$$

$$L = -\frac{\rho C_p u_*^3 \theta_v}{kgH} \tag{6.5}$$

式中，u_*为摩擦速度；L为奥布霍夫长度；ρ为空气密度；C_p为空气的定压比热；z为参考高度；u为风速；θ_0和θ_a分别为地表和参考层高度的虚温；θ_v为近地表虚位温；g为重力加速度；k为Karman常数；d为零平面位移高度；z_{0m}为空气动力学粗糙度；z_{0h}为空气热力学粗糙度；$\varPsi_h$和$\varPsi_m$分别为热量和动量传输的稳定度修正函数。

SEBS模型采用地表能量平衡干湿限的条件来确定相对蒸发比进而获得地表潜热通量。根据地表能量平衡原理，在土壤水分严重亏缺的干燥地表环境(称为“干限”)下，潜热通量(或蒸散发)约为0，这时感热通量达到最大值(H_{dry})，即

$$H_{dry} = R_n - G_0 \tag{6.6}$$

在土壤水分供应充分的湿润地表环境(称为“湿限”)下，蒸散发达到最大值，这时感热通量则为最小值，即

$$H_{wet} = R_n - G_0 - \text{LE}_{wet} \tag{6.7}$$

式中，H_{wet}、LE_{wet}分别为湿润地表环境下的感热通量和潜热通量。

$$\text{LE}_{wet} = -\frac{\rho C_p u_*^3 \theta_v}{kg0.61(R_n - G_0)/\lambda} \tag{6.8}$$

式中，λ为蒸发潜热；θ_v为地表和参考高度的虚位温平均值。

相对蒸发比可表示为

$$\Lambda_{\mathrm{r}}=\frac{\mathrm{LE}}{\mathrm{LE}_{\mathrm{wet}}}=1-\frac{\mathrm{LE}_{\mathrm{wet}}-\mathrm{LE}}{\mathrm{LE}_{\mathrm{wet}}}=1-\frac{H-H_{\mathrm{wet}}}{H_{\mathrm{dry}}-H_{\mathrm{wet}}} \tag{6.9}$$

蒸发比可表示为

$$\Lambda=\frac{\mathrm{LE}}{R_{\mathrm{n}}-G}=\frac{\Lambda_{\mathrm{r}}\mathrm{LE}_{\mathrm{wet}}}{R_{\mathrm{n}}-G} \tag{6.10}$$

从而可以得到潜热通量：

$$\mathrm{LE}=\Lambda\left(R_{\mathrm{n}}-G_{0}\right) \tag{6.11}$$

2. 全局敏感性分析法

敏感性分析可以定量评估模型参数对模拟结果的影响，也是进行模型参数化和模型校正的必要工具。目前，主要有局部和全局两种敏感性分析法，其中局部敏感性分析法可以检测单一参数在特定的变化范围对模拟结果的影响，计算量较小，一般适用于线性模型。对于非线性、非单调的复杂模型，局部敏感性分析法不能满足要求，全局敏感性分析因为考虑了多个模型参数的相互作用，则较为适合(Li et al.，2002，2006；Lu et al.，2013)。全局敏感性分析包括散点图法、回归分析法、Morris 筛选法、傅里叶幅度灵敏度检验法、Sobol′ 法和基于方差的方法等(Cukier et al.，1973；Sobol′，1990；Morris，1991；Rabitz et al.，1999；Li et al.，2002，2006)。

本章采用基于方差的定量全局敏感性分析法。基于方差的敏感性分析法的基本思想是分析输入参数对输出结果方差的影响，其不仅计算某模型中输入参数对模型估算结果的单独影响，还考虑模型不同参数之间的相互作用对模型估算结果的综合影响(Lu et al.，2013)。这里采用 RS-HDMR (random-sampling，high-dimensional model representation) 法来计算偏方差和全局敏感性指数。HDMR(high-dimensional model representation)方法是 Rabitz 等(1999)提出来的，作为一种评估输入和输出关系的有效方法，在各个行业得到了广泛的应用。Li 等(2002)在前人的基础上发展了构造 HDMR 的方法，即 RS-HDMR 法，该方法在分子动力学模拟和生物动力学等研究中均取得了成功。该方法的核心是建立输入变量$(p_1,p_2,\cdots,p_n)$与输出变量$f(P)$之间的映射关系：

$$f(P)=f_0+\sum_{i=1}^{n}f_i(p_i)+\sum_{1\leqslant i<j\leqslant n}^{n}f_{ij}\left(p_i,p_j\right)+\cdots+f_{1,2,\cdots,n}\left(p_1,p_2,\cdots,p_n\right) \tag{6.12}$$

式中，f_0为常数，表示平均效应；$f_i(p_i)$为一阶组分函数，表示输入变量p中的每一个分量单独对$f(P)$的贡献；$f_{ij}(p_i, p_j)$为二阶组分函数，表示输入变量p中的两个变量p_i和p_j对$f(P)$的共同贡献，依次类推，一般认为高价(>2)效应的影响很小，因此计算到二阶即可。

在 RS-HDMR 方法中，0 阶项 f_0 可以近似表示为 $f(P)$ 的平均值，公式如下：

$$f_0 \approx \frac{1}{N}\sum_{s=1}^{N} f(p) \tag{6.13}$$

式中，N 为模型的运行次数。

一阶 (f_i) 和二阶 (f_{ij}) 组分函数可以表示为

$$f_i(p_i) \approx \sum_{r=1}^{k_i} \alpha_r^i \varphi_r(p_i) \tag{6.14}$$

$$f_{ij}(p_i, p_j) \approx \sum_{t=1}^{l_i}\sum_{q=1}^{l_j^l} \beta_{tq}^{ij} \varphi_t(p_i)\varphi_q(p_j) \tag{6.15}$$

式中，k_i、l_i、和 l_j^l 为多项式展开数；$\alpha_r^{\ i}$ 和 $\beta_{tq}^{\ \ ij}$ 为常数系数；$\varphi_r(p_i)$、$\varphi_t(p_i)$ 和 $\varphi_q(p_j)$ 为正交多项式函数。

具体关于构建 RS-HDMR 成员函数的方法可见文献 Li 等(2002)。

利用式(6.12)的展开式计算到二阶组分，一阶偏方差(D_i)、二阶偏方差(D_{ij})和总方差(D)分别定义为

$$D_i \approx \sum_{r=1}^{k_i}\left(\alpha_r^i\right)^2 \tag{6.16}$$

$$D_{ij} \approx \sum_{t=1}^{l_i}\sum_{q=1}^{l_j^l}\left(\beta_{tq}^{ij}\right)^2 \tag{6.17}$$

$$D \approx \frac{1}{N}\sum_{n=1}^{N}\left(f - f_0\right)^2 = \sum_{n=1}^{n} D_i + \sum_{n=1}^{n}\sum_{n=1}^{n} D_{ij} + \varepsilon \tag{6.18}$$

式中，ε 为 HDMR 的高价误差项，在小于等于二阶时忽略。

一阶、二阶敏感性指数用式(6.19)和式(6.20)计算：

$$S_i = \frac{D_i}{D} \tag{6.19}$$

$$S_{ij} = \frac{D_{ij}}{D} \tag{6.20}$$

式中，一阶敏感性指数 S_i 为模型参数 p_i 对模型输出结果 $f(P)$ 的效应；二阶敏感性指数 S_{ij} 为模型参数 p_i 和 p_j 的相互作用对模型结果的效应。

本章后续在对 SEBS 模型参数进行敏感性分析过程中，利用上述方法来计算模型输入参数的一阶和二阶敏感性指数，继而定量评估遥感蒸散发模型参数的敏感程度。

6.2.2 SEBS 模型参数化方案的优化

由于 SEBS 模型的输入参数较多，为提高 SEBS 模型估算地表通量的精度，这里首先通过全局敏感性分析法(RS-HDMR)定量评价 SEBS 模型参数敏感性，指

导模型的优化。

1. SEBS 模型全局敏感性分析方案

西南河流源区下垫面地表类型较多，包括耕地、森林、草地、灌木地、湿地、水体、城镇区、裸地、冰川和永久积雪等。由于 SEBS 模型的输入参数较多(表 6.3)，为了全面合理地评估其参数的敏感性，分别在不同类型的下垫面以感热通量(H)、潜热通量(LE)和地表蒸散发(ET)为模型输出结果，分析输入参数对 H、LE 和 ET 的敏感性。SEBS 模型需要输入遥感反演的地表参数包括：地表温度、地表反照率、植被覆盖度、叶面积指数、比辐射率以及网格尺度的大气驱动数据等。利用 RS-HDMR 进行敏感性分析时，参数的采样方法是否合理关系到评估结果的准确性和计算时间。由于 SEBS 模型输入参数的物理含义明确，且大多数具有明显的季节变化特征，以参数的整个变化范围作为采样范围会造成模型输出结果不合理。这里利用站点提取栅格数值作为观测值 O_i，并以此值为采样的中心，根据不同变量的观测误差设置容限 t(依据仪器本身的观测误差来确定)。由于各个输入参数的概率分布未知，均以 O_i 为采样中心且在容限 t 范围内均匀进行采样，经计算发现每个参数采样 1024 次就能够满足要求。

表 6.3　参与敏感性分析的模型输入参数

编号	模型输入参数	含义
1	FVC	植被覆盖度
2	LAI	叶面积指数
3	HC	植被高度
4	Zref	参考高度
5	Pref	参考层高度大气压
6	Uref	参考层高度风速
7	Taref	参考层高度瞬时气温
8	RHref	参考层高度瞬时相对湿度
9	LST	地表温度
10	Albedo	反照率
11	SWd	下行瞬时短波辐射
12	Emis	发射率
13	G_0	地表土壤热通量
14	Hpbl	边界层高度
15	Ws24	日均风速
16	Ta24	日均气温
17	Ta24min	日最低温度

续表

编号	模型输入参数	含义
18	Ta24max	日最高温度
19	RH24	日均相对湿度
20	RH24max	日最大相对湿度
21	RH24min	日最小相对湿度
22	Pres24	日均大气压力
23	Rn24	日均净辐射
24	z_{0m}	空气动力学粗糙度
25	d_0	零平面位移高度
26	z_{0h}	空气热力学粗糙度
27	R_n	瞬时净辐射

2. SEBS 模型全局敏感性分析结果

基于 RS-HDMR 法对地表辐射项、土壤热通量项、模型输入的遥感地表参数(植被高度、植被覆盖度和叶面积指数等)、输入的大气状况数据(参考高度的风速、温度、湿度和大气压等)以及地表地气交换的表征参数(地表空气动力学和热力学粗糙度等)进行模型参数的全局敏感性定量计算，其中一阶敏感性指数的结果如表 6.4～表 6.6 所示。

从对感热通量(H)、潜热通量(LE)和蒸散发(ET)的一阶敏感性指数(表 6.4～表 6.6)来看，整体上对模拟结果影响较大的因素，在近地面气象要素数据方面主要是近地面风速、温度和相对湿度；在遥感数据获取的地表参数方面主要是地表温度和叶面积指数；在表征参数中主要是空气动力学和热力学粗糙度与零平面位移(表中底色为黄色到红色)。具体来说，由于 SEBS 模型中潜热通量(LE)是基于能量平衡原理，使用余项法计算的，因此 R_n 和 G_0 对 H 的估算没有影响，所以在表 6.4 中 R_n 和 G_0 的敏感性指数几乎为 0。当以 LE 为模型输出时，各个参数的敏感性指数大小排序有所不同，此时 R_n 和 G_0 的敏感性指数较高(表 6.5 中底色为红色)。当以 ET 为模型输出时，日净辐射(Rn24)的敏感性指数最大(表 6.6)。从上面敏感性指数的分析中发现，LST 对 H 和 LE 的影响显著，但目前遥感估算 LST 在较复杂的下垫面条件下验证精度一般为 2 K 左右，想依靠提高地表温度反演精度来进一步提高 SEBS 模型估算地表通量精度的空间是十分有限的，同理，对于近地表大气驱动因子也是如此。还有，目前的地表辐射项(R_n)的反演精度较高，总体偏差在 30 W/m^2 左右，进一步提高精度的空间有限。

综上可知，z_{0m}、z_{0h} 和 G_0 也为模型估算感热通量(H)、潜热通量(LE)和蒸散发(ET)时较为敏感的参数。另外，前人的研究中发现空气动力学粗糙度、空气热力学粗糙度、土壤热通量等计算中存在较大不确定性问题(Gokmen et al.，2012)。因此，若要进一步提高地表蒸散发遥感模型估算精度，必须提高这几个参数的估算精度。

表 6.4　SEBS 模型参数的全局敏感性分析结果[对感热通量(*H*)的一阶敏感性指数列表]

参数	大满超级站	巴吉滩戈壁站	神沙窝沙漠	张掖湿地站	阿柔超级站	海北灌丛站	那曲站	珠峰站	林芝站	哀牢山站
FVC	0.00E+00	0.00E+00	0.00E+00	0.00E+00	0.00E+00	0.00E+00	0.00E+00	0.00E+00	0.00E+00	3.58E-07
LAI	0.00E+00	0.00E+00	0.00E+00	0.00E+00	0.00E+00	0.00E+00	0.00E+00	0.00E+00	1.42E-04	1.24E-04
HC	6.68E-05	0.00E+00	0.00E+00	7.29E-05	0.00E+00	2.26E-05	0.00E+00	0.00E+00	8.06E-05	7.79E-05
Zref	6.00E-05	0.00E+00	0.00E+00	6.00E-05	0.00E+00	0.00E+00	0.00E+00	0.00E+00	4.82E-05	4.82E-05
Pref	6.06E-02	1.35E-01	1.73E-01	3.01E-02	1.08E-01	9.07E-02	1.56E-01	1.56E-01	2.23E-02	1.26E-02
Uref	1.76E-01	3.32E-01	3.99E-01	1.01E-01	2.59E-01	1.45E-01	3.45E-01	4.21E-01	2.52E-02	1.39E-02
Taref	3.24E-01	2.65E-01	2.18E-01	3.63E-01	2.18E-01	2.38E-01	2.22E-01	2.15E-01	3.81E-01	4.26E-01
RHref	9.45E-03	9.17E-03	1.03E-02	7.35E-03	9.52E-03	6.33E-03	1.02E-02	1.23E-02	1.75E-03	1.16E-03
LST	3.05E-01	2.39E-01	1.91E-01	3.49E-01	1.96E-01	2.16E-01	1.95E-01	1.88E-01	3.68E-01	4.16E-01
Albedo	0.00E+00	0.00E+00	0.00E+00	0.00E+00	0.00E+00	0.00E+00	0.00E+00	0.00E+00	4.60E-04	4.18E-04
SWd	8.69E-04	1.37E-03	1.62E-03	6.34E-04	1.20E-03	1.11E-03	1.50E-03	1.52E-03	6.14E-04	4.74E-04
Emis	5.38E-05	0.00E+00	0.00E+00	4.90E-05	1.03E-04	5.53E-05	0.00E+00	0.00E+00	1.99E-05	2.33E-05
G_0	8.45E-05	0.00E+00	0.00E+00	9.46E-05	0.00E+00	3.98E-05	0.00E+00	0.00E+00	9.52E-05	1.28E-04
Hpbl	1.64E-04	1.17E-04	7.24E-05	1.85E-04	1.23E-04	1.90E-04	1.21E-04	7.04E-05	3.31E-04	3.31E-04
Ws24	4.36E-03	3.93E-03	3.63E-03	4.76E-03	3.35E-03	3.43E-03	3.50E-03	3.51E-03	5.13E-03	5.65E-03
Ta24	0.00E+00	0.00E+00	0.00E+00	1.75E-04	0.00E+00	0.00E+00	0.00E+00	0.00E+00	0.00E+00	4.98E-05
Ta24min	1.57E-04	0.00E+00	0.00E+00	5.95E-04	0.00E+00	0.00E+00	0.00E+00	0.00E+00	3.60E-04	6.07E-04
Ta24max	5.23E-06	1.86E-06	9.83E-07	8.74E-06	1.25E-06	2.05E-06	1.11E-06	1.14E-06	1.38E-05	2.48E-05
RH24	3.20E-04	1.78E-04	1.41E-04	2.37E-04	1.33E-04	6.07E-03	1.25E-03	1.20E-04	4.00E-03	2.32E-03
RH24max	9.85E-05	1.11E-04	1.09E-04	3.14E-04	7.38E-05	8.44E-05	9.08E-05	1.01E-04	2.88E-04	3.13E-04
RH24min	3.57E-04	2.98E-04	3.75E-04	2.14E-04	2.14E-04	1.07E-04	3.18E-04	3.94E-04	9.30E-05	8.36E-05
Pres24	0.00E+00	0.00E+00	0.00E+00	9.52E-05	0.00E+00	0.00E+00	0.00E+00	0.00E+00	9.68E-05	9.14E-05
Rn24	8.83E-04	7.72E-04	6.98E-04	9.40E-04	7.27E-04	6.88E-04	6.90E-04	6.79E-04	8.71E-04	9.55E-04
z_{0m}	1.08E-01	1.04E-02	1.42E-03	1.31E-01	1.97E-01	8.63E-02	3.10E-02	1.84E-03	4.23E-02	2.57E-02
d_0	1.75E-03	3.68E-05	1.52E-05	1.88E-03	6.86E-04	4.67E-04	5.12E-05	2.14E-05	2.21E-04	1.86E-04
z_{0h}	7.38E-03	8.86E-03	8.55E-03	4.61E-03	6.41E-03	2.09E-01	3.80E-02	6.88E-03	1.44E-01	8.17E-02
R_n	6.77E-05	7.04E-05	7.55E-05	5.81E-05	5.93E-05	4.47E-05	1.48E-04	7.61E-05	3.80E-05	4.54E-05

表 6.5 SEBS 模型参数的全局敏感性分析结果[对潜热通量(LE)的一阶敏感性指数列表]

参数	大满超级站	巴吉滩戈壁站	神沙窝沙漠	张掖湿地站	阿柔超级站	海北灌丛站	那曲站	珠峰站	林芝站	哀牢山站
FVC	0.00E+00	0.00E+00	0.00E+00	0.00E+00	0.00E+00	0.00E+00	0.00E+00	0.00E+00	0.00E+00	0.00E+00
LAI	0.00E+00	0.00E+00	0.00E+00	0.00E+00	0.00E+00	0.00E+00	0.00E+00	0.00E+00	0.00E+00	0.00E+00
HC	0.00E+00	0.00E+00	0.00E+00	0.00E+00	0.00E+00	0.00E+00	0.00E+00	0.00E+00	0.00E+00	0.00E+00
Zref	0.00E+00	0.00E+00	0.00E+00	0.00E+00	0.00E+00	0.00E+00	0.00E+00	0.00E+00	0.00E+00	0.00E+00
Pref	3.84E-02	4.26E-02	6.57E-02	1.84E-02	4.48E-02	6.05E-03	6.34E-02	7.58E-02	1.90E-02	1.72E-02
Uref	8.85E-02	9.43E-02	1.36E-01	4.97E-02	9.15E-02	8.12E-04	1.19E-01	1.88E-01	9.01E-02	1.05E-01
Taref	2.10E-01	7.52E-02	7.56E-02	1.84E-01	1.07E-01	4.01E-02	9.48E-02	9.32E-02	2.25E-03	1.67E-03
RHref	2.10E-03	1.56E-03	2.17E-03	1.83E-03	1.40E-03	0.00E+00	1.52E-03	3.06E-03	1.22E-02	1.92E-02
LST	1.93E-01	7.05E-02	6.95E-02	1.77E-01	6.92E-02	3.07E-02	6.07E-02	5.45E-02	1.30E-01	7.12E-02
Albedo	0.00E+00	0.00E+00	0.00E+00	0.00E+00	0.00E+00	0.00E+00	0.00E+00	0.00E+00	0.00E+00	0.00E+00
SWd	0.00E+00	3.67E-04	7.03E-04	0.00E+00	0.00E+00	0.00E+00	0.00E+00	0.00E+00	0.00E+00	0.00E+00
Emis	0.00E+00	0.00E+00	0.00E+00	0.00E+00	0.00E+00	0.00E+00	0.00E+00	0.00E+00	0.00E+00	0.00E+00
G_0	1.64E-01	7.37E-02	7.08E-02	1.05E-01	1.51E-01	2.64E-01	1.58E-01	1.18E-01	1.01E-01	9.42E-02
Hpbl	5.19E-04	5.88E-04	8.76E-04	7.49E-04	5.49E-04	1.13E-03	5.14E-04	6.78E-04	8.69E-04	7.07E-04
Ws24	0.00E+00	2.36E-03	2.34E-03	6.01E-03	0.00E+00	0.00E+00	0.00E+00	0.00E+00	0.00E+00	0.00E+00
Ta24	0.00E+00	0.00E+00	0.00E+00	0.00E+00	0.00E+00	0.00E+00	0.00E+00	0.00E+00	0.00E+00	0.00E+00
Ta24min	0.00E+00	0.00E+00	0.00E+00	0.00E+00	0.00E+00	0.00E+00	0.00E+00	0.00E+00	0.00E+00	0.00E+00
Ta24max	0.00E+00	2.90E-06	2.97E-06	0.00E+00	1.11E-06	0.00E+00	7.20E-06	4.95E-06	2.07E-06	1.23E-06
RH24	1.96E-04	6.07E-05	1.87E-04	1.96E-04	4.73E-05	1.54E-03	5.90E-04	7.12E-05	5.34E-05	3.94E-05
RH24max	0.00E+00	7.50E-05	5.94E-05	0.00E+00	0.00E+00	0.00E+00	0.00E+00	0.00E+00	0.00E+00	0.00E+00
RH24min	5.82E-05	1.16E-04	1.57E-04	3.75E-05	5.43E-05	0.00E+00	8.08E-05	1.62E-04	3.20E-05	6.04E-05
Pres24	0.00E+00	0.00E+00	0.00E+00	0.00E+00	0.00E+00	0.00E+00	0.00E+00	0.00E+00	0.00E+00	0.00E+00
Rn24	2.77E-03	6.92E-03	6.02E-03	5.10E-03	5.23E-03	7.34E-03	5.21E-03	4.63E-03	6.95E-03	6.34E-03
z_{0m}	5.37E-02	4.36E-03	1.01E-03	6.98E-02	8.14E-02	6.81E-04	7.33E-03	1.21E-03	1.06E-01	1.52E-01
d_0	1.98E-03	7.45E-05	1.05E-04	1.70E-03	6.91E-04	1.03E-03	2.74E-04	2.39E-04	2.31E-04	1.71E-03
z_{0h}	6.56E-03	1.42E-02	1.35E-02	8.19E-03	8.09E-03	3.27E-02	2.73E-02	9.45E-03	1.80E-02	1.54E-02
R_n	2.34E-01	6.34E-01	5.74E-01	3.77E-01	4.52E-01	6.04E-01	4.77E-01	4.63E-01	5.14E-01	5.03E-01

表 6.6　SEBS 模型参数的全局敏感性分析结果[对蒸散发(ET)的一阶敏感性指数列表]

参数	大满超级站	巴吉滩戈壁站	神沙窝沙漠	张掖湿地站	阿柔超级站	海北灌丛站	那曲站	珠峰站	林芝站	哀牢山站
FVC	0.00E+00	0.00E+00	0.00E+00	0.00E+00	0.00E+00	0.00E+00	0.00E+00	0.00E+00	0.00E+00	0.00E+00
LAI	0.00E+00	0.00E+00	0.00E+00	0.00E+00	0.00E+00	0.00E+00	0.00E+00	0.00E+00	0.00E+00	0.00E+00
HC	0.00E+00	0.00E+00	0.00E+00	0.00E+00	0.00E+00	0.00E+00	0.00E+00	0.00E+00	0.00E+00	0.00E+00
Zref	0.00E+00	0.00E+00	0.00E+00	0.00E+00	0.00E+00	0.00E+00	0.00E+00	0.00E+00	0.00E+00	0.00E+00
Pref	2.83E-02	7.97E-02	9.26E-02	1.37E-02	5.00E-02	2.67E-03	8.69E-02	1.04E-01	9.78E-03	8.46E-03
Uref	7.63E-02	1.85E-01	1.99E-01	4.60E-02	1.14E-01	7.17E-02	1.78E-01	2.69E-01	3.43E-02	3.90E-02
Taref	1.37E-01	1.32E-01	1.02E-01	1.44E-01	1.06E-01	6.18E-02	1.28E-01	1.37E-01	0.00E+00	2.01E-03
RHref	1.86E-03	3.29E-03	5.00E-03	1.81E-03	2.24E-03	0.00E+00	2.89E-03	4.87E-03	1.11E-02	1.02E-02
LST	1.07E-01	1.23E-01	9.39E-02	1.39E-01	7.77E-02	5.04E-02	9.11E-02	9.38E-02	3.88E-02	1.99E-02
Albedo	3.84E-05	5.09E-05	5.11E-05	3.14E-05	4.57E-05	9.60E-06	4.63E-05	2.74E-05	5.33E-06	2.67E-06
SWd	0.00E+00	9.10E-04	8.45E-04	0.00E+00	0.00E+00	0.00E+00	0.00E+00	4.90E-05	0.00E+00	0.00E+00
Emis	0.00E+00	0.00E+00	0.00E+00	0.00E+00	0.00E+00	0.00E+00	0.00E+00	0.00E+00	0.00E+00	0.00E+00
G_0	1.40E-02	3.39E-02	3.08E-02	6.14E-03	2.45E-02	4.49E-03	4.97E-02	4.05E-02	2.18E-04	1.20E-04
Hpbl	1.99E-04	3.14E-04	5.01E-04	1.91E-04	2.40E-04	0.00E+00	2.46E-04	2.68E-04	0.00E+00	0.00E+00
Ws24	3.59E-03	2.80E-03	2.38E-03	3.72E-03	0.00E+00	0.00E+00	3.13E-03	2.97E-03	0.00E+00	0.00E+00
Ta24	0.00E+00	0.00E+00	0.00E+00	0.00E+00	0.00E+00	0.00E+00	0.00E+00	0.00E+00	0.00E+00	0.00E+00
Ta24min	0.00E+00	0.00E+00	0.00E+00	1.86E-05	0.00E+00	0.00E+00	0.00E+00	0.00E+00	0.00E+00	0.00E+00
Ta24max	2.33E-05	5.19E-06	3.27E-07	2.28E-05	3.37E-06	8.87E-06	0.00E+00	0.00E+00	5.31E-06	7.92E-06
RH24	7.21E-05	4.68E-05	5.37E-05	8.81E-05	8.45E-05	7.93E-06	3.03E-04	4.25E-05	4.16E-04	2.97E-04
RH24max	0.00E+00	9.42E-05	6.50E-05	0.00E+00	0.00E+00	0.00E+00	0.00E+00	0.00E+00	0.00E+00	0.00E+00
RH24min	5.31E-05	1.69E-04	2.01E-04	3.66E-05	7.97E-05	0.00E+00	1.31E-04	2.14E-04	2.01E-05	3.12E-05
Pres24	0.00E+00	0.00E+00	0.00E+00	0.00E+00	0.00E+00	0.00E+00	0.00E+00	0.00E+00	0.00E+00	0.00E+00
Rn24	5.33E-01	2.18E-01	1.78E-01	5.49E-01	4.20E-01	7.33E-01	3.13E-01	2.13E-01	8.67E-01	8.55E-01
z_{0m}	3.56E-02	9.01E-03	1.90E-03	6.15E-02	1.04E-01	4.04E-02	1.30E-02	2.34E-03	3.91E-02	5.30E-02
d_0	1.11E-03	1.71E-04	1.37E-04	1.37E-03	7.98E-04	5.82E-04	3.00E-04	2.33E-04	7.95E-05	5.55E-04
z_{0h}	2.23E-03	7.39E-03	9.13E-03	1.76E-03	2.12E-03	1.18E-02	2.86E-02	4.87E-03	3.27E-03	2.10E-03
R_n	5.20E-02	2.04E-01	2.89E-01	2.13E-02	9.65E-02	1.23E-02	1.04E-01	1.25E-01	1.13E-03	1.63E-03

3. 空气动力学粗糙度

空气动力学粗糙度(z_{0m})是指在中性稳定的近地面大气条件下，地表上方风速等于 0 的几何高度(Monteith，1973)。该参数是表征地面粗糙状况的特征长度，反映地表下垫面特征的差异对风速的减弱作用。z_{0m}是估算地表能量通量中最为关键的参数之一，该参数的估算精度会直接影响地表蒸散发的估算。z_{0m}与源区范围内粗糙元的特征因子有关，受地表粗糙元高度与分布(植被高度和植被结构等)、风速/风向和大气稳定度的影响。在模型敏感性分析中已经充分说明了z_{0m}的重要性。z_{0m}没有直接的观测值，一般采用地面涡动(eddy covariance，EC)观测的风速和摩擦风速来估计(Yang et al.，2008)。但该方法所估计的观测值仅代表 EC 观测塔周围百米的情况，很难推广到大的区域范围。目前较为普遍的做法是建立z_{0m}和地表粗糙元信息(如地形起伏、植被冠层高度、叶面积指数、归一化植被指数和建筑物高度等)之间的经验关系，进而应用遥感数据推广到较大区域范围。然而，这些侧重于经验或统计方法的参数化方案往往受限于本地或某一小流域范围，当更广泛用于模拟复杂地表类型的湍流热通量时，z_{0m}参数化方案则需要更坚实的物理机理。

根据前人的研究(Thom，1972；Shaw and Pereira，1982；Massman，1997；Massman et al.，2017)，这里考虑叶面积体密度中的冠层垂直结构特征、冠层风速以及冠层中叶片动量的互相遮挡拖曳效应等，将冠层粗糙度(z_{0m})和零平面位移高度(d_0)的变化作为冠层结构与叶面积密度的函数，表示为

$$\frac{z_{0m}}{h}=\lambda_{rs}(1-\frac{d_0}{h})e^{-\frac{k}{[u_*(h)/u(h)]}}=\lambda_{rs}(1-\frac{d_0}{h})e^{-k\sqrt{2/C_{surf}}} \tag{6.21}$$

$$C_{surf}=2u_*^2(h)/u^2(h) \tag{6.22}$$

式中，$\lambda_{rs}=1.07$；$u_*(h)/u(h)$是冠层结构特征，即累积拖曳面积指数$\zeta(h)$的函数。根据 Massman(1997)、Massman 等(2017)和 Wang(2012)推荐的公式，可表示为

$$\frac{u_*(h)}{u(h)}=c_1-c_2\exp[-c_3\zeta(h)] \tag{6.23}$$

式中，c_1=0.38；$c_2=c_1+k/\lg(\xi_{0G})$，k是 von Karman 常数，k=0.40，ξ_{0G}=0.0025；c_3=15。

累积拖曳面积$\zeta(h)=\zeta(\xi)$定义如下：

$$\zeta(\xi)=\int_0^{\xi}c_d(\xi)\mathrm{ha}(\xi)d\xi \tag{6.24}$$

式中，ξ为无量纲的冠层高度项，表示为$\xi=z/h$($0\leqslant\xi\leqslant1$ 或 $0\leqslant z\leqslant h$)；ha(ξ)为无量纲的植被冠层表面积分布函数；$c_d(\xi)$为总体拖曳系数。

同样，根据 Massman(1997)和 Massman 等(2017)，ha(ξ)的表达式如下：

$$\mathrm{ha}(\xi)=\mathrm{LAI}\frac{f_a(\xi)}{\int_0^1 f_a(\xi')d\xi'} \tag{6.25}$$

式中，$f_a(\xi')$为植被冠层叶片分布的形态函数（无量纲），可根据 Massman 等（2017）提出的非对称高斯方法计算。

根据 Massman（1997）的研究，拖曳阻力面积分布是总体拖曳系数 C_d 与叶面积体密度分布的乘积，其表达式如下：

$$c_d(\xi) = C_d\left[e^{-d_1(1-\xi)}\right]\left[\frac{1}{1+p_1 ha(\xi)}\right] \tag{6.26}$$

式中，C_d 为单个叶片元素的阻力系数，无量纲，默认值为 0.20；指数项 $e^{-d_1(1-\xi)}$ 且 $|d_1| \geqslant 0$，表明阻力系数随高度变化而不受任何遮蔽（遮挡）物的影响；$[1+p_1 ha(\xi)]$ 为遮蔽因子，当 $p_1>0$ 时，冠层叶片拖曳力减小。

通常情况下，d_1 和 p_1 的值为 0。然而，已有研究表明，通过调整 d_1 和 p_1，模型的性能可以得到提高（Massman et al.，2017；Chen et al.，2019）。因此，这里我们用随机抽样高维模型敏感性分析法（RS-HDMR）对参数 d_1 和 p_1 进行敏感性分析（Ziehn and Tomlin，2009）。结果表明，针对西南河流源区不同的土地利用/覆盖类型采用优化后的 d_1 和 p_1 值，SEBS 模型在估算感热通量（H）时，其精度可以进一步提升。

4. 空气热力学粗糙度

空气热力学粗糙度（z_{0h}）同样为 SEBS 模型估算地表通量的关键参数之一，在模型估算地表感热通量和潜热通量时均较为敏感，这在前面的敏感性分析中已经说明。一般通过热传输附加阻尼 kB^{-1} 参数化方案并结合空气动力学粗糙度（z_{0m}）来计算 z_{0h}，即 $z_{0h}=z_{0m}/\exp(kB^{-1})$。在本章中，评估了多种 kB^{-1} 参数化方案，如 Yang 等（2008）在裸地的参数化方案；Kustas 等（1989）在考虑地表热力、动力因子及其之间的相互作用的参数化方案；Bosveld 等（1999）和 Timmermans 等（2013）认为在高浓密植被上因冠层密闭造成太阳辐射无法到达冠层下部，使感热通量的源汇界面发生整体抬升，造成空气动力学粗糙度也被抬升，进而提出的 z_{0h} 参数化方案。

本章基于地面观测数据和实证分析，在 Kusats 方案（Kusta et al.，1989）、Bosveld 方案（Bosveld et al.，1999）和 Yang 方案（Yang et al.，2008）的基础上优化了一种新的基于地表覆盖类型的 kB^{-1} 参数化组合方案：

$$\begin{cases} kB^{-1} = f_c(\mathrm{LST}-T_a)^{1.5}u\delta + f_s \cdot \dfrac{z_{0m}}{70\vartheta/u_* \exp\left(-\beta u_*^{0.5}\left|\theta_*\right|^{0.25}\right)} (f_c \leqslant 0.90 \text{且} \mathrm{LAI} \leqslant 4.5) \\ kB^{-1} = 52\sqrt{u_* I}\,/\mathrm{LAI} - 0.69 (f_c > 0.90 \text{且} \mathrm{LAI} > 4.5) \\ z_{0h} = \dfrac{z_{0m}}{\exp\left(kB^{-1}\right)} \end{cases} \tag{6.27}$$

式中，I 为冠层的特征高度，根据土地利用/覆盖类型确定；f_c 为植被覆盖度；f_s 为裸露地表率；u 为风速；δ 为经验系数，本章中取值 0.20。

该 kB^{-1} 方案包含了动力学粗糙度 z_{0m} 和风速对动量传输的影响，使用地表温差所代表的热量传输的驱动因素来反映热量传输的强度，并考虑地表植被覆盖度的影响，结合地表覆盖度及叶面积指数和已有的空气热力学粗糙度参数化方案，通过优选组合来提高 SEBS 模型在复杂气象条件和复杂下垫面环境中估算地表水热通量的精度。

5. 地表土壤热通量

众所周知，地表土壤热通量在中午卫星过境时刻在能量平衡中是不可忽略的，要获取区域尺度的地表土壤热通量却面临很大挑战。目前，学者们普遍采用土壤热通量占净辐射 R_n 的比例(Γ)关系来形成遥感估算区域土壤热通量 G_0 的计算方案(Su，2002)，在 SEBS 模型中利用纯裸土和植被上土壤通量占净辐射的比例以及植被覆盖度来计算 G_0。Tanguy 等(2012)利用土壤温度和表层土壤水分与 G_0 的关系形成了改进方案。本章基于地表土壤热通量与土壤水分和地表温度的关系，通过引入能够表征地表水热特征的温度植被干旱指数(temperature-vegetation dryness index，TVDI)来改进地表土壤热通量的估算方案，建立 G_0 的新估算方法：

$$G_0 = R_n\left[\Gamma_c + \left(\Gamma_s - \Gamma_c\right)\mathrm{TVDI}\right] \tag{6.28}$$

式中，Γ_s 对于裸土为 0.35；Γ_c 对于全覆盖植被为 0.05[与 Su(2002)中相同]。

总之，土壤热通量与地表温度、土壤可用水分有较强的相关关系，可引入温度植被干旱指数(TVDI)来修正土壤热通量的区域估算方案。

6. 逐日地表蒸散发

人们在农业、水文、生态和气候变化等领域的研究需要时间尺度为日、旬、月和年的蒸散发产品，目前大多数基于地表热红外温度的蒸散发模型的估算结果是卫星过境时刻的瞬时值，因此只有对遥感估算的瞬时蒸散值进行时间尺度的扩展，才能满足相关领域的实际应用需求。为将遥感估算得到的瞬时地表蒸散发扩展到日时间尺度上，在原 SEBS 模型中，基于潜热通量和地表可利用能量的比值在日间相对稳定的特点，以蒸发比(EF)不变法完成瞬时地表蒸散发到日时间尺度地表蒸散发的计算。然而，众多研究指出蒸发比不变法因物理基础不是十分严密，在大面积异质性地表开展应用时会出现高估或者低估(Allen et al.，2007；Ryu et al.，2012)日地表蒸散发的情况。以往的研究表明，根据瞬时蒸散发与下行短波辐射的比值可计算得到日蒸散发(Farah et al.，2004)，其在不同下垫面条件下精度变化不大，具有良好的鲁棒性(Ryu et al.，2012)。具体公式如下：

$$\mathrm{LE_{daily}} = \frac{\mathrm{LE_i}}{\mathrm{SWD_i}}\mathrm{SWD_d} \tag{6.29}$$

式中，LE_{daily} 为日蒸散发；LE_i 表示瞬时潜热通量；SWD_i 和 SWD_d 表示瞬时和日下行短波辐射。

由于该方法在计算过程中没有充分考虑温度、湿度和水汽压差等因素的影响，实际应用中也受到很大限制。为了使该方法在复杂地表上应用时更稳定，并克服其固有缺陷，这里考虑地形阴影、水汽压差、短波辐射比和土地利用/覆被等因子来约束瞬时到日时间尺度地表蒸散发扩展，具体的修正计算公式如下:

$$LE_{daily} = \frac{LE_i}{SWD_i} SWD_d 3^{1-\frac{SWD_i}{R_{so}}} E_{ad}^{\theta} \Omega(\mathrm{DEM}) \tag{6.30}$$

式中，R_{so} 为晴空短波辐射；SWD_i/R_{so} 为相对短波辐射，可以有效地调整多云天气下的低估值；E_{ad} 为日实际水汽压；θ 为经验系数，本章中裸地取 0.85，其他地表类型取 0.35；Ω(DEM) 为阴影约束因子。

此外，针对西南河流源区特殊下垫面条件(如冰雪、高原水体等)，我们首先结合土地利用/覆盖类型和地表反照率数据进行精准识别，然后分别将用于水面蒸发计算的 Penman 公式和用于冰雪面升华计算的 Kuzmin 公式结合进行定量估算(Penman，1948；贾立等，2017)。

6.3　结果分析

6.3.1　瞬时感热通量和潜热通量验证

在区域蒸散发的估算过程中，瞬时潜热通量(蒸散发)等的估算精度直接影响蒸发比的估算结果，进而影响区域 ET 的估算结果。因此，首先对协同多源遥感数据优化后 SEBS 模型估算的瞬时净辐射(R_n)、瞬时感热通量(H)和瞬时潜热通量(LE)进行评估，以确保 ET 估算结果的准确性。此处选用 12 个站点(其下垫面类型如表 6.2 所示)地面实测的瞬时 R_n、瞬时 H 和瞬时 LE。同时，利用站点观测位置所在像元点的瞬时 R_n、瞬时 H 和瞬时 LE 的遥感估计值，在森林、草原、农作物(玉米)、湿地、沼泽、灌木和裸露地面下垫面上进行对比验证(图 6.3～图 6.5 和表 6.7)。各种地表类型上的总精度如下(表 6.7 最后一行)：瞬时 R_n 的 MBE 为 3.05 W/m^2，MAPE 为 17.93%，RMSE 为 78.26 W/m^2，R 为 0.89；瞬时 LE 的 MBE 为 0.45 W/m^2，MAPE 为 42.30%，RMSE 为 86.14 W/m^2，R 为 0.78；瞬时 H 的 MBE 为−5.06 W/m^2，MAPE 为 44.45%，RMSE 为 75.45 W/m^2，R 为 0.56。遥感数据的瞬时 R_n、瞬时 H 和瞬时 LE 基本上分布在 1∶1 线附近，估算的地表瞬时通量与实测 EC 值有较好的一致性。可见遥感估算瞬时 R_n 和瞬时 LE 的精度可以满足计算地表日 ET 的要求。另外，验证统计结果还表明：估算瞬时 R_n 与实测值的 MBE 变化范围为−60.90～47.15W/m^2，

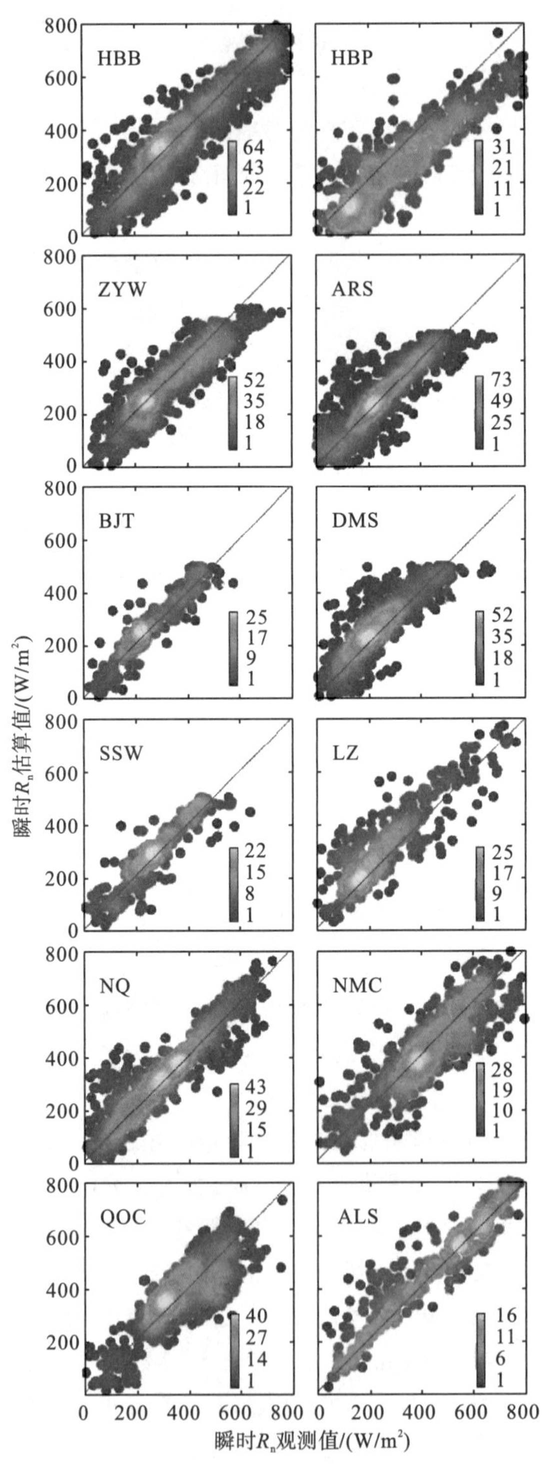

图 6.3 瞬时地表净辐射(R_n)的观测值与估算值散点图(色阶表示散点频数)

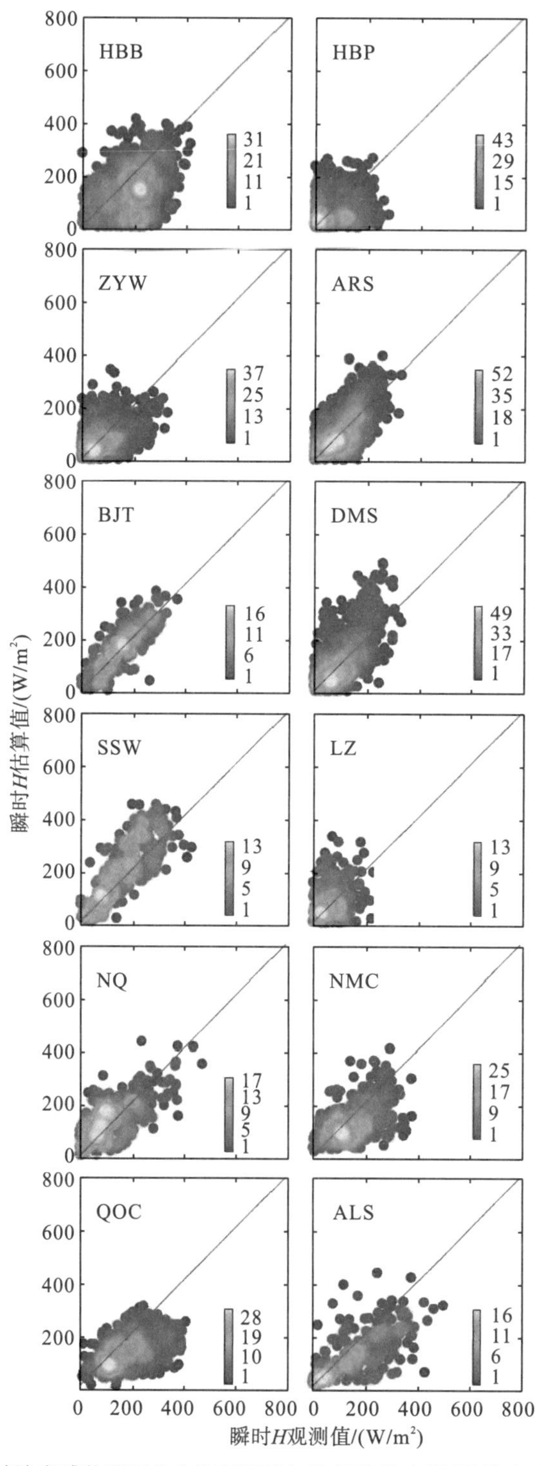

图 6.4　瞬时地表感热通量(H)的观测值与估算值散点图(色阶表示散点频数)

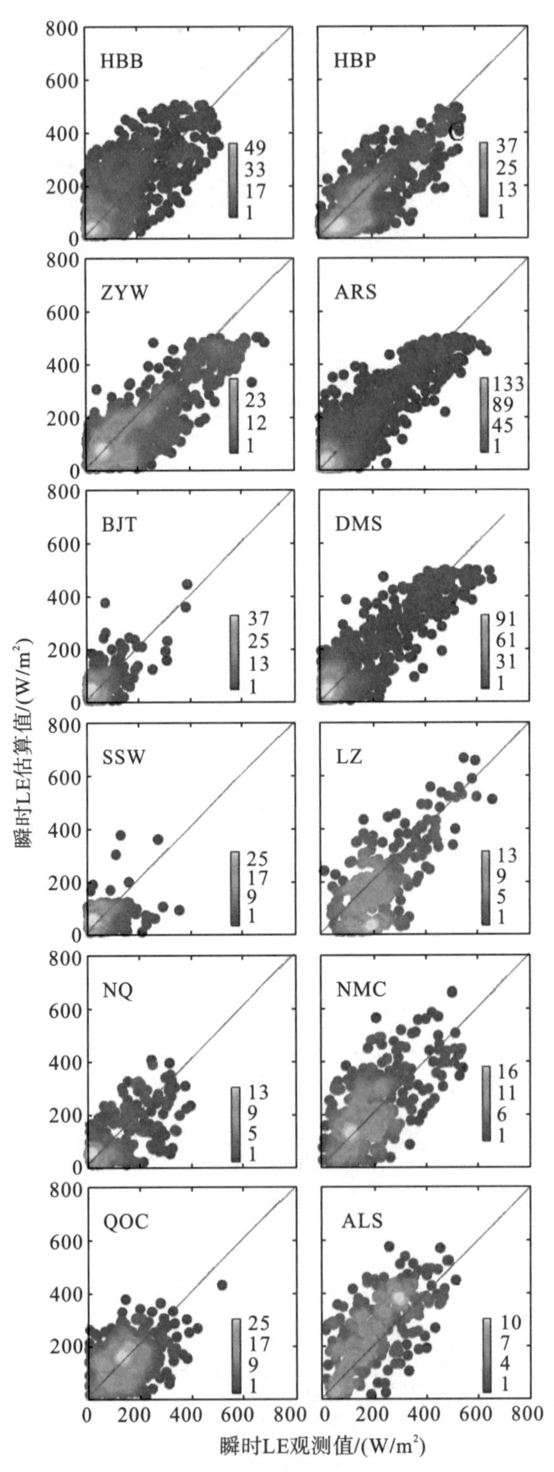

图 6.5 瞬时地表潜热通量(LE)的观测值与估算值散点图(色阶表示散点频数)

MAPE 变化范围为 12.33%～26.45%，RMSE 变化范围为 45.31～110.06 W/m^2，R 变化范围为 0.83～0.93；估算瞬时 LE 与测量值的 MBE 变化范围为−42.67～50.00 W/m^2，MAPE 变化范围为 32.85%～61.20%，RMSE 变化范围为 56.25～113.67 W/m^2，R 变化范围为 0.28～0.88；估算瞬时 H 和实测值的 MBE 变化范围为−57.76～34.82 W/m^2，MAPE 变化范围为 22.68%～73.75%，RMSE 变化范围为 48.83～109.36 W/m^2，R 变化范围为 0.13～0.81。

表 6.7　不同土地覆盖类型的瞬时净辐射 R_n、瞬时潜热通量 LE 和瞬时感热通量 H 的模型验证统计结果

站点	瞬时净辐射 R_n				瞬时潜热通量 LE				瞬时感热通量 H			
	MBE/(W/m^2)	MAPE/%	RMSE/(W/m^2)	R	MBE/(W/m^2)	MAPE/%	RMSE/(W/m^2)	R	MBE/(W/m^2)	MAPE/%	RMSE/(W/m^2)	R
HBB	−8.53	14.59	77.77	0.92	28.06	55.07	106.73	0.67	−47.86	44.70	109.36	0.35
HBP	−60.90	26.45	110.06	0.88	−28.26	32.94	84.06	0.77	−9.17	73.33	78.45	0.13
ZYW	−19.54	15.27	68.22	0.90	−42.67	32.85	99.36	0.83	−6.24	57.66	71.54	0.37
ARS	8.58	18.41	69.76	0.85	9.21	33.91	70.48	0.88	2.07	40.38	58.51	0.64
BJT	9.25	12.61	45.31	0.93	8.18	61.20	56.25	0.59	6.50	22.68	48.83	0.81
DMS	23.66	19.81	67.96	0.85	3.38	37.42	75.10	0.88	15.45	47.65	72.89	0.66
SSW	8.74	14.98	55.61	0.90	−4.42	59.18	62.58	0.28	34.82	34.34	77.69	0.79
LZ	47.15	25.87	96.01	0.87	−36.16	38.90	111.55	0.69	15.21	73.75	72.06	0.25
NQ	19.39	16.60	74.05	0.90	−16.60	49.35	90.66	0.58	6.81	41.05	70.69	0.66
NMC	−8.55	16.20	91.35	0.85	17.23	44.58	110.01	0.60	−25.73	36.69	74.77	0.53
QOC	−7.40	16.72	80.31	0.83	−5.14	44.59	82.79	0.38	−57.76	37.94	95.33	0.46
ALS	29.92	12.33	79.35	0.93	50.00	44.44	113.67	0.67	−50.72	40.33	100.14	0.64
总体	3.05	17.93	78.26	0.89	0.45	42.30	86.14	0.78	−5.06	44.45	75.45	0.56

注：MBE 为平均误差(mean bias error)；MAPE 为平均绝对百分比误差(mean absolute percent error)；RMSE 为均方根误差(root mean square error)；R 为相关系数(correlation coefficient)。

由以上统计结果可知，瞬时 LE 的表现要好于瞬时 H。尽管瞬时 H 的 RMSE 值略低于瞬时 LE 的 RMSE 值，但瞬时 H 的 MAPE 值高于瞬时 LE 值，且瞬时 H 的 R 值明显低于瞬时 LE 值。其中一个原因是在植被表面下，大多数情况下生长季感热通量的量级远远小于潜热通量。此外，模型的区域估算结果可能不如仅使用站点观测数据的估算结果准确，因为近地表大气驱动数据的空间分辨率相对较低，而在验证中选择的像素假设是均一类型像元，但实际上，大多数像素都是混合像元，并受复杂地形影响[如林芝站(LZ)]，所有这些因素都会导致验证精度降低。尽管一些站点的验证结果精度相对较低，但在大区域范围内开展地表 ET 监测仍然是有效的。

6.3.2 地表蒸散发验证

利用日尺度地表蒸散发的地面观测值来验证遥感数据估算的逐日 1000 m 空间分辨率全天候地表蒸散发结果。图 6.6 为 ET 估算值和测量值的散点图，表 6.8 为估算值和实测值的比较统计结果。图 6.6 和表 6.8 表明，在不同下垫面[草地、湿地、作物(玉米)、戈壁、沙漠和森林]上日地表蒸散发估算值和观测值有较好的一致性。验证结果表明，西南河流源区地表蒸散发遥感估算方案在不同的土地覆盖类型上都能很好地反映实际情况，其 NSE 为 0.56，MBE 为−0.17mm/d，MAPE 为 36.25%，RMSE 为 0.88 mm/d，R 值为 0.86，散点图围绕 1∶1 线分布。除个别观测点存在较大偏差外，大部分观测值与估算值基本一致。因此，协同多源遥感数据，结合优化后的 SEBS 模型能够获取复杂地表大范围、高精度的全天候地表蒸散发。

表 6.8 全天候地表蒸散发(ET)估算结果的验证统计

站点	NSE	MBE/(mm/d)	MAPE/%	RMSE/(mm/d)	R
HBB	0.49	−0.46	40.76	0.82	0.81
HBP	0.68	−0.20	34.17	0.91	0.86
ZYW	0.74	−0.54	28.14	1.19	0.89
ARS	0.80	0.09	30.68	0.65	0.92
BJT	0.53	−0.02	51.91	0.53	0.76
DMS	0.80	−0.10	32.19	0.84	0.91
SSW	0.29	−0.05	59.43	0.65	0.58
LZ	0.23	−0.21	37.89	0.98	0.74
NQ	0.48	−0.16	32.28	0.85	0.72
NMC	0.28	0.13	46.65	1.06	0.72
QOC	0.21	−0.07	64.64	0.77	0.55
ALS	0.15	0.23	41.16	1.13	0.60
总体	0.56	−0.17	36.25	0.88	0.86

注：NSE 为纳什效率系数(Nash-Sutcliffe efficiency coefficient)。

然而，在一些下垫面类型的某些时段，遥感估算仍然存在较大偏差，其原因之一是混合像元的存在使模型估算结果与实际观测结果之间有较大差异。图 6.6 和表 6.8 显示，估算的日地表蒸散发和地面观测值之间有明显的区域差异，如我国西北黑河流域中上游的 5 个站点估算值与地面实测值的总 NSE 为 0.58，MBE 为−0.12 mm/d，MAPE 为 35.97%，RMSE 为 0.77 mm/d，R 为 0.87，验证精度比较理想。其余 7 个站点估算值和地面实测值的总 NSE 为 0.36，MBE 为−0.11 mm/d，MAPE 为 40.61%，RMSE 为 0.93 mm/d，R 为 0.74，精度效果稍差。后者的验证结果不如前者，这可能是由高程或复杂地形引起的一些偏差或模型在干旱区和湿润区表现出的差异性造成的。

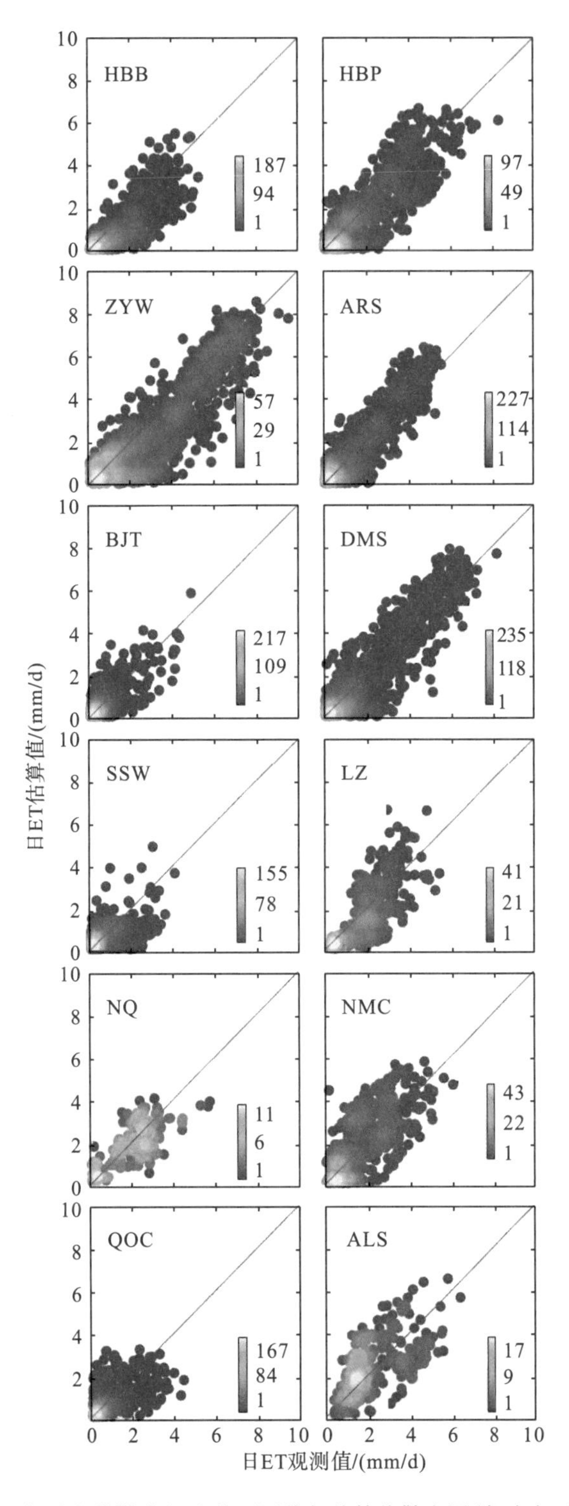

图 6.6　全天候地表蒸散发(ET)的观测值与估算值散点图(色阶表示散点频数)

6.3.3 西南河流源区地表蒸散发的多年平均月值和多年平均年值空间分布

利用优化后的 SEBS 模型和协同多源遥感数据估算的日 ET 累加得到月、年尺度蒸散发量。图 6.7 展示了 2003～2016 年西南河流源区逐月平均地表蒸散发的时空动态分布；图 6.8 显示了 2003～2016 年西南河流源区多年平均蒸散发量的空间分布。整体上，由于地表蒸散发量受气候类型、下垫面供水状态和植被生长等因素综合影响，西南河流源区的地表蒸散发量存在明显的时间和空间差异。

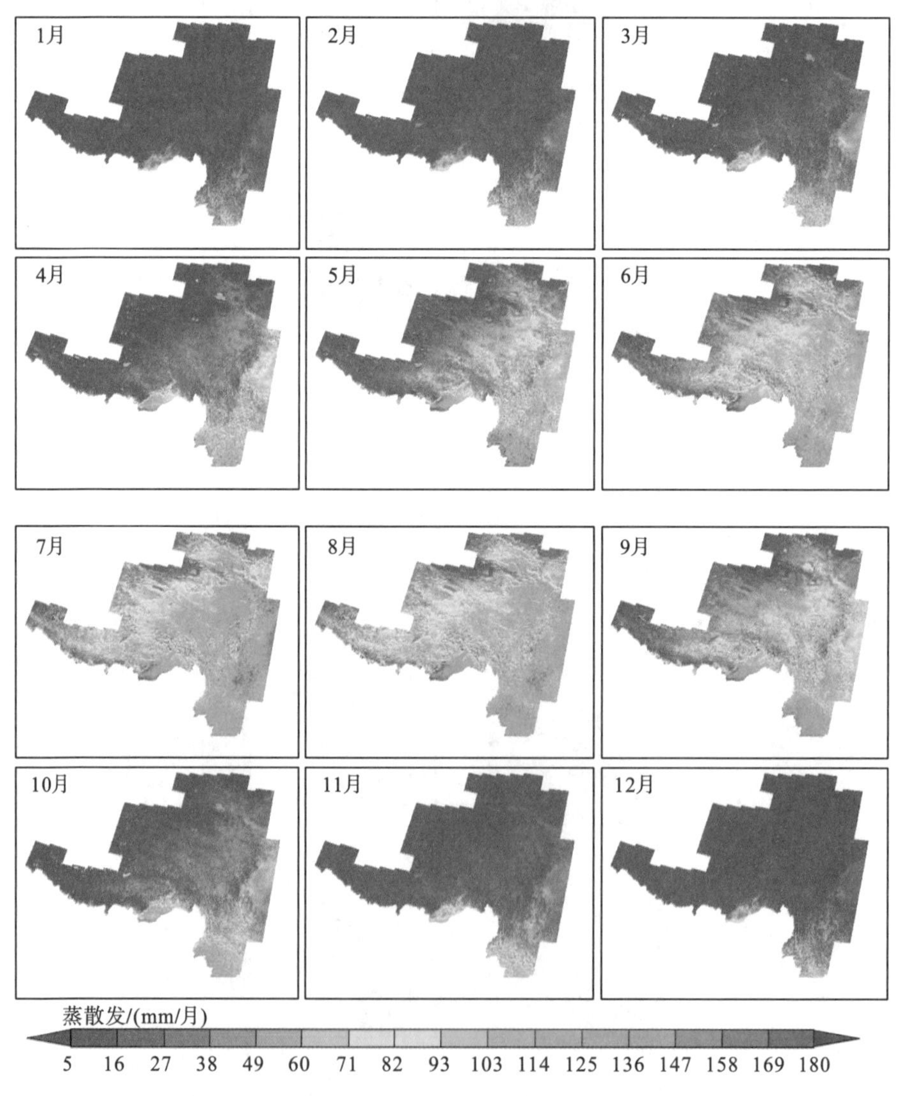

图 6.7 2003～2016 年西南河流源区逐月平均地表蒸散发量空间分布

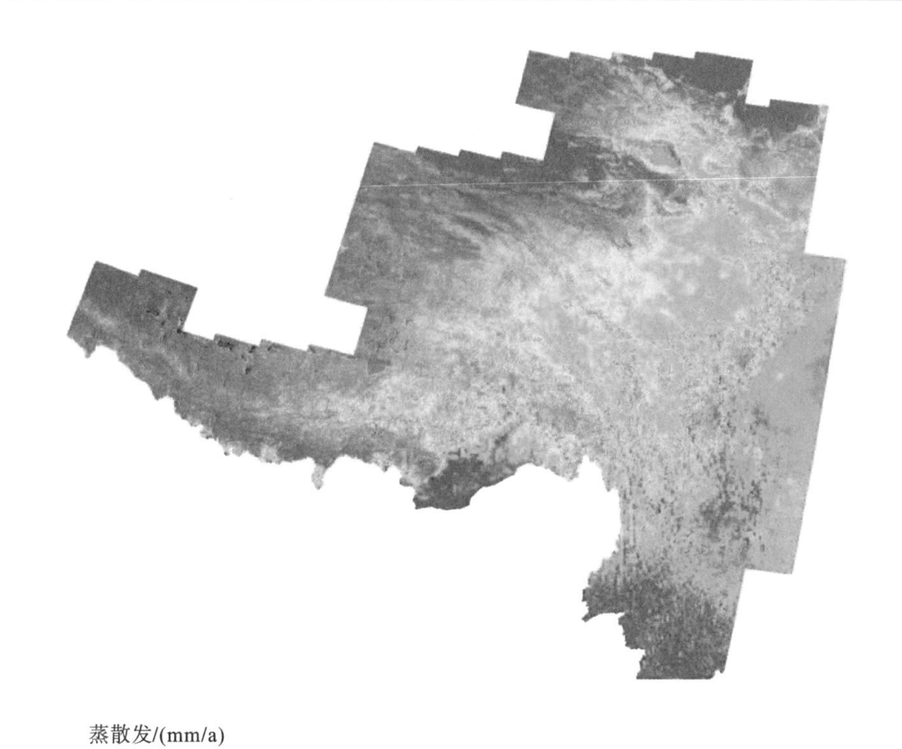

图 6.8　2003～2016 年西南河流源区年平均地表蒸散发量空间分布

其月尺度变化特征如下：1～3 月，从冬季到植被生长初期，西南河流源区北部气温比较低，太阳辐射较弱，所以 ET 比较小。到 4 月，整个区域的地表蒸散发开始逐渐增大。5 月由于气温的不断回升，辐射增强，植被的生长速度加快，ET 也增加明显，如图 6.7 中 5 月源区中部区域(如澜沧江源头)地表蒸散发量呈现明显增大的趋势，且月蒸散发均值普遍超过 65mm。6～8 月整个研究区蒸散发量的量级最大，因受夏季风影响明显，蒸散发量普遍超过 100 mm，此时，蒸散发的空间分布和 LAI 的空间分布十分相似，这也说明 ET 分布特点与地表植物生长节律以及降水密切相关。源区蒸散发量在 7 月达到了整个生长季的最大值，典型植被区的蒸散发量高达 130 mm 以上，降雨量超过 150 mm。9 月植被逐步进入成熟期，月蒸散发均值普遍下降到 70 mm 以下。10～11 月西南河流源区大部分区域处于非生长季，蒸散发量普遍低于 45 mm。但南部的亚热带季风气候和热带季风气候区蒸散发量普遍保持在 100 mm 上下，直到 12 月，全区的蒸散发量低于 65 mm。

其年尺度分布特征是：多年年均蒸散发量呈现从东南向西北方向逐渐减少的趋势。具体表现是位于西南河流源区东南部的亚热带季风气候和热带季风气候区的年均蒸散发量在 1020 mm 以上；源区中部地区年蒸散发量在 400～600 mm；而西北部与高海拔区域，因全年少雨与常年低温，蒸散发量普遍低于 200 mm。针对整个西南河流源区更为详细的地表蒸散发的时空分布特征分析见本书第 8 章内容。

6.4 小 结

针对西南河流源区典型的下垫面、特殊的地形以及多云雾等特点，目前基于遥感数据大尺度的地表蒸散发遥感估算 SEBS 模型一方面面临基于遥感数据的模型输入参数缺失的困难，如由于云雨污染造成的地表温度缺失；另一方面面临在空间异质性特征明显的大范围区域模型参数化方案的适用性问题。因此，本章提出面向西南河流源区的全天候地表蒸散发估算方案。首先，通过全局敏感性分析确定模型敏感参数，优化 SEBS 模型的参数化方案，主要包括空气动力学粗糙度和空气热力学粗糙度计算方案等，并在湍流交换的参数化计算方案中考虑了植被的垂直结构形状的影响；并基于全天候地表温度数据产品，克服西南河流源区复杂多变的天气特征，较为准确地估算了西南河流源区瞬时潜热通量(蒸散发)。在此基础上，通过加入地形阴影、水汽压差和短波辐射比等多因子约束，修正了瞬时到日地表蒸散发的时间尺度扩展方法。同时，也对特殊下垫面(如冰雪、高原水体等)进行了地表蒸散发的计算。最终，完成了西南河流源区全天候地表蒸散发的估算，验证结果表明，获取的源区全天候地表蒸散发和野外站点观测值具有较好的一致性。本章一方面进一步解决了西南河流源区及青藏高原地区地表蒸散发数据极度匮乏的问题，支撑了西南河流源区地表径流规律研究，其衍生成果将有望为我国的水资源开发、能源安全贡献力量；另一方面，针对复杂陆表地表蒸散发的定量遥感估算研究，提出面向西南河流源区的全天候地表蒸散发估算思路与研究方法，具有一定的方法论参考意义。

参 考 文 献

贾立, 胡光成, 郑超磊, 等, 2017. 中国-东盟 1km 分辨率地表蒸散发数据集（2013）[J]. 全球变化数据学报, 1(3): 282-289.

马燕飞, 2015. 基于多源遥感数据的地表蒸散发估算研究[D]. 北京: 北京师范大学.

Allen R G, Tasumi M, Trezza R, 2007. Satellite-based energy balance for mapping evapotranspiration with internalized calibration (METRIC)-model[J]. Journal of Irrigation and Drainage Engineering, 133 (4): 380-394.

Anderson M C, Norman J M, Kustas W P, et al, 2005. Effects of vegetation clumping on two-source model estimates of surface energy fluxes from an agricultural landscape during SMACEX[J]. Journal of Hydrometeorology, 6: 892-909.

Bastiaanssen W G M, Menenti M, Feddes R A, et al, 1998a. A remote sensing surface energy balance algorithm for land

(SEBAL). 1. Formulation[J]. Journal of Hydrology, 212: 198-212.

Bastiaanssen W G M, Pelgrum H, Wang J, et al, 1998b. A remote sensing surface energy balance algorithm for land (SEBAL): Part 2: Validation[J]. Journal of Hydrology, 212: 213-229.

Bosveld F C, Holtslag A A M, Van den Hurk B, 1999. Interpretation of crown radiation temperatures of a dense Douglas fir forest with similarity theory[J]. Boundary-Layer Meteorology, 92(3): 429-451.

Chen X, Su Z, Ma Y, et al, 2013. Estimation of surface energy fluxes under complex terrain of Mt. Qomolangma over the Tibetan Plateau[J]. Hydrology and Earth System Sciences, 17(4): 1607-1618.

Chen X, Massman, W J, Su Z, 2019. A column canopy-air turbulent diffusion method for different canopy structures[J]. Journal of Geophysical Research: Atmospheres, 124(2): 488-506.

Chirouze J, Boulet G, Jarlan L, et al, 2014. Intercomparison of four remote-sensing-based energy balance methods to retrieve surface evapotranspiration and water stress of irrigated fields in semi-arid climate[J]. Hydrology and Earth System Sciences Discussions, (18): 1165-1188.

Cukier R I, Fortuin C M, Shuler K E, et al, 1973. Study of the sensitivity of coupled reaction systems to uncertainties in rate coefficients. I Theory[J]. The Journal of Chemical Physics, 59(8): 3873-3878.

Farah H O, Bastiaanssen W G M, Feddes R A, 2004. Evaluation of the temporal variability of the evaporative fraction in a tropical watershed[J]. International Journal of Applied Earth Observation and Geoinformation, 5(2): 129-140.

Gokmen M, Vekerdy Z, Verhoef A, et al, 2012. Integration of soil moisture in SEBS for improving evapotranspiration estimation under water stress conditions[J]. Remote Sensing of Environment, 121: 261-274.

He J, Yang K, Tang W et al, 2020. The first high-resolution meteorological forcing dataset for land process studies over China[J]. Scientific Data, 7: Https: //doi.org/10.1038/s41597-020-0369-y.

Kobayashi T, Tateishi R, Alsaaideh B, et al, 2017. Production of global land cover data-GLCNMO2013[J]. Journal of Geography and Geology, 9(3): 1-15.

Kustas W P, Choudhury B J, Moran M S, et al, 1989. Determination of sensible heat flux over sparse canopy using thermal infrared data[J]. Agricultural and Forest Meteorology, 44(3-4): 197-216.

Kustas W P, Norman J M, 1997. A two-source approach for estimating turbulent fluxes using multiple angle thermal infrared observations[J]. Water Resources Research, 33(6): 1495-1508.

Kustas W P, Norman J M, 1999. Evaluation of soil and vegetation heat flux predictions using a simple two-source model with radiometric temperatures for partial canopy cover[J]. Agricultural and Forest Meteorology, 94(1): 13-29.

Li G, Hu J, Wang S, et al, 2006. Random sampling-high dimensional model representation (RS-HDMR) and orthogonality of its different order component functions[J]. The Journal of Physical Chemistry, 110(7): 2474-2485.

Li G, Wang S, Rabitz H, et al., 2002. Global uncertainty assessments by high dimensional model representations (HDMR) [J]. Chemical Engineering Science, 57(21): 4445-4460.

Lu X, Wang Y, Ziehn T, et al, 2013. An efficient method for global parameter sensitivity analysis and its applications to the Australian community land surface model (CABLE) [J]. Agricultural and Forest Meteorology, 182: 292-303.

Ma Y, Liu S, Zhang F, et al, 2015. Estimations of regional surface energy fluxes over heterogeneous oasis-desert surfaces in the middle reaches of the Heihe River during HiWATER-MUSOEXE[J]. IEEE Geoscience and Remote Sensing

Letters, 12(3), 671-675.

Massman W J, 1997. An analytical one-dimensional model of momentum transfer by vegetation of arbitrary structure[J]. Boundary-Layer Meteorology, 83(3): 407-421.

Massman W J, Forthofer J M, Finney M A, 2017. An improved canopy wind model for predicting wind adjustment factors and wildland fire behavior[J]. Canadian Journal of Forest Research, 47(5): 594-603.

McCabe M F, Wood E F, 2006. Scale influences on the remote estimation of evapotranspiration using multiple satellite sensors[J]. Remote Sensing of Environment, 105(4): 271-285.

Monteith J L, 1973. Principles of Environmental Physics[M], London: Edward Arnold.

Morris M D, 1991. Factorial sampling plans for preliminary computational experiments[J]. Technometrics, 33(2): 161-174.

Norman J M, Kustas W P, Humes K S, 1995. Source approach for estimating soil and vegetation energy fluxes in observations of directional radiometric surface temperature[J]. Agricultural and Forest Meteorology, 77(3-4): 263-293.

Oku Y, Ishikawa H, Su Z, 2007. Estimation of land surface heat fluxes over the Tibetan Plateau using GMS data[J]. Journal of Applied Meteorology and Climatology, 46: 183-195.

Pardo N, Sánchez M L, Timmermans J, et al, 2014. SEBS validation in a Spanish rotating crop[J]. Agricultural and Forest Meteorology, 195: 132-142.

Penman H L, 1948. Natural Evaporation from Open Water, Bare Soil and Grass[J]. Proceedings of the Royal Society of London, 193(1032): 120.

Rabitz H, AlisÖ F, Shorter J, et al, 1999. Efficient input-output model representations[J]. Computer Physics Communications, 117(1): 11-20.

Ryu Y, Baldocchi D D, Black T A, et al, 2012. On the temporal upscaling of evapotranspiration from instantaneous remote sensing measurements to 8-day mean daily-sums[J]. Agricultural and Forest Meteorology, 152(1): 212-222.

Shaw R H, Pereira A R, 1982. Aerodynamic roughness of a plant canopy: A numerical experiment[J]. Agricultural Meteorology, 26(1): 51-65.

Shang L, Zhang Y, Lyu S, et al, 2016. Seasonal and inter-annual variations in carbon dioxide exchange over an alpine grassland in the Eastern Qinghai-Tibetan Plateau[J]. PLOS One, 11(11): e0166837.

Shuttleworth W J, Wallace J S, 1985. Evaporation from sparse crops-an energy combination theory[J]. Quarterly Journal of the Royal Meteorological Society, 111(469): 839-855.

Sobol' I M, 1990. On sensitivity estimation for nonlinear mathematical models[J]. Matematicheskoe Modelirovanie, 2(1): 112-118.

Song L, Kustas W P, Liu S, et al, 2016a. Applications of a thermal-based two-source energy balance model using Priestley-Taylor approach for surface temperature partitioning under advective conditions[J]. Journal of Hydrology, 540: 574-587.

Song L, Liu S, Kustas W P, et al, 2016b. Application of remote sensing-based two-source energy balance model for mapping field surface fluxes with composite and component surface temperatures[J]. Agricultural and Forest

Meteorology, 230-231: 8-19.

Su Z, 2002. The Surface Energy Balance System (SEBS) for estimation of turbulent heat fluxes[J]. Hydrology and Earth System Sciences, 6: 85-100.

Tanguy M, Baille A, González-Real M M, et al, 2012. A new parameterisation scheme of ground heat flux for land surface flux retrieval from remote sensing information[J]. Journal of Hydrology, 454: 113-122.

Tateishi R, Uriyangqai B, Al-Bilbisi H, et al, 2011. Production of global land cover data-GLCNMO[J]. International Journal of Digital Earth, 4(1): 22-49.

Thom A S, 1972. Momentum, mass and heat exchange of vegetation[J]. Quarterly Journal of the Royal Meteorological Society, 98(415): 124-134.

Timmermans J, Su Z, Tol C, et al, 2013. Quantifying the uncertainty in estimates of surface-atmosphere fluxes through joint evaluation of the SEBS and SCOPE models[J]. Hydrology and Earth System Sciences, 17(4): 1561-1573.

Van der Kwast J, Timmermans W, Gieske A, et al, 2009. Evaluation of the Surface Energy Balance System (SEBS) applied to ASTER imagery with flux-measurements at the SPARC 2004 site (Barrax, Spain)[J]. Hydrology and Earth System Sciences Discussions, 6(1): 1165-1196.

Wang W, 2012. An analytical model for mean wind profiles in sparse canopies[J]. Boundary-Layer Meteorology, 142(3): 383-399.

Yang K, He J, Tang W, et al., 2010. On downward shortwave and longwave radiations over high altitude regions: Observation and modeling in the Tibetan Plateau[J]. Agricultural and Forest Meteorology, 150(1): 38-46.

Yang K, Koike T, Ishikawa H, et al, 2008. Turbulent flux transfer over bare-soil surfaces: Characteristics and parameterization[J]. Journal of Applied Meteorology and Climatology, 47(1): 276-290.

Zhang X, Zhou J, Göttsche F M, et al, 2019. A method based on temporal component decomposition for estimating 1-km all-weather land surface temperature by merging satellite thermal infrared and passive microwave observations[J]. IEEE Transactions on Geoscience and Remote Sensing, 57(7): 4670-4691.

Zhuo G, La B, Pubu C, et al, 2014. Study on daily surface evapotranspiration with SEBS in Tibet Autonomous Region[J]. Journal of Geographical Sciences, 24: 113-128.

Ziehn, T, Tomlin A S, 2009. GUI-HDMR-A software tool for global sensitivity analysis of complex models[J]. Environmental Modelling and Software, 24(7): 775-785.

第7章　基于数据同化的地表蒸散发时间扩展

地表温度在能量平衡方程中具有关键作用，地表能量平衡方程中的所有变量(即感热、潜热、土壤热通量以及净辐射)均与地表温度相关(Bateni and Entekhabi，2012b)。因此，许多学者利用地表温度数据来估算地表蒸散发及地表能量平衡组分。利用地表温度数据来估算地表水热通量的研究方法可以分为五类。第一类是经验统计模型，其机理较为简单，直接将地表蒸散发和遥感获得的地表状态变量(如植被指数和地表温度等)建立回归关系，以此来估算区域蒸散发(Kustas et al.，1996；Jackson et al.，1997；Wang et al.，2007，2008；Fang et al.，2016；Zhu et al.，2017)。第二类方法是地表能量平衡方程，该方法利用地表温度来获得地表能量平衡分量(Norman et al.，1995；Anderson et al.，1997；Jia et al.，2009；Song et al.，2018；Ma et al.，2018)。第三类方法是组合方法，该方法将地表温度观值与Penman-Monteith方程相结合，以估算地表蒸散发(Mallick et al.，2013，2014；Zhang et al.，2016)。第四类方法是陆面数据同化方法，该方法通过同化多源遥感数据对地表蒸散发进行估算(Xu et al.，2011a，2011b，2015a)。第五类方法是变分数据同化方法，该方法通过同化地表温度数据到地表能量平衡方程当中对地表蒸散发进行估算(Bateni et al.，2013a，2013b；Xu et al.，2014，2015b，2016，2019；Abdolghafoorian et al.，2017；He et al.，2018)。在变分数据同化方法当中，C_{HN}和EF作为两个关键未知参数需要优化。其中C_{HN}为中性整体传热系数，主要表征植被物候的变化；EF为蒸发比，表征水热通量之间的分配比例。已经有学者将卫星热红外遥感获取的地表温度数据(GOES和MODIS地表温度产品等)同化到变分数据同化框架中对地表蒸散发进行估算(Bateni et al.，2013a，2013b；Xu et al.，2014，2019)。但是，卫星热红外遥感获取的地表温度数据容易受到云的影响，尤其是在云雨天气较多的中国西南地区，热红外遥感地表温度更加难以获取。在云覆盖密集的区域，基于红外辐射的卫星地表温度数据将难以获得，模型在模拟过程中会受温度缺失的影响具有较大不确定性，从而影响模型模拟精度。

第6章基于优化的SEBS模型估算了西南河流源区的地表蒸散发，综合考虑地形、水汽压差、短波辐射比和土地利用/覆被等因子，实现了瞬时到日时间尺度的地表蒸散发扩展。鉴于变分数据同化方法在地表蒸散发估算和时间扩展方面的优势，本章也将其用于西南河流源区。为克服该地区复杂天气的影响，本章将全天候地表温度数据(融合热红外和微波观测数据)同化到地表能量平衡模型当中，以提高变分数据同化模型的稳定性。通过其在我国西南河流源区的应用，得到时空连续的地表蒸散发数据。基于地面站点观测数据，对地表蒸散发估算结果进行验证。同时，基于三角帽(three-cornered hat，TCH)方法对模型模拟的相对不确定性进行评估。

7.1 研究数据

本章使用的卫星遥感数据主要包括全天候地表温度数据和其他地表参数产品。其中，全天候地表温度数据由第 2 章提供，在前文中已有详细描述。其他地表参数包括叶面积指数(LAI)、地表反照率和地表蒸散发，来自 GLASS 产品(Liang et al.，2013；Xiao et al.，2014；Yao et al.，2014)。为对比，本章还收集了 MODIS 的地表蒸散发产品 MOD16。

变分数据同化方法所需的逐时区域气象驱动数据(风速、空气温度、空气相对湿度、大气压强、入射太阳短波辐射和入射太阳长波辐射)、土壤水分数据来自中国陆面数据同化系统①以及本书第 3 章。在地面站点观测数据方面，选取当雄站、林芝站、那曲站和珠峰站的观测数据，数据的观测时间间隔为 30 min，分别来自中国通量观测研究网络②和国家青藏高原科学数据中心③。

7.2 研究方法

变分数据同化方法以土壤热传导方程为前向模型，将地表温度观测数据同化到地表能量平衡方程当中。利用代价函数降低模型模拟地表温度和观测地表温度的差异，从而在月尺度上优化中性整体传热系数(C_{HN})，在日尺度上优化蒸发比(EF)，估算地表能量平衡组分及地表蒸散发，实现地表蒸散发的时间尺度扩展。

7.2.1 土壤热传导方程

土壤在垂直方向上不同时刻、不同深度的温度变化可以由热传导方程给出：

$$C\frac{\partial T(z,t)}{\partial t}=P\frac{\partial T^2(z,t)}{\partial z^2} \tag{7.1}$$

式中，C 和 P 分别是土壤体积热容量[J/(m^3 • K)]和热传导率[W/(m • K)]；$T(z, t)$ 为 t 时刻、深度为 z 处的土壤温度。

① http://data.cma.cn/data/detail/dataCode/NAFP_CLDAS2.0_RT.html.
② http://www.chinaflux.org/.
③ http://data.tpdc.ac.cn/.

土壤热传导方程的求解需要顶层和底层的边界条件。土壤剖面顶层的边界条件 $T(z=0,t)$ 通过地表边界驱动方程获得：

$$-P\mathrm{d}T(z=0,t)/\mathrm{d}z=G(t) \tag{7.2}$$

式中，$G(t)$ 为 t 时刻的土壤热通量。

在底层边界，以纽曼(Neumann)边界条件表示为

$$\mathrm{d}T(l,t)/\mathrm{d}z=0 \tag{7.3}$$

式中，l 为底层边界条件的深度。

由于土壤温度在深度为 0.3～0.5 m 时日变化较小，可以认为是恒定的，在本章中将 l 的值设置为 0.5 m(Hu and Islam，1995；Bateni et al.，2013a)。

7.2.2 地表能量平衡组分的模拟

地表能量平衡方程见第6章式(6.1)。依据土壤热传导方程得到的地表温度(T)可以求算感热通量：

$$H=\rho C_{\mathrm{P}}C_{\mathrm{H}}U(T-T_{\mathrm{a}}) \tag{7.4}$$

式中，ρ 为空气密度(kg/m^3)；C_{P} 为空气热容量([1012J/(kg · K)]；U 和 T_{a} 分别为参考高度的风速(m/s)和温度(K)；C_{H} 为整体传热系数，可以表示为中性整体传热系数(C_{HN})和一个大气稳定度校正方程 $f(\mathrm{Ri})$ 的乘积(Caparrini et al.，2003)：

$$C_{\mathrm{H}}=C_{\mathrm{HN}}f(\mathrm{Ri}) \tag{7.5}$$

式中，Ri 为理查德森数。

C_{HN} 可与热力学粗糙度和动力学粗糙度建立关系(Liu et al.,2007;Zhang et al.,2011)，这种关系主要是植被物候的函数，可以假定为在月尺度上变化(McNaughton and Van den Hurk，1995；Jensen and Hummelshøj，1995；Qualls and Brutsaert，1996；Crow and Kustas，2005；Bateni et al.，2013b)。C_{HN} 为同化方法的第一个未知参数。

变分数据同化方法的第二个未知参数是蒸发比(EF)，它表示水热通量之间分割的比例：

$$\mathrm{EF}=\mathrm{LE}/(H+\mathrm{LE}) \tag{7.6}$$

在没有降水且辐射恒定的几小时内，EF 通常在 0～1 内保持不变(Gentine et al.，2007)。由上所述，C_{HN} 和 EF 是地表能量平衡模型的关键未知参数，需要通过变分数据同化方法进行估算，其中，C_{HN} 在月尺度上(即植被物候的时间尺度)变化，在日间(即当地时间 9:00～17:00)保持不变，但是不同日之间会有所变化(Gentine et al.，2007)。

7.2.3　代价函数

定义一个代价函数(J)，通过最小化地表温度观测值和估算值(来自土壤热传导方程)之间的差异来求解模型的未知参数(即 C_{HN} 和 EF)。代价函数可以表示为

$$\begin{aligned}J\left(T,R,\mathrm{EF},\lambda\right)=&\sum_{i=1}^{N}\int_{t_0}^{t_1}\left[T_{\mathrm{OBS},i}\left(t\right)-T_i\left(t\right)\right]^T K_T^{-1}\left[T_{\mathrm{OBS},i}\left(t\right)-T_i\left(t\right)\right]\mathrm{d}t\\&+\left(R-R'\right)^T K_R^{-1}\left(R-R'\right)+\sum_{i=1}^{N}\left(\mathrm{EF}_i-\mathrm{EF}_i'\right)^T K_{\mathrm{EF}}^{-1}\left(\mathrm{EF}_i-\mathrm{EF}_i'\right)\\&+2\sum_{i=1}^{N}\int_{t_0}^{t_1}\int_0^l \Lambda_i\left(z,t\right)\left[\frac{\partial T_i\left(z,t\right)}{\partial t}-(P/C)\frac{\partial^2 T_i\left(z,t\right)}{\partial z^2}\right]\mathrm{d}z\mathrm{d}t\end{aligned}\tag{7.7}$$

式(7.7)右侧的第一项度量了地表观测温度(T_{OBS})与预测的地表温度(T)之间的差异。通过方程 $C_{\mathrm{HN}}=\exp(R)$，将 C_{HN} 转化为 R，以确保其值为正且有意义。方程的第二项和第三项度量了参数估算值(R 和 EF)与其先验值(R'和 EF′)之间的差异。最后一项为热传导方程，将拉格朗日乘子 λ 作为物理约束加入模型中。K_T^{-1}、K_R^{-1} 和 K_{EF}^{-1} 是数值常数考量，决定了目标方程中各项的权重，并控制模型的收敛速度。根据 Bateni 等(2013a)，将 K_T^{-1}、K_R^{-1} 和 K_{EF}^{-1} 分别设置为 0.01 K^{-2}、1000 和 1000。

通过最小化代价函数(设置初级变分为 0，即 $\Delta J=0$)得到一系列欧拉-拉格朗日方程，并通过迭代循环来求解，得到参数 C_{HN} 和 EF 的最优值。欧拉-拉格朗日方程的求解参见 Bateni 等(2013a)。

7.2.4　模型评价

在基于地面站点观测数据的检验中，选用均方根误差 RMSE、平均绝对百分比误差 MAPE 和决定系数 R^2 来对估算结果进行直接评价。此外，在对不同地表蒸散发产品进行对比的过程中，选用 TCH 方法对模型模拟的不确定性进行间接验证。与传统误差估计方法不同，TCH 方法不需要已知真实观测数据，但至少需要三组数据序列(Gray and Allan，1974；Tavella and Premoli，1994)。

假设有 n 个不同的数据集，用 $\{X_i\}(i=1,2,\cdots,n)$ 表示，i 表示不同的数据。每个数据集可以表示为

$$X_i=X_t+\sigma_i\quad(i=1,2,\cdots,n)\tag{7.8}$$

式中，X_t 为数据真实值；σ_i 为第 i 个数据集的零均值误差。

由于现实世界中“真值”难以获得，因此任意选取其中一个数据集作为“真值”，计算其余数据集与该“真值”的差，组成差值序列：

$$y_i = X_t + X_r = \sigma_i - \sigma_r \quad (i = 1, 2, \cdots, n-1) \tag{7.9}$$

式中，X_r为任意选取的“真值”序列。

需要注意的是，参考数据的选择不会影响相对误差的量化结果。

将 n−1 个差值序列存到如下矩阵中：

$$\boldsymbol{Y} = \begin{bmatrix} y_{11} & y_{12} & \cdots & y_{1(n-1)} \\ y_{21} & y_{22} & \cdots & y_{2(n-1)} \\ \vdots & \vdots & \vdots & \vdots \\ y_{m1} & y_{m2} & \cdots & y_{m(n-1)} \end{bmatrix} \tag{7.10}$$

式中，m 为每个数据集的长度。则其对应的协方差矩阵为

$$\boldsymbol{C} = \mathrm{cov}(\boldsymbol{Y}) = \begin{bmatrix} c_{11} & c_{12} & \cdots & c_{1(n-1)} \\ c_{21} & c_{22} & \cdots & c_{2(n-1)} \\ \vdots & \vdots & \vdots & \vdots \\ c_{m1} & c_{m2} & \cdots & c_{m(n-1)} \end{bmatrix} \tag{7.11}$$

式中，cov($\boldsymbol{Y}$)为协方差计算方程；当 $i=j$ 时，c_{ij} 为不同数据集的相对误差，当 $i \neq j$ 时，c_{ij} 为协方差估量。

Galindo 和 Palacio (1999)引入构成如下关系的 $n \times n$ 噪声协方差对称阵 $\boldsymbol{C}$:

$$\boldsymbol{C} = \boldsymbol{B} \cdot \boldsymbol{R} \cdot \boldsymbol{B}^{\mathrm{T}} \tag{7.12}$$

式中，$\boldsymbol{B}$ 为矩阵：

$$\boldsymbol{B}_{n-1,n} = \begin{bmatrix} 1 & 0 & \cdots & 0 & -1 \\ 0 & 1 & \cdots & 0 & -1 \\ \vdots & \vdots & \vdots & \vdots & \vdots \\ 0 & 0 & 0 & \cdots & -1 \end{bmatrix} \tag{7.13}$$

矩阵 $\boldsymbol{R}$ 可表示为

$$\boldsymbol{R} = \begin{bmatrix} r_{11} & r_{12} & \cdots & r_{1n} \\ r_{21} & r_{22} & \cdots & r_{2n} \\ \vdots & \vdots & \vdots & \vdots \\ r_{1n} & r_{2n} & \cdots & r_{nn} \end{bmatrix} \tag{7.14}$$

最终，矩阵 $\boldsymbol{R}$ 的求解可以通过 Kuhn-Tucher 理论得到(Galindo and Palacio, 1999)，该矩阵对应的对角元素的均方值即为对应输入数据集的相对误差。

7.3 结 果 分 析

7.3.1 中性整体传热系数与蒸发比的估算与验证

由前文可知，中性整体传热系数 C_{HN} 和蒸发比 EF 是变分数据同化方法的关

键未知参数，地表蒸散发的估算精度也主要依赖于这些未知参量反演的可靠性。图 7.1 展示了模型优化的 C_{HN} 在 2013 年生长季(5～9 月)随叶面积指数(LAI)的变化。总体上看，C_{HN} 与植被物候展现出良好的一致性。在植被生长前期(5～8 月)，C_{HN} 估算值随着叶面积指数的增加而增加，并在 8 月达到最大值。在植被生长后期(9 月)，随着植被的衰败和死亡，C_{HN} 估算值逐渐降低。同时，在叶面积指数(LAI)较高的区域(森林)，模型估算的 C_{HN} 均高于其他区域(草地、农田和裸地)。裸地区域由于植被稀疏，模型估算的 C_{HN} 也最低。这表明变分数据同化系统可以在不引入物候信息的情况下，仅由地表温度观测就可反演 C_{HN}。

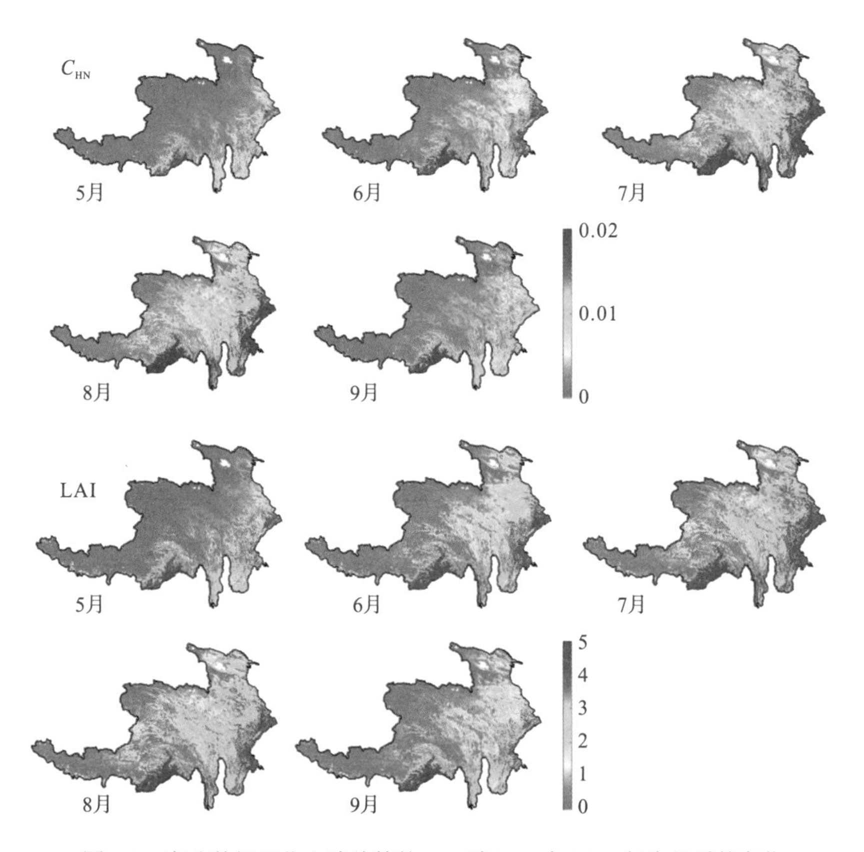

图 7.1　变分数据同化方法估算的 C_{HN} 随 LAI 在 2013 年生长季的变化

土壤水分是蒸发比(EF)的关键指标(Dirmeyer et al.，2000；Gentine et al.，2007；Bateni et al.，2013b)，因此，变分数据同化方法估算的 EF 值应与土壤水分的空间格局一致。图 7.2 展示了模型估算的 EF 值随土壤水分的空间分布在 2013 年生长季中的变化。如图 7.2 所示，模型估算的 EF 值可以很好地捕捉土壤水分的变化。当有降水发生时，EF 值急剧升高。例如，在西南河流源区中部地区，由于第 188

天降水事件的发生导致第 189 天土壤水分升高，从而使模型估算的 EF 升高。同时，由于土壤水分和植被覆盖的变化，模型估算的 EF 与土壤水分表现出一致的南北空间差异。在西南河流源区的南部，由于较高的降水和密集的植被覆盖，EF 较高；在西南河流源区的北部和西部地区，由于土壤水分和植被覆盖度的下降，模型估算的 EF 值逐渐降低。

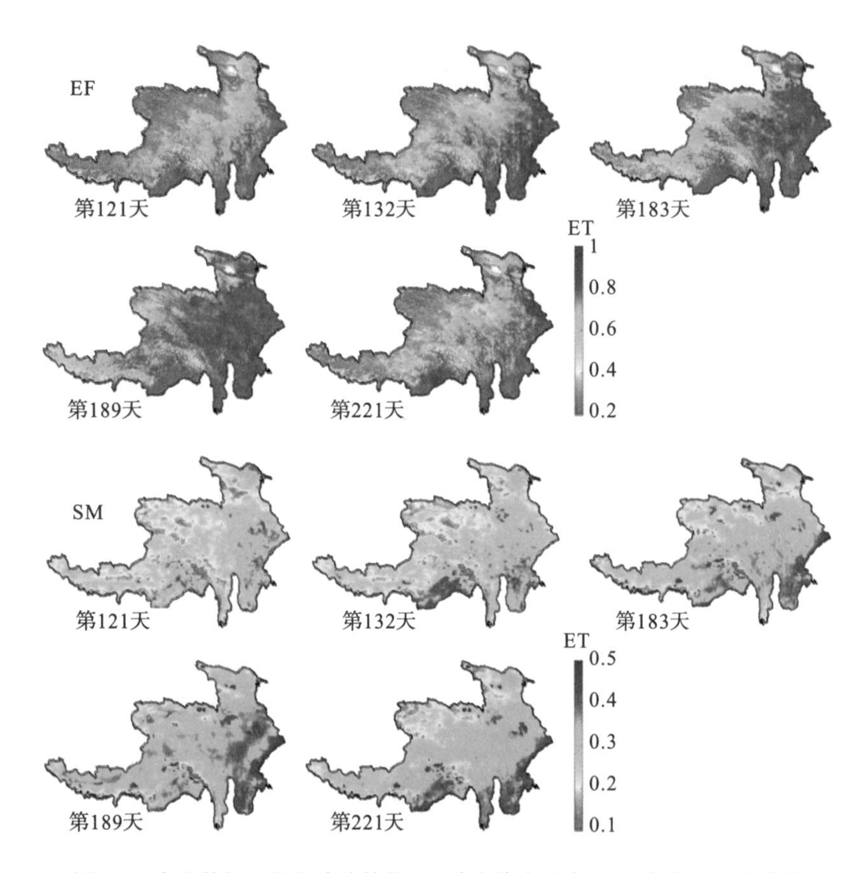

图 7.2 变分数据同化方法估算的 EF 随土壤水分在 2013 年生长季的变化

7.3.2 地表蒸散发估算结果检验

图 7.3 比较了 4 个站点模型估算的逐日蒸散发模拟值与实地测量值。由图 7.3 可以看出，变分数据同化方法估算的地表蒸散发与地面站点的观测值之间的一致性较好，基本落在 1∶1 线周围。模型估算值与观测值之间不匹配主要是因为模型中假设(土壤热传导率 P 和热容量 C 为定值)EF 在日尺度上为定值，C_{HN} 在月尺度上为定值。4 个站点水热通量估算结果的统计信息在表 7.1 中给出。其中，模型估算的地表蒸散发 4 个站点平均的 MAPE 和 RMSE 分别为 24.04%和 0.85 mm。较

低的 MAPE 和 RMSE 表明，变分数据同化方法可以准确地估算地表蒸散发。

表 7.1　变分数据同化方法模拟的地表蒸散发在 4 个站点的精度统计

站点	MAPE/%	RMSE/mm	R^2
当雄站	22.68	0.95	0.41
林芝站	21.22	0.89	0.66
那曲站	21.00	0.90	0.45
珠峰站	31.25	0.64	0.57
平均	24.04	0.85	0.52

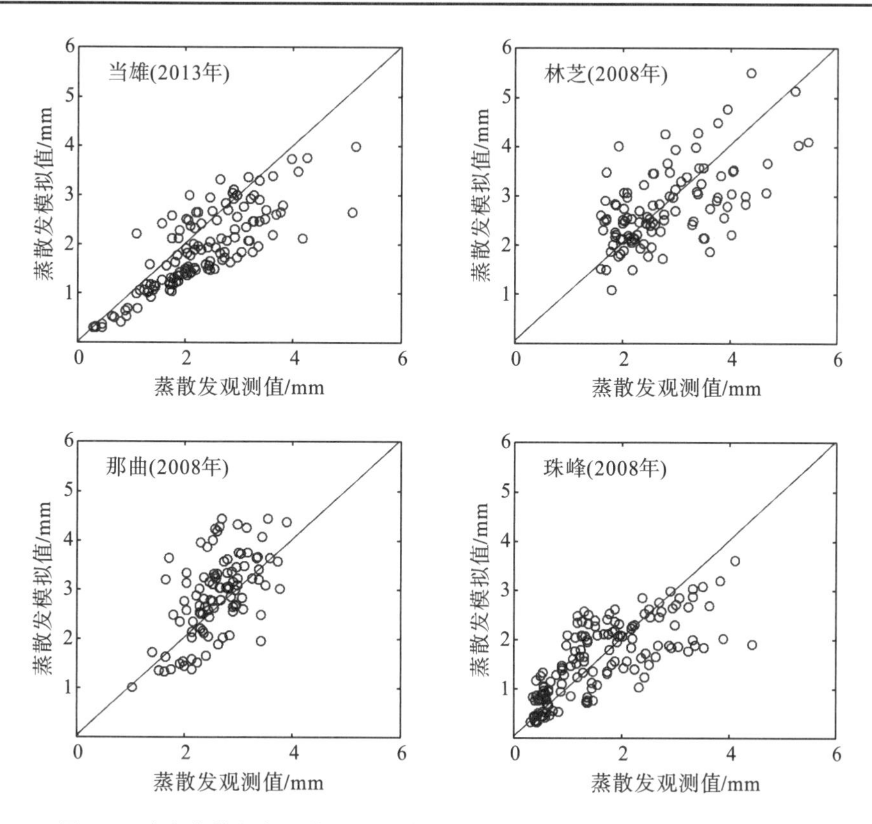

图 7.3　地表蒸散发变分数据同化模拟值与地面观测值在 4 个站点的散点图

图 7.4 比较了 4 个站点模型估算的日 ET 的时间序列。可以看出，模型估算结果与观测数据的量级和逐日动态一致性较好，说明同化全天候地表温度数据可以准确地给出可利用能量到感热与潜热通量的分配。但是，在湿润时期(如当雄站点积日 200～240，那曲站点积日 200～240)，水热通量的估算结果变差。

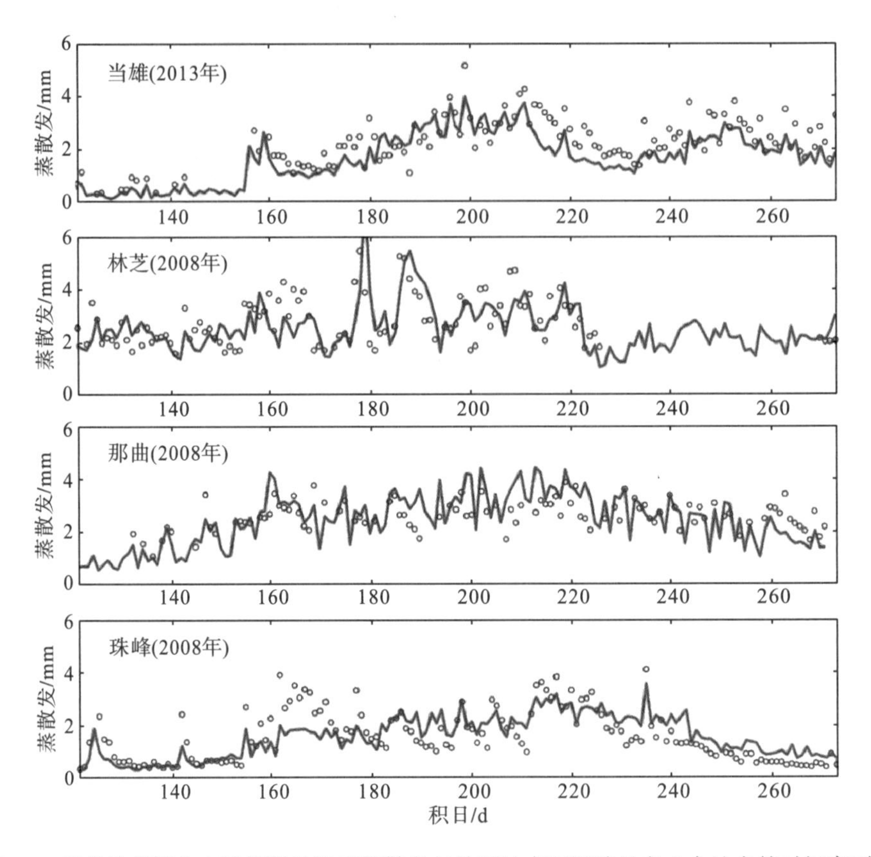

图 7.4 变分数据同化方法模拟的地表蒸散发与地面站点观测结果在 4 个站点的时间序列图

7.3.3 地表蒸散发估算结果空间合理性分析

根据 2013 年生长季节(5～9 月)西南河流源区地表蒸散发时空分布图(图 7.5)可以看出，地表蒸散发在 5～7 月随着植被的生长而逐渐增加，在 8～9 月随着植被的衰减而逐渐降低。西南河流源区各下垫面地表蒸散发高峰期基本出现在 7～8 月，高值区域出现在南部的林地和中部的草地，低值区域出现在土壤水分较低的西北区域。整体上看，源区的地表蒸散发量呈现明显的南北变化，这与源区的植被覆盖度相符。

图 7.6 展示了西南河流源区 5 种下垫面类型(森林、农田、草地、灌丛和裸地)地表蒸散发在 5～9 月的变化。由图 7.6 可以看出，地表蒸散发随着植被的生长呈现出季节性变化。随着植被的生长蒸散发逐渐增加，在 7 月达到最大值，之后随着作物的衰败而逐渐下降。由于裸地植被覆盖稀疏，蒸散发量的季节性变化强度较弱。由图 7.6 也可以看出，森林下垫面的蒸散发量较高，这是由于森林下垫面相较于其他下垫面植被覆盖度高。与之相反，裸地下垫面植被稀疏且土壤含水量

低，蒸散发量也最低。值得注意的是，草地下垫面的蒸散发值呈现出较大的变异性，这是因为西南河流源区下垫面类型主要为草地，广阔的草地面积导致草地下垫面地表水热异质性较大。

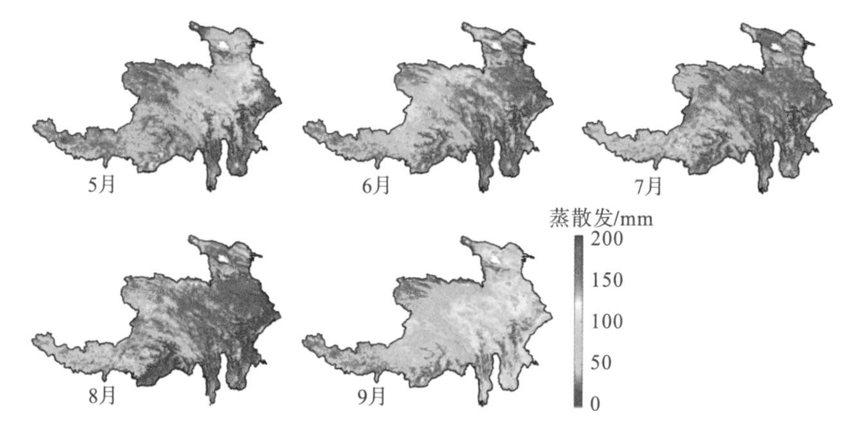

图 7.5　利用变分数据同化方法模拟的西南河流源区地表蒸散发 2013 年季节变化特征

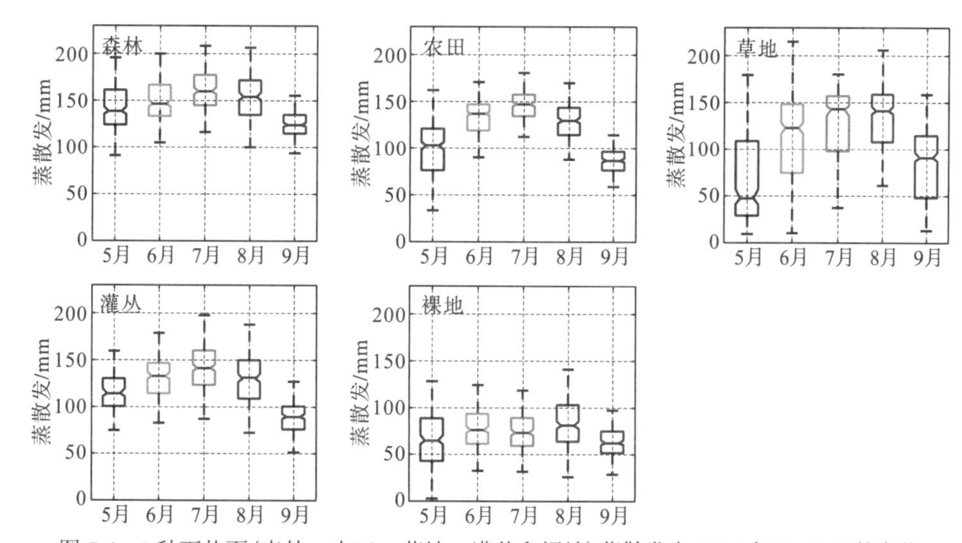

图 7.6　5 种下垫面(森林、农田、草地、灌丛和裸地)蒸散发在 2013 年 5～9 月的变化

图 7.7 展示了 2013 年西南河流源区土地覆被类型、5～9 月降水和地表蒸散发随海拔的变化。植被覆盖度较高的区域主要集中在海拔 0～4500 m。随着海拔的增加，土地利用类型呈现从植被到冰雪的梯度变化。其中，森林主要集中在海拔 1～1000 m，而藏东南区域森林则主要集中在 1～3000 m；草地主要集中在海拔 3000～5000 m；冰雪主要覆盖在海拔 6500 m 以上的区域。由图 7.7 可以看出，地表蒸散发的海拔变化与植被覆盖类型展现出较强的一致性。由于植被覆盖密度随着海拔的增加而降低，地表蒸散发也随着海拔的增加而降低，同时，该区域的降

水也随着海拔的增加而逐渐减少，这主要是因为西南河流源区多为山地，降水产生的径流从高海拔区域流向低海拔区域。同时也可以看出，该区域的降水量远大于蒸散量，大部分的降水都转化为径流。

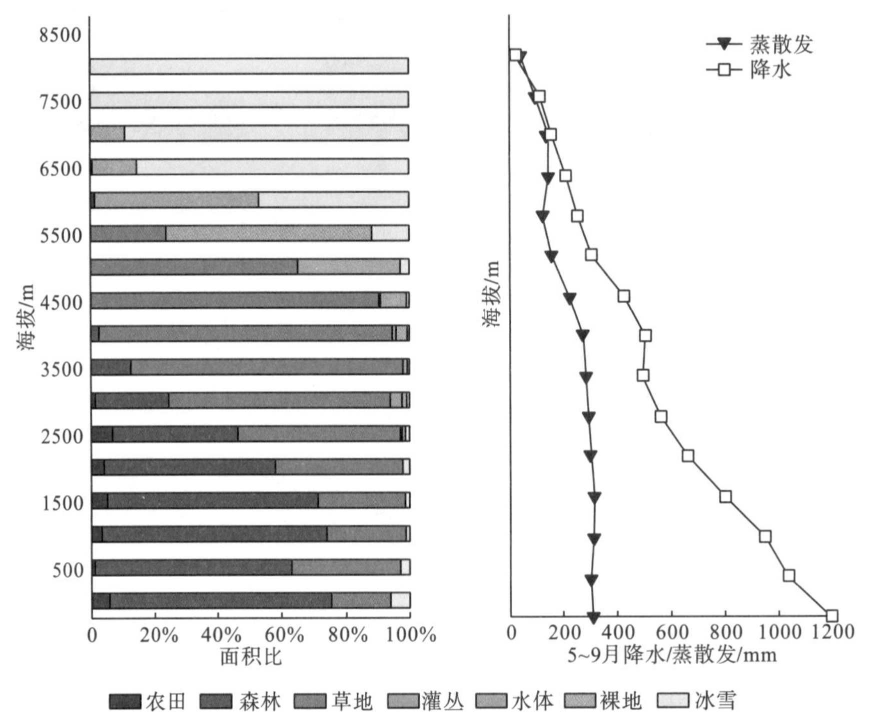

图 7.7 2013 年西南河流源区土地覆被类型、降水、地表蒸散发(5～9 月)随海拔的变化

7.3.4 基于 TCH 方法的地表蒸散发相对误差评估

图 7.8 展示了西南河流源区模型模拟蒸散发和其他两种产品(GLASS ET 与 MOD16 ET 产品)的比较情况。可以看出，基于变分数据同化方法估算的地表蒸散发(VDA ET)与其他两种产品有良好的空间一致性。由图 7.8 可以看出，GLASS 和 MOD16 蒸散发产品比基于变分数据同化方法的结果更加平滑，这是因为 GLASS 和 MOD16 的蒸散发产品基于全球尺度，其驱动数据的空间分辨率较粗。而变分数据同化的蒸散发产品能更好地捕捉地表特征的变化，这说明变分数据同化方法能更加充分地利用地表温度观测数据。同时，本章基于 TCH 方法对 3 种产品的相对误差进行评估。结果表明，相比 MOD16 和 GLASS 产品，基于变分数据同化方法模拟的地表蒸散发具有更小的相对误差；由于受云的影响，GLASS 和 MOD16 产品在西南河流源区西南区域的相对误差较大。同时，由于变分数据同化方法充分考虑了云覆盖区域地表温度的影响，使得其模拟的地表蒸散发在云覆盖

区域的相对误差显著降低。总体来看，变分数据同化方法通过同化全天候地表温度数据降低了模型模拟的相对误差，进而能够得到更加精确的地表蒸散发。

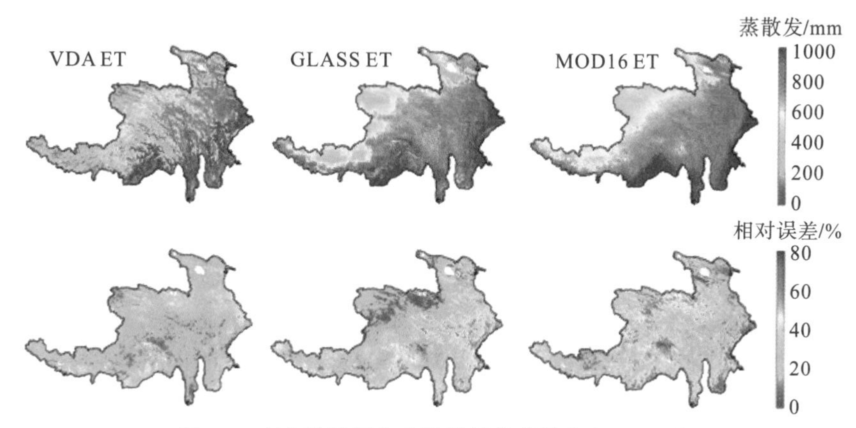

图 7.8　变分数据同化方法模拟的蒸散发(VDA ET)
与其他产品(GLASS ET 和 MOD16 ET)的比较及其相对误差

为了进一步评估模型模拟不确定性在不同叶面积指数和土壤水分条件下的表现，图 7.9 展示了上述 3 种地表蒸散发产品不确定性随土壤水分和叶面积指数的变化情况。由图 7.9 可以看出，3 种产品的相对误差随着土壤水分和叶面积指数的增加而增大，植被茂密且土壤水分较多区域的相对误差要高于植被稀疏、土壤水分较少区域。这是因为在植被浓密或土壤水分较多的区域，模型模拟主要受大气状态变量控制(如空气温度和相对湿度)；而在植被稀疏和土壤水分较少的区域，模型模拟受地表特征量(如地表温度和叶面积指数)的控制(Shokri et al., 2008a，2008b)。同时，在不同的植被覆盖度和土壤含水量条件下，基于变分数据同化方法模拟地表蒸散发的相对误差较低。

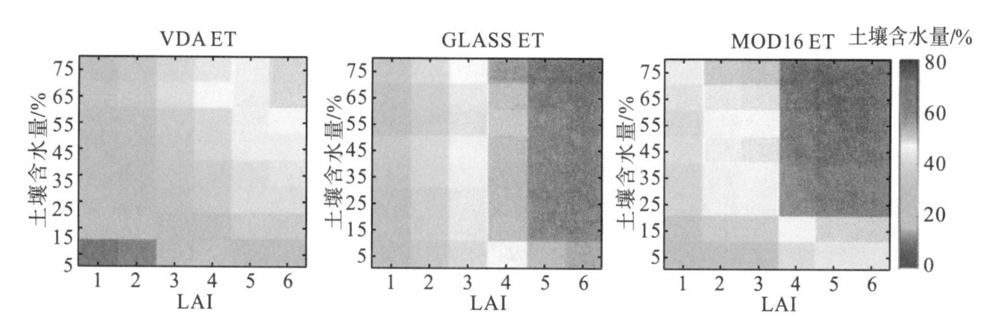

图 7.9　变分数据同化模型模拟蒸散发(VDA ET)与其他产品(GLASS ET 和 MOD16 ET)的相对误差随叶面积指数(LAI)和土壤含水量的变化情况

7.4 小　结

本章通过同化全天候地表温度数据到变分数据同化框架当中，以估算地表蒸散发。变分数据同化框架的关键未知参数为中性整体传热系数(C_{HN})和蒸发比(EF)。通过变分数据同化模型最小化地表温度估算值(由热传导方程获得)和观测值(MODIS 和全天候地表温度)之间的差异，求解月 C_{HN} 与日 EF 的最优值，并据此估算地表蒸散发。

本章对变分数据同化框架在西南河流源区进行测试。结果表明，模型模拟的 C_{HN} 值与植被物候表现出较好的一致性。同时，在植被覆盖度较高的区域(森林)，模型估算的 C_{HN} 值要高于稀疏植被覆盖的区域(裸地)。EF 的估算值较强地表征了土壤水分的变化，在降水事件发生后 EF 会随着土壤水分的增加而急剧升高，尽管模型并未使用降水或土壤水分数据。这些结果表明，同化全天候地表温度序列可以提供可利用能量到感热和潜热通量分配的信息。

本章选用 4 个站点对变分数据同化框架进行验证，模型估算的地表蒸散发 4 个站点平均的 MAPE 和 RMSE 为 24.04%和 0.85 mm。水热通量的估算值和观测值之间的不匹配主要是由模型中的一些假设(土壤热传导率 P 和热容量 C 为定值，EF 在日尺度上为定值，C_{HN} 在月尺度上为定值等)以及观测潜热通量时的误差导致。本章还将基于变分数据同化方法模拟的地表蒸散发与其他两种产品(GLASS ET 和 MOD16 ET)进行了比较，并用 TCH 方法评估了 3 种产品的相对误差。结果表明，基于变分数据同化方法得到的地表蒸散发产品与其他产品展现出较为一致的空间格局，且其相对误差较小。在植被覆盖浓密或土壤含水量较高的区域，模型模拟的误差相对较高；在植被覆盖稀疏或土壤含水量相对较低的区域，模型模拟的误差相对较低。

参考文献

Abdolghafoorian A, Farhadi L, Bateni S M, et al, 2017. Characterizing the effect of vegetation dynamics on the bulk heat transfer coefficient to improve variational estimation of surface turbulent fluxes[J]. Journal of Hydrometeorology., 18(2): 321-333.

Anderson M C, Norman J M, Diak G R, et al, 1997. A two-source time-integrated model for estimating surface fluxes using thermal infrared remote sensing[J]. Remote Sensing of Environment, 60(2): 195-217.

Bateni S M, Entekhabi D, 2012a. Relative efficiency of land surface energy balance components[J]. Water Resources Research, 48(4), doi: 10. 1029/2011WR011357.

Bateni S M, Entekhabi D, 2012b. Surface heat flux estimation with the ensemble Kalman smoother: Joint estimation of state and parameters[J]. Water Resources Research, 48(8), doi: 10. 1029/2011WR011542.

Bateni S M, Entekhabi D, Castelli F, 2013b. Mapping evaporation and estimation of surface control of evaporation using remotely sensed land surface temperature from a constellation of satellites[J]. Water Resources Research, 49(2): 950-968.

Bateni S M, Entekhabi D, Jeng D S, 2013a. Variational assimilation of land surface temperature and the estimation of surface energy balance components[J]. Journal of Hydrology, 481: 143-156.

Caparrini F, Castelli F, Entekhabi D, 2003. Mapping of land-atmosphere heat fluxes and surface parameters with remote sensing data[J]. Boundary-Layer Meteorology, 107(3): 605-633.

Crow W T, Kustas W P, 2005. Utility of assimilating surface radiometric temperature observations for evaporative fraction and heat transfer coefficient retrieval[J]. Boundary-Layer Meteorology, 115(1): 105-130.

Dirmeyer P A, Zeng F J, Ducharne A, et al, 2000. The sensitivity of surface fluxes to soil water content in three land surface schemes[J]. Journal of Hydrometeorology, 1(2): 121-134.

Fang Y, Sun G, Caldwell P, et al, 2016. Monthly land cover-specific evapotranspiration models derived from global eddy flux measurements and remote sensing data[J]. Ecohydrology, 9(2): 248-266.

Fisher J B, Tu K P, Baldocchi D D, 2008. Global estimates of the land-atmosphere water flux based on monthly AVHRR and ISLSCP-II data, validated at 16 FLUXNET sites[J]. Remote Sensing of Environment, 112(3): 901-919.

Galindo F J, Palacio J, 1999. Estimating the Instabilities of N Correlated Clocks[R]. Real Observatorio Dela Armada (Spain).

Gentine P, Entekhabi D, Chehbouni A, et al, 2007. Analysis of evaporative fraction diurnal behaviour[J]. Agricultural and Forest Meteorology, 143(1-2): 13-29.

Gray J E, Allan D W, 1974. A method for estimating the frequency stability of an individual oscillator[C]//IEEE International Frequency Control Symposium: 243-246.

He X L, Xu T R, Bateni S M, et al, 2018. Evaluation of the weak constraint data assimilation approach for estimating turbulent heat fluxes at six sites[J]. Remote Sensing, 10(12): 1994.

Hu Z, Islam S, 1995. Prediction of ground temperature and soil moisture content by the force-restore method[J]. Water Resources Research, 31(10): 2531-2539.

Jackson R D, Reginato R J, Idso S B, 1977. Wheat canopy temperature-practical tool for evaluating water requirements[J]. Water Resources Research, 13(3): 651-656.

Jensen N O, Hummelshøj P, 1995. Derivation of canopy resistance for water vapour fluxes over a spruce forest, using a new technique for the viscous sublayer resistance[J]. Agricultural and Forest Meteorology, 73(3-4): 339-352.

Jia L, Xi G, Liu S, et al, 2009. Regional estimation of daily to annual regional evapotranspiration with MODIS data in the Yellow River Delta wetland[J]. Hydrology and Earth System Sciences, 13(10): 1775-1787.

Kustas W P, Norman J M, 1996. Use of remote sensing for evapotranspiration monitoring over land surfaces[J]. Hydrological Sciences Journal-Journal Des Sciences Hydrologiques, 41(4): 495-516.

Liang S, Zhao X, Liu S, et al, 2013. A long-term global l and surface satellite (GLASS) data-set for environmental studies[J]. International Journal of Digital Earth, 6(1): 5-33.

Liu S M, Xu Z W, Wang W Z, et al, 2011. A comparison of eddy-covariance and large aperture scintillometer measurements with respect to the energy balance closure problem[J]. Hydrology and Earth System Sciences, 15(4): 1291-1306.

Liu S M, Xu Z W, Zhu Z L, et al, 2013. Measurements of evapotranspiration from eddy-covariance systems and large aperture scintillometers in the Hai River Basin, China[J]. Journal of Hydrology, 487(9): 24-38.

Liu S, Lu L, Mao D, et al, 2007. Evaluating parameterizations of aerodynamic resistance to heat transfer using field measurements[J]. Hydrology and Earth System Sciences, 11(2): 769-783.

Ma Y F, Liu S M, Song L S, et al, 2018. Estimating daily evapotranspiration and irrigation water efficiency at a Landsat-like scale using multi-source remote sensing data for a semi-arid irrigation area[J]. Remote Sensing of Environment, 216: 715-734.

Ma Y, Hu Z, Xie Z, et al, 2020. A long-term (2005-2016) dataset of hourly integrated land-atmosphere interaction observations on the Tibetan Plateau[J]. Earth System Science Data, 12(4): 2937-2957.

Mallick K, Jarvis A J, Boegh E, et al, 2014. A surface temperature initiated closure (STIC) for surface energy balance fluxes[J]. Remote Sensing of Environment, 141(5): 243-261.

Mallick K, Jarvis A J, Fisher J B, et al, 2013. Latent heat flux and canopy conductance based on Penman-Monteith, Priestly-Taylor equation, and Bouchets complementary hypothesis[J]. Journal of Hydrometeorology, 14(2): 419-442.

Mcnaughton K G, van den Hurk B J J M, 1995. A 'Lagrangian' revision of the resistors in the two-layer model for calculating the energy budget of a plant canopy[J]. Boundary-Layer Meteorology, 74(3): 261-288.

Norman J M, Kustas W P, Humes K S, 1995. Source approach for estimating soil and vegetation energy fluxes in observations of directional radiometric surface temperature[J]. Agricultural and Forest Meteorology, 77(3): 263-293.

Qualls R J, Brutsaert W, 1996. Effect of vegetation density on the parameterization of scalar roughness to estimate spatially distributed sensible heat fluxes[J]. Water Resources Research, 32(3): 645-652.

Shokri N, Lehmann P, Vontobel P, et al, 2008a. Drying front and water content dynamics during evaporation from sand delineated by neutron radiography[J]. Water Resources Research, 44(6): W06418.

Shokri N, Lehmann P D, 2008b. Characteristics of evaporation from partially wettable porous media[J]. Water Resources Research, 45(2): W02415.

Song L S, Liu S M, Kustas W P, et al, 2018. Monitoring and validating spatially and temporally continuous daily evaporation and transpiration at river basin scale[J]. Remote Sensing of Environment, 219: 72-88.

Tavella P, Premoli A, 1994. Estimating the instabilities of N clocks by measuring differences of their readings[J]. Metrologia, 30(5): 479.

Wang K C, Liang S L, 2008. An improved method for estimating global evapotranspiration based on satellite determination of surface net radiation, vegetation index, temperature, and soil moisture[J]. Journal of Hydrometeorology, 9(4): 712-727.

Wang K C, Wang P, Li Z Q, et al, 2007. A simple method to estimate actual evapotranspiration from a combination of net radiation, vegetation index, and temperature[J]. Journal of Geophysical Research: Atmospheres, 112(D15): D15107.

Williams I N, Lu Y, Kueppers L M, et al, 2016. Land-atmosphere coupling and climate prediction over the US Southern Great Plains[J]. Journal of Geophysical Research: Atmospheres, 121 (20) : 12125-12144.

Xiao Z Q, Liang S, Wang J D, et al, 2014. Use of general regression neural networks for generating the GLASS leaf area index product from time-series MODIS surface reflectance[J]. IEEE Transactions on Geoscience and Remote Sensing, 52 (1) : 209-223.

Xu T R, Bateni S M, Liang S, 2015b. Estimating turbulent heat fluxes with a weak-constraint data assimilation scheme: A case study（HiWATER-MUSOEXE）[J]. Remote Sensing, 12 (1) : 68-72.

Xu T R, Bateni S M, Liang S, et al, 2014. Estimation of surface turbulent heat fluxes via variational assimilation of sequences of land surface temperatures from Geostationary Operational Environmental Satellites[J]. Journal of Geophysical Research: Atmospheres, 119 (18) : 10780-10798.

Xu T R, Bateni S M, Margulis S A, et al, 2016. Partitioning evapotranspiration into soil evaporation and canopy transpiration via a two-source variational data assimilation system[J] Journal of Hydrometeorology, 17 (9) : 2353-2370.

Xu T R, He X L, Bateni S M, et al, 2019. Mapping regional turbulent heat fluxes via variational assimilation of land surface temperature data from polar orbiting satellites[J]. Remote Sensing of Environment, 221: 444-461.

Xu T R, Liang S, Liu S, 2011b. Estimating turbulent fluxes through assimilation of geostationary operational environmental satellites data using ensemble Kalman filter[J]. Journal of Geophysical Research: Atmospheres, 116 (D9) : D09109.

Xu T R, Liu S M, Liang S, et al., 2011a. Improving predictions of water and heat fluxes by assimilating MODIS land surface temperature products into common land model[J]. Journal of Hydrometeorology, 12 (2) : 227-244.

Xu T R, Liu S M, Xu Z W, et al, 2015a. A dual-pass data assimilation scheme for estimating surface fluxes with FY3A-VIRR land surface temperature[J]. Science China Earth Sciences, 58 (2) : 211-230.

Yao Y, Liang S, Li X, et al, 2014. Bayesian multimodel estimation of global terrestrial latent heat flux from eddy covariance, meteorological, and satellite observations[J]. Journal of Geophysical Research: Atmospheres, 119 (8) : 4521-4545.

Zhang Q, Wang S, Barlage M, et al, 2011. The characteristics of the sensible heat and momentum transfer coefficients over the Gobi in Northwest China[J]. International Journal of Climatology, 31 (4) : 621-629.

Zhang X, Zhou J, Göttsche F-M, et al, 2019. A method based on temporal component decomposition for estimating 1-km all-weather land surface temperature by merging satellite thermal infrared and passive microwave observations[J]. IEEE Geoscience and Remote Sensing Letters, 57 (7) : 4670-4691.

Zhang Y, Peña-Arancibia J L, McVicar T R, et al, 2016. Multi-decadal trends in global terrestrial evapotranspiration and its components[J]. Scientific Reports, 6 (1) : 19124.

Zhu W, Jia S, Lv A, 2017. A universal Ts-VI triangle method for the continuous retrieval of evaporative fraction from MODIS products[J]. Journal of Geophysical Research: Atmospheres, 122 (19) : 10206-10227.

第 8 章　地表蒸散发的时空特征

目前，国内外与西南河流源区地表蒸散发有关的研究主要集中在源区所处的青藏高原，包括区域蒸散发模拟估算、潜在蒸散发的时空特征分析(Wang et al.，2018；Zhu et al.，2013；Zou et al.，2018)和采用水量平衡法进行流域尺度蒸散发估算等(Li et al.，2014；Xue et al.，2013)。这些研究的主要目的是探究和发展适用于青藏高原或高原特殊生态系统的地表蒸散发算法或模型，少数研究开展了青藏高原的地表蒸散发时空变化特征分析。例如，Peng 等(2016)交叉比较了 6 种地表蒸散发产品在青藏高原的时空特征，发现 HOLAPS(high resolution land atmosphere parameters from space)产品和 LandFlux-EVAL 产品的空间格局有相似之处，其他产品($SEBS_{SRB\text{-}PU}$、$SEBS_{Chen}$、$PT_{SRB\text{-}PU}$和 $PM_{SRB\text{-}PU}$)则表现出不同的空间格局，但所有产品都可以很好地捕捉蒸散发的季节性变化；尹云鹤等(2012)发现青藏高原大部分地区的实际蒸散发在过去三十年呈上升趋势，主要受降水增加的影响；Gu 等(2008)发现青藏高原高寒草甸的蒸散发主要受降水的影响；Song 等(2017)发现青藏高原的地表蒸散发从东南向西北逐渐减少，相对湿度是青藏高原西北部地表蒸散发变化的主导因子。然而，当前针对青藏高原特别是西南河流源区地表蒸散发时空变化的研究总体上还较少。

地表蒸散发在水资源管理中有着广泛的应用，在气候变化的背景下，水热条件的改变对西南河流源区生态格局分布和能源分配利用有着深刻的影响。本章对西南河流源区地表蒸散发的时空特征进行针对性的研究，探究不同流域地表蒸散发的差异及其相关因子，以揭示西南河流源区地表蒸散发的时空分布特征及其影响因素(温馨等，2020)。

8.1　研 究 数 据

本章对西南河流源区地表蒸散发时空特征进行分析，主要基于第 6 章生成的西南河流源区长时间序列的全天候地表蒸散发数据集。将该全天候地表蒸散发(all-weather ET)简称为 AWET。为对比，收集了覆盖西南河流源区的 4 种地表蒸散发产品，包括 ETChen(Chen et al.，2014)、MOD16(Mu et al.，2011)、全球陆地蒸发阿姆斯特丹模型(global land evaporation amsterdam model，GLEAM)

(Miralles et al.，2011) 和 ETMonitor (Hu and Jia，2015)，这些产品的信息如表 8.1 所示。将这些产品预处理后合成到月、年尺度上进行分析。

表 8.1　本章使用的 5 种地表蒸散发产品的基本信息

产品名称	时间分辨率	空间分辨率
ETChen	逐日	0.05°
MOD16	8 天合成	500m
GLEAM	逐日	0.25°
ETMonitor	逐日	1 km
AWET	逐日	1 km

Chen 等 (2014) 基于 SEBS 模型优化形成了 ETChen 模型，该模型基于输入的空气温度与遥感地表温度来获得地气温差并进行感热计算，另外通过一个基于植被覆盖度的动态热量传输附加阻尼 kB^{-1} 模型改进了空气动力学阻抗中附加阻抗计算。

MOD16 产品的算法是由 Mu 等 (2011) 提出的，主要基于物理机制明确的 Penman-Monteith 公式建立，结合遥感技术提供的地表特征参数，已应用于全球地表蒸散发的估算，其发布的全球地表蒸散发产品（不包含城镇、水体和非植被地表类型）时间分辨率为 8 天/月/年，空间分辨率 1km/500m，是当前区域及全球地表蒸散发时空特征分析的重要遥感数据产品之一。该产品由蒙大拿大学密苏拉分校地球动态数值模拟研究组制作，其主要输入变量包括气象数据、FPAR (光合有效辐射吸收比例) 和 LAI 数据集以及一些辅助数据 (如土壤成分) 等。

GLEAM 产品由荷兰阿姆斯特丹大学研发，该产品以 Priestley-Taylor 公式为核心，将降水、土壤湿度以及植被光学深度等参数作为控制蒸散发的限制条件，并考虑土壤水分胁迫和降雨截留损失等，生成了全球范围 0.25°×0.25° 逐日蒸散发 (Martens et al.，2017)。该模型计算所用的数据主要来源于卫星观测，包括 PERSIANN 降水量数据、NASA-LPRM 的土壤水分和植被光学厚度数据、ERA-Interim 辐射通量、AIRS 气温数据、NSIDC 雪水当量数据等。

ETmonitor 是由 Hu 等 (2015) 提出的一种适用于全地表类型的地表蒸散发计算方案。该方案对不同土地覆盖类型的蒸散发分别进行估算，包括：①水面蒸发采用 Penman 公式来计算；②冰雪升华采用世界气象组织推荐的 Kuzmin 公式来计算；③对于植被与土壤组成的混合下垫面，土壤蒸发与植被蒸腾的计算基于 Shuttleworth 与 Wallace (1985) 的双源模型方案，植被冠层的截留降水的蒸发估算所采用的是 RS-Gash 模型 (Cui et al.，2014；Cui et al.，2014)。

在地表蒸散发与气象因子的关系分析中，气象参数来自“中国区域地面气象要素数据集”，相关内容已在第 3 章等进行了描述。使用的具体参数包括近地面气温、近地面空气比湿和地面降水率(单位：mm/h，3 小时平均降水率)。将降水率与时间相乘求出降水量，最后将各数据处理到月尺度。

8.2　研 究 方 法

由于不同地表蒸散发产品具有不同的时空分辨率，难以采用地面直接检验的方式对其进行对比。考虑到降水与地表蒸散发关系密切，因此首先将降水数据作为辅助，从西南河流源区的空间分布合理性的角度对五种地表蒸散发产品进行对比分析。其次，选用较为合理的地表蒸散发产品，分析西南河流源区地表蒸散发的时空变化及影响因子。利用两种不同类型的经验正交分解方法，分别分析源区地表蒸散发的时间特征和空间特征。为进一步分析影响流域地表蒸散发的气象因子，基于偏相关分析方法对流域的地表蒸散发与三种气象参数分别进行分析。

8.2.1　经验正交分解

经验正交分解(empirical orthogonal function，EOF)方法由 Pearson 提出，20 世纪 50 年代 Lorenz 将该方法引入大气科学领域，随后被广泛应用至今。EOF 方法能对要素场进行时空分解，成为大气、海洋以及地球物理科学分析中的有力工具。由于提供了空间高密度覆盖的地表信息，具有固定时间间隔并提供了空间高密度覆盖地表信息的遥感产品进行 EOF 分析的良好数据源。在进行 EOF 分解之前，首先需要将时间序列的遥感参数转为矩阵 $\boldsymbol{X}_{mn}$，其中 m 为某个时间断面的遥感图像的像元数，n 为时间维上的元素数目(即遥感图像数目)。矩阵 $\boldsymbol{X}_{mn}$ 中的元素可以表示为以下线性组合(魏凤英，2007)：

$$x'_{ij}=\sum_{k=1}^{m}v_{ik}t_{kj}=v_{i1}t_{1j}+v_{i2}t_{2j}+\cdots+v_{im}t_{mj} \tag{8.1}$$

式中，v 为空间模态；t 为时间系数。

式(8.1)可以表示为矩阵的形式：

$$\boldsymbol{X}_{mn}=\boldsymbol{V}_{mp}\boldsymbol{T}_{pn} \tag{8.2}$$

式中，$\boldsymbol{V}$ 为空间模态矩阵，其每一列可转为与原始遥感图像尺寸一致的二维图像；$\boldsymbol{T}$ 为时间系数矩阵，其每一行为与空间模态对应的时间系数数组，该数组的每个元素均反映了对应空间模态在时间维上的幅度。

在进行 EOF 分解前，Paden 等(1991)提出了两种对数据的距平处理方法：时间距平和空间距平。空间距平在一定程度上可反映要素场的空间分布特点，描述一些持久性的特征(Lagerloef and Bernstein，1988)。在空间距平的基础上进行的

EOF 分析又称为梯度经验正交分解(Gradient EOF)(Lagerloef and Bernstein，1988)。对原始数据去空间距平，矩阵 $\boldsymbol{X}_{mn}$ 的各元素值为

$$x'_{ij}=x_{ij}-\frac{1}{m}\sum_{k=1}^{m}x_{kj}\quad (i=1,2,\cdots,m;j=1,2,\cdots,n) \tag{8.3}$$

在时间距平基础上进行的 EOF 分解又称为协方差经验正交分解(Covariance EOF)，时间距平得到的时间系数可以反映相应空间模态随时间的权重变化。对原始数据去空间距平，矩阵 $\boldsymbol{X}_{mn}$ 的各元素值为

$$x'_{ij}=x_{ij}-\frac{1}{n}\sum_{k=1}^{n}x_{ik}\quad (i=1,2,\cdots,m;j=1,2,\cdots,n) \tag{8.4}$$

EOF 分解的结果只有通过了检验才有效。North 等(1982)的研究指出，95%置信度水平下的特征根误差为

$$\Delta\lambda=\lambda\sqrt{\frac{2}{N^*}} \tag{8.5}$$

式中，λ为特征根；N^*为数据的有效自由度。

将 λ 按顺序代入式(8.5)，依次检查，并且标记误差范围。当相邻两个特征值 λ_j 和λ_{j+1} 没有重叠时，这两个特征值是有差别的；如果前后两个特征值的误差范围有重叠部分，则认为它们没有显著差别。

本章使用的地表蒸散发产品与站点观测的气象要素相比，要素点的数目远大于观测时间序列，即 $n\gg m$，在计算空间模态和时间系数时采用时空转换方法(魏凤英，2007)。

8.2.2　偏相关分析

偏相关分析可以在对其他变量的影响进行有效控制的条件下，量化多个变量中某两个变量之间的线性相关程度。在分析 x_1 和 x_2 两个变量之间的偏相关系数时，当控制了变量 x_3 的线性作用后，x_1 和 x_2 之间的一阶偏相关系数定义为

$$r_{12(3)}=\frac{r_{12}-r_{13}r_{23}}{\sqrt{1-r_{13}^2}\sqrt{1-r_{23}^2}} \tag{8.6}$$

式中，r_{12}、r_{23}、r_{13} 为两个变量间的简单相关系数。

二阶偏相关系数可由一阶偏相关系数求得。

8.3　西南河流源区地表蒸散发的时空特征

8.3.1　不同地表蒸散发产品的对比分析

图 8.1 展示了 2013 年 MOD16、GLEAM、ETMonitor、ETChen、年降水量(Prec.)

和全天候地表蒸散发(AWET)产品的空间分布状况。从图 8.1 中可以看出，各遥感地表蒸散发产品在年尺度上的空间分布格局具有相同的趋势，与年降水量的空间分布比较一致，但 ETMonitor 和 ETChen 的年蒸发量明显低于其他 ET 产品(图 8.1 第 2 行)，特别是西北部比其他 ET 产品低 30%～50%。此外，几种遥感地表蒸散发产品的空间分布细节也存在差异。从对比图中看，AWET 空间分布的详细特征更为明显，在不同下垫面上可以看到更细微的地表蒸散发差异。例如，在西南河流源区中部可以看到山谷和山脉造成的地表蒸散发空间异质性特征。此外，AWET 产品可以更清楚地显示某些特定土地覆盖类型(如湖泊、冰川等)的地表蒸散发空间差异。当然，很难在区域范围内严格验证地表蒸散发估算结果，因此深入比较不同地表蒸散发产品之间的差异仍是一个巨大挑战。此外，AWET 与其他地表蒸散发产品之间也存在很大的偏差，从散点密度图上看，其分布概率通常较低，存在较大偏差的区域为深蓝色(图 8.1 第 3 行)，而要进一步解释这种巨大差异的原因也是非常困难的。比如，不同的 ET 监测模式可能是造成监测偏差的内在原因之一。在本章的后续分析中，采用 AWET 产品。

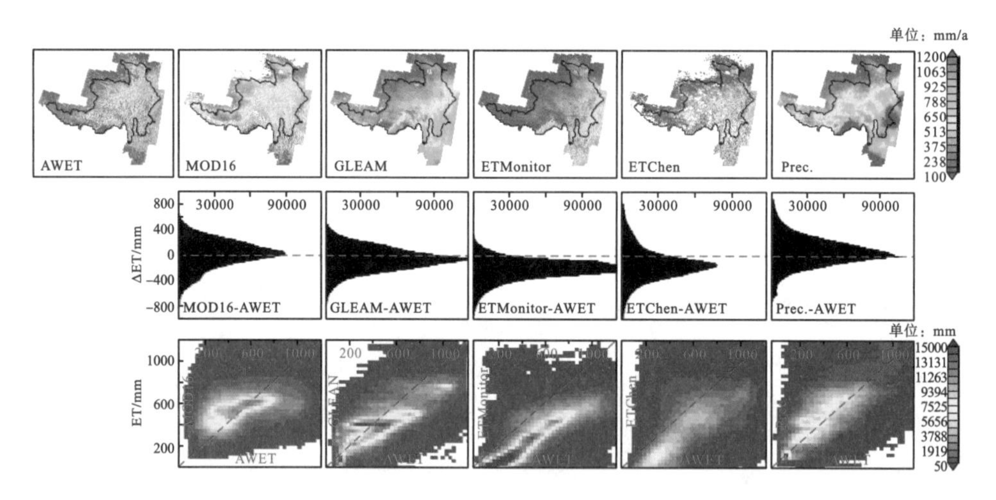

图 8.1　2013 年西南河流源区年尺度不同地表蒸散发产品的对比情况

注：第 1 行为 2013 年西南河流源区年尺度的 AWET、MOD16、GLEAM、ETMonitor、ETChen 地表蒸散发产品和年降水量(空间分辨率：10 km；单位：mm/a)的空间分布图；第 2 行为 AWET 与 MOD16、GLEAM、ETMonitor、ETChen 产品及年降水量之间的差值直方图；第 3 行为 AWET 与 MOD16、GLEAM、ETMonitor、ETChen 产品及年降水量的散点密度图(计数)

8.3.2　不同地表覆盖类型的地表蒸散发统计分析

为了定量比较不同地表覆盖类型的地表蒸散发，在西南河流源区对其进行逐年和多年平均统计，结果如图 8.2 所示。统计结果表明，在所有地表覆盖类型中，水体的年平均蒸散发(994.69 mm/a)最高；其次是常绿阔叶林，年平均蒸散发量为 933.32 mm/a，主要原因是阔叶林地区降水丰富，年平均气温在 273.15 K 以上。水稻田(南方农田因为一年多熟，有可能种植了水稻造成了统计量的偏高)和农田区域的年蒸散发量也较大，分别为 888.49 mm/a 和 737.56 mm/a。常绿针叶林区域年平均蒸散发(711.51 mm/a)与落叶针叶林(663.27 mm/a)相近，而落叶阔叶林(798.85 mm/a)高于落叶针叶林(663.27mm/a)。草地和稀疏植被覆盖地的年平均蒸散发量分别为 510.00 mm/a 和 319.50 mm/a。冰雪地的年平均蒸散发为 419.17 mm/a，其中升华部分约占 80%。裸地(沙漠)的年平均蒸散发是最低的(146.04 mm/a)，主要原因在于其年降水量相对较低。在上述统计的基础上，进一步计算不同地表覆盖类型的变异系数(C_V)(图 8.2)。变异系数最大的是建设用地(0.072)，其次是冰雪地(0.052)和各种林地等地表类型，变异系数最小的是水体(0.022)，由此可见，各地表类型的年蒸散发变化受人类活动或相对脆弱的生态环境的影响较大。总的来说，近年来西南河流源区地表蒸散发呈现出了轻微的增长趋势，但其原因需要进一步结合全球气候变化等来解释。

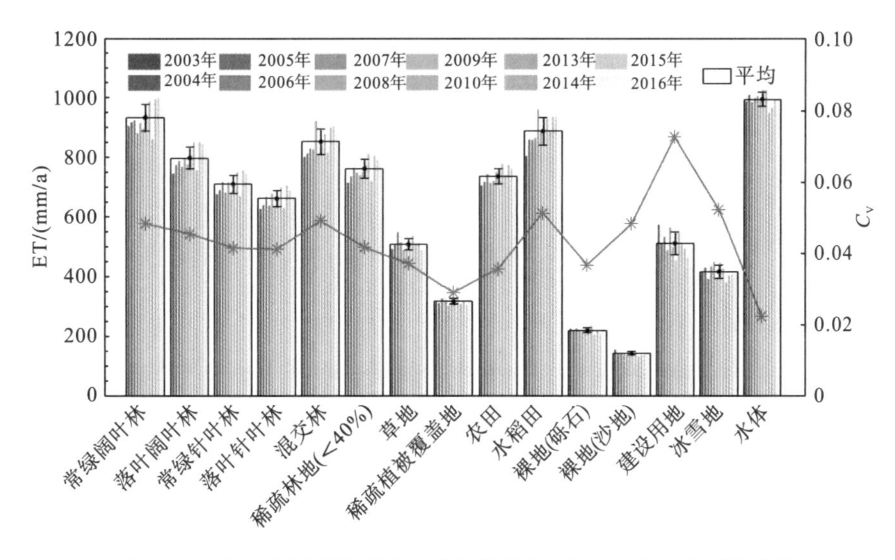

图 8.2　西南河流源区不同地表覆盖类型的逐年和多年平均蒸散发量

8.3.3　不同流域地表蒸散发的统计分析

西南河流源区不同流域的月平均地表蒸散发如图 8.3 所示。不同流域的地表蒸散发的月际变化一致并呈单峰型，雅鲁藏布江流域和藏南诸河的蒸散发在 8 月达到峰值，其余所有流域的地表蒸散发均在 7 月达到峰值。5～7 月按地表蒸散发由多到少的顺序排序为：黄河上游(最多达 96.7 mm/月)＞澜沧江流域(最多达 96.6 mm/月)＞长江上游(最多达 91.3 mm/月)＞怒江流域(最多达 85.1 mm/月)＞青海湖水系(最多达 82.5 mm/月)＞藏南诸河(最多达 76 mm/月)＞雅鲁藏布江流域(最多达 75.9 mm/月)。10 月至次年 4 月按地表蒸散发由多到少的顺序排序为：藏南诸河＞澜沧江流域＞怒江流域＞长江上游＞长江上游和黄河上游＞雅鲁藏布江流域＞青海湖水系。总的来说，在月尺度上地表蒸散发较多的流域是澜沧江流域和藏南诸河，地表蒸散发较少的是雅鲁藏布江流域和青海湖水系。

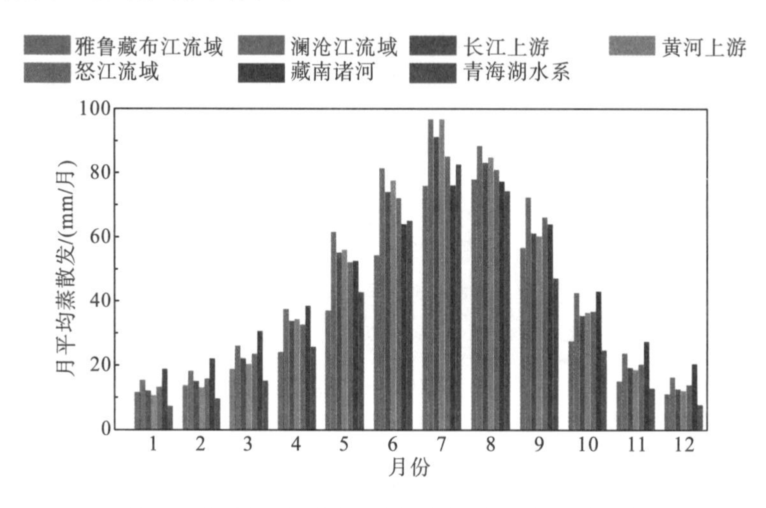

图 8.3 西南河流源区不同流域的月平均地表蒸散发

在 12 月至次年 2 月、4 月与 10 月、3 月与 11 月，同一流域的地表蒸散发相似，不同月份同一流域的地表蒸散发差异在 4 mm/月以内。1～7 月，随着各流域地表蒸散发的增加，不同流域地表蒸散发的差异逐渐明显，7 月地表蒸散发最多的黄河上游与地表蒸散发最少的雅鲁藏布江流域蒸散发量差异可达到 21 mm/月。7～12 月，随着各流域地表蒸散发的减少，不同流域间地表蒸散发的差异又逐渐减小，1 月地表蒸散发最多的藏南诸河与地表蒸散发最少的青海湖水系蒸散发量只差 11 mm/月。

西南河流源区不同流域的年蒸散发如图 8.4 所示。年蒸散发最多的是澜沧江流域，多年平均蒸散发达 604.81 mm/a，其次是藏南诸河、怒江流域、黄河上游和长江上游，多年平均蒸散发为 530～560 mm/a；雅鲁藏布江流域(多年平均蒸散发为 435 mm/a)和青海湖水系(多年平均蒸散发为 432 mm/a)的蒸散发较少。

对不同流域的年平均蒸散发进行线性拟合，除藏南诸河的蒸散发在 95%置信度上呈显著上升趋势外(图 8.5)，其他流域均无显著变化趋势。澜沧江流域、长江上游、黄河上游、怒江流域和青海湖水系的地表蒸散发在 2005 年最多；所有流域的蒸散发均在 2012 年最少；除藏南诸河外，所有流域的年蒸散发在 2000～2016 年稳定波动。藏南诸河的年蒸散发在 2012 年之后呈上升趋势，在 2015 年达到峰值，2016 年流域年蒸散发较 2015 年蒸散发减少，但仍多于其他年的蒸散发。为进一步探究流域蒸散发的变化趋势，对各流域 2000～2016 年共 204 个月的月蒸散发进行趋势分析，结果与年蒸散发一致，除藏南诸河呈显著上升趋势外，其他流域均无显著变化趋势，藏南诸河的上升趋势为 0.05 mm/月(图 8.5)。

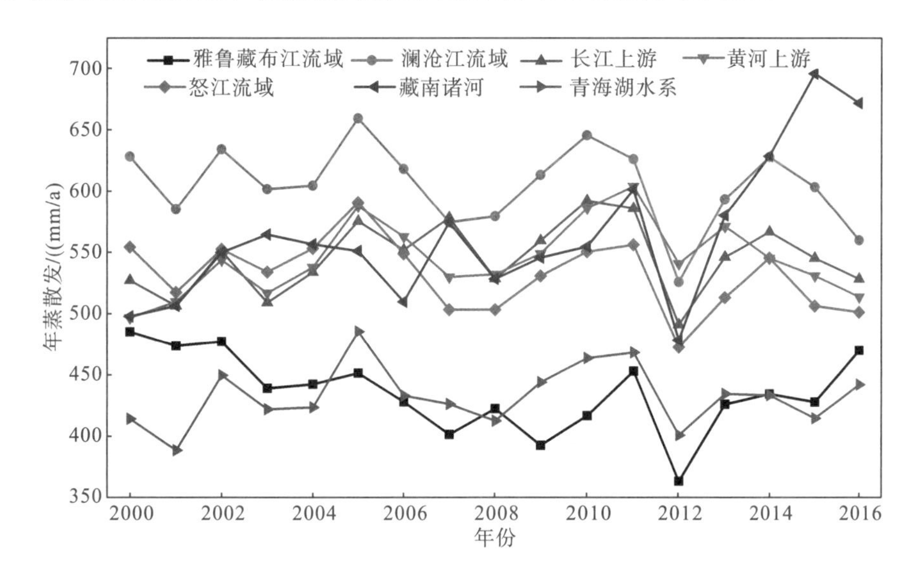

图 8.4　西南河流源区不同流域的年蒸散发

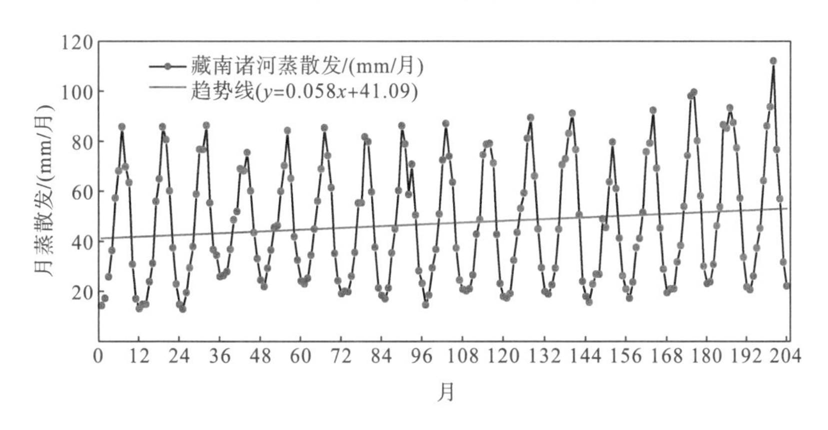

图 8.5　2000～2016 年藏南诸河月蒸散发变化趋势

8.3.4　地表蒸散发的空间分布特征

西南河流源区四季地表蒸散发空间分布如图 8.6 所示。从季节分布来看，西南河流源区夏季地表蒸散发最多，冬季最少，秋季比春季略多(特别是雅鲁藏布江流域及 30° N～35° N 和 90° E～95° E)。春季藏南诸河和青海湖水系是源区地表蒸散发最多的地区；夏季藏南诸河、青海湖水系、黄河上游和长江上游东部的地表蒸散发最多；冬季藏南诸河和长江上游东南部蒸散发量最多。西南河流源区地表蒸散发受海拔影响明显，这种差异在夏季最突出。

结合前文分析，可将西南河流源区地表蒸散发大致分为 4 个区间：①地表蒸散发高值区，集中在藏南诸河、澜沧江流域、雅鲁藏布江流域、雅砻江和大渡河的下游等海拔 2000 m 以下的低海拔区；②地表蒸散发次高值区，集中在西南河流源区东南部海拔 2000～3000 m 的地区；③地表蒸散发较低区，集中在西南河流源区东北部海拔 3000～4000 m 的地区，这里的地表蒸散发略低于东南部；④地表蒸散发最低区，集中在西南河流源区中部和北部，这里也是西南河流源区海拔最高的地区。

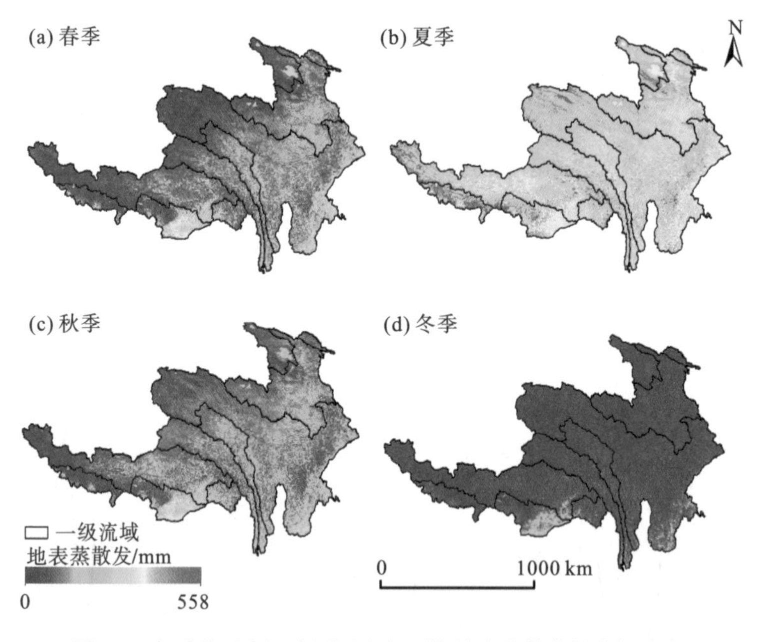

图 8.6 各季节西南河流源区多年平均地表蒸散发的空间分布

为进一步分析西南河流源区地表蒸散发在月尺度上的时空特征，对 AWET 产品进行梯度经验正交分解。虽然空间模态的值并不直接代表地表蒸散发的多少，但可以反映地表蒸散发的分布特征，空间模态与时间系数同号表示地表蒸散发较多，异号则表示地表蒸散发较少。分解得到前三个模态的方差贡献率和累计方差贡献率如表 8.2 所示。由表 8.2 可知，进行梯度经验正交分解的 AwET 产品前三个空间模态的累计方差贡献率达到了 81.20%，且都通过了 North 检验。第一模态的方差贡献率达到了 70.55%，可以很好地代表地表蒸散发的空间分布特征，因此，本书只分析第一模态。

表 8.2　进行梯度经验正交分解的 AWET 产品前三个空间模态的方差贡献率与累计方差贡献率

模态	方差贡献率/%	累计方差贡献率/%
第一模态	70.55	70.55
第二模态	7.75	78.30
第三模态	2.90	81.20

图 8.7 展示了进行梯度经验正交分解得到的第一模态及其绝对值和时间系数。第一模态是对地表蒸散发空间梯度的反映，是源区地表蒸散发的典型场，与源区多年平均地表蒸散发的空间分布一致。结合特征值的绝对值和第一模态的时间系数进行分析，时间系数均为正值，并不随时间推移发生正负变化，说明源区地表蒸散发空间分布格局总体上不会随着时间发生变化，是一种固定的空间特征。藏南诸河和长江上游东南部为强正值中心，向北逐渐减小，时间系数从同号变为异号，说明源区地表蒸散发由南向北逐渐较少，呈现南高北低的空间分布格局，源区北部青海湖和黄河上游两个较大的湖泊是北部蒸散发最多的地区。第一模态的绝对值以藏南诸河和长江上游南部为高值中心，青海湖其次，长江上游最北以及雅鲁藏布江上游是第三高值区，说明这几个区域地表蒸散发随时间变化较为显著，特别是在振幅较大的 5～6 月(其中 2006 年、2007 年和 2015 年较为典型)更明显。西南河流源区南部降水充沛，主要地表覆盖类型为林地，蒸腾作用较强，所以地表蒸散发更多，而源区北部湖泊的蒸散发多于周边以草地为主要覆盖类型的地区。

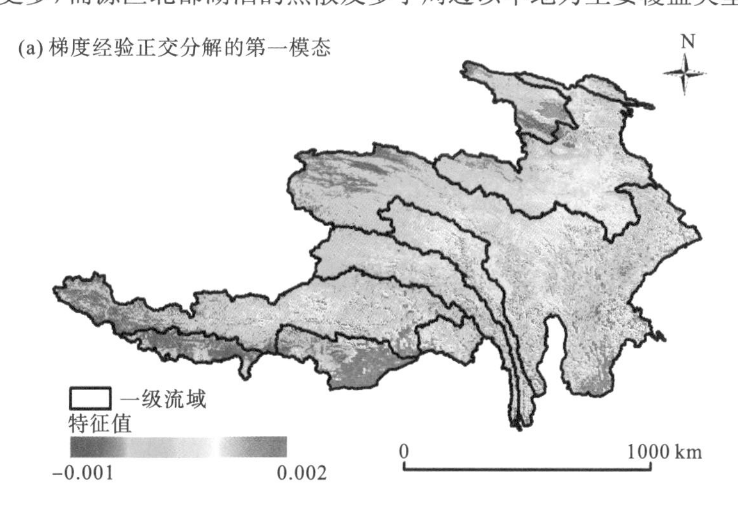

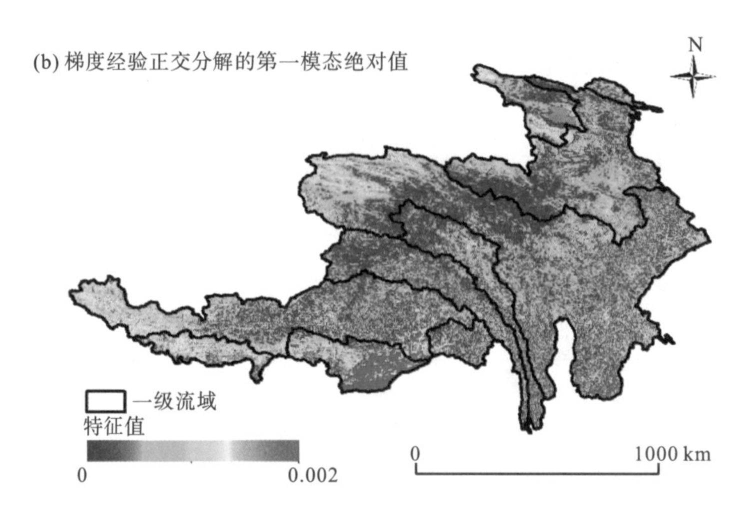

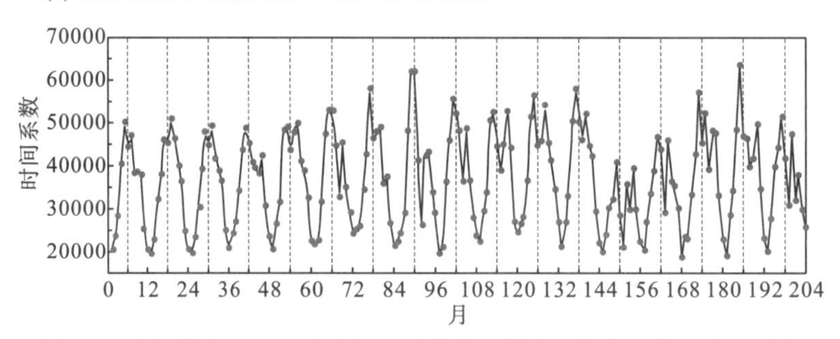

图 8.7　进行梯度经验正交分解得到的第一模态及其绝对值和时间系数

8.3.5　地表蒸散发的时间变化特征

对西南河流源区逐月地表蒸散发进行协方差经验正交分解。协方差经验正交分解可以表征要素随时间变化的特征，一种现象越强烈，协方差经验正交分解后其空间模态的振幅越高，模态对应的时间振幅表示特定现象的重要性(Iida and Saitoh，2007)。分解得到的前三个空间模态的方差贡献率和累计方差贡献率如表 8.3 所示。由表 8.3 可知，累计方差贡献率达到了 84.86%，说明协方差经验正交分解的收敛速度较快，并且前三个模态均通过了 North 检验。第一模态的方差贡献率为 78.55%，具有很好的代表性，此处分析方差贡献率最大的第一模态。

第一模态及其时间系数如图 8.8 所示。源区特征向量均为负值，表明源区地表蒸散发的变化全区一致。绝对值低值区出现在源区北部和西部部分地区，包括雅鲁藏布江流域和长江上游部分地区，说明这里的地表蒸散发随时间的变化程度较小。时间系数呈周期性变化，地表蒸散发具有明显的季节性特征。每年 6～10 月时间系数与空间模态同为负，源区太阳辐射强，土壤含水量多，植被密集，蒸腾作用强，这段时间源区地表蒸散发较多，绝对值高值地区(藏南诸河、青海湖、长江上游东部)的蒸散发变化明显；11 月至次年 5 月时间系数与空间模态异号，源区土壤含水量少，可利用能量低，这段时间源区地表蒸散发较少，地表蒸散发的变化不显著。

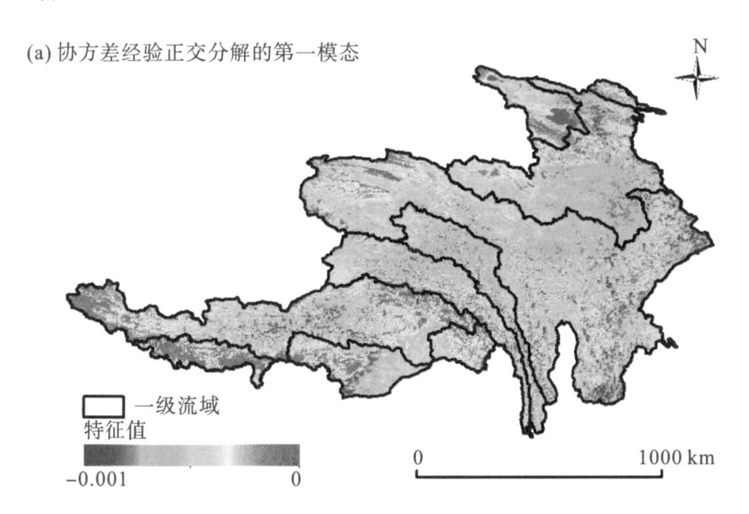

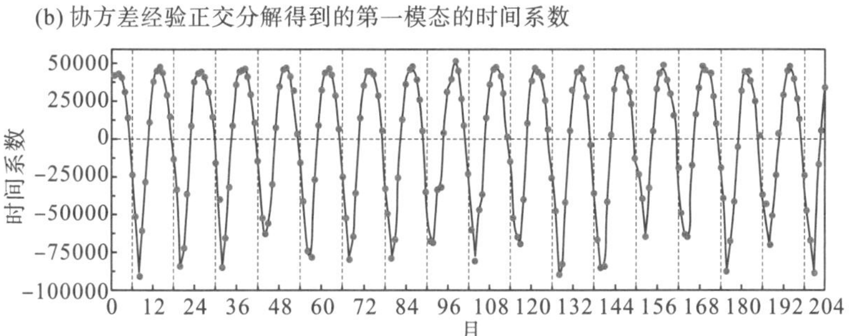

图 8.8　进行协方差经验正交分解得到的第一模态及时间系数

表 8.3　进行协方差经验正交分解的 AWET 产品前 3 个空间模态的方差贡献率与累计方差贡献率

模态	方差贡献率/%	累计方差贡献率/%
第一模态	78.55	78.55
第二模态	4.01	82.56
第三模态	2.30	84.86

8.3.6　地表蒸散发与气象因子的关系分析

区域内降水量、温度和湿度等气候条件在一定程度上会影响区域能量供给和水汽输送条件。温度差异驱动水分从液态转为气态，蒸散发面上的水汽压与周围空气水汽压之间的差值是驱动水汽从地表蒸散发的主要动力，对区域实际蒸散发与气象因子进行相关分析，对于了解区域蒸散发的分布特征和变化趋势有重要意义。为探究源区不同流域与气象因子的相关性，对西南河流源区内各流域不同季节的地表蒸散发与降水、气温和比湿三种气象因子进行偏相关分析。

由图 8.9 可知：①春秋两季除藏南诸河与降水的相关性不显著外，其余所有流域均与降水、气温和比湿有强相关关系，与比湿的相关性最强；②主要受气温和比湿的影响长江上游和怒江流域在夏季与降水负相关；③青海湖水系地表蒸散发在各个季节均与比湿强相关，与降水的相关性在夏季最弱；④澜沧江流域在冬季与降水没有相关性，在秋季主要受降水的影响；⑤藏南诸河在夏季与降水相关性最强，在冬季与比湿相关性较弱；⑥怒江流域的地表蒸散发与气温相关性较强，在夏秋两季与降水无显著相关关系。

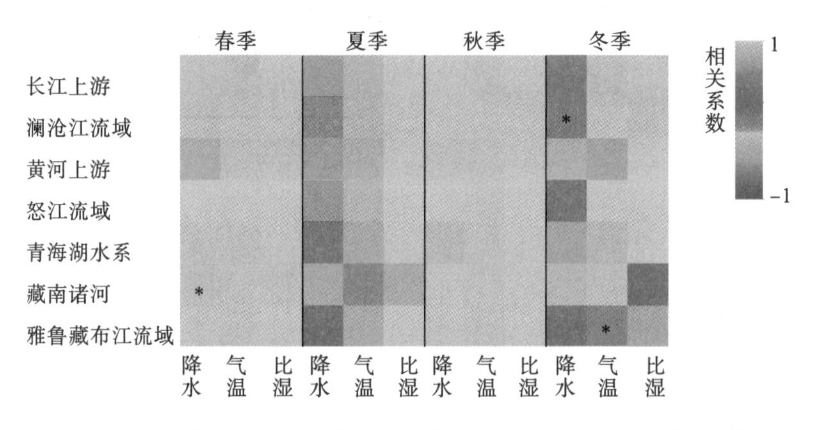

图 8.9 西南河流源区内各流域的月地表蒸散发与不同气象因子的相关系数热力图

注：除带有“*”的相关系数未通过显著性检验外，其余的偏相关系数均在 0.01 水平上显著

藏南诸河、澜沧江流域、长江上游、黄河上游和怒江流域降水充沛，陆面水供给充足，蒸散发主要受气温等大气能量因素的驱动。青海湖水系处于半干旱区，陆面比较干旱，所以主要受陆面能量的影响(本章以近地面空气比湿间接体现)，在各个季节均与比湿相关性最强。春秋两季是源区降水集中的季节，所以源区主要流域春秋地表蒸散发与降水均有较强的相关性。

8.4 小 结

西南河流源区以及青藏高原地区地表蒸散发的监测及其变化趋势一直为学术

界所关注，尽管基于遥感估算区域地表蒸散发的模型和方法有很多，但当前针对该区域地表蒸散发动态过程及其趋势变化的结论一直存在争议。本章在选取合适地表蒸散发产品的基础上，对西南河流源区地表蒸散发的时空变化展开分析，并对其变化原因和趋势结果作了初步探讨。首先基于 5 种地表蒸散发产品，将地表蒸散发与降水进行定性比较，发现本书提供的全天候地表蒸散发产品(AWET)所得结果空间分布更为合理。其次，按照不同地表覆盖类型和流域范围对地表蒸散发进行统计分析，并分析其与气象因子的相关性，初步揭示西南河流源区地表蒸散发的分布特征及降水、气温和比湿对不同流域地表蒸散发的影响。在此基础上，分别从空间和时间两个维度分析西南河流源区地表蒸散发的变化及其特征。从空间分布来看，西南河流源区地表蒸散发受海拔和气候影响，呈现东南高西北低的分布特征；从时间变化规律来看，西南河流源区多年的月、年蒸散发趋势结果表明，除藏南诸河呈显著上升趋势外(藏南诸河的上升趋势为 0.05 mm/月)，其他区域无显著变化趋势。源区地表蒸散发年内变化呈单峰型，每年 7 月达到峰值。同时，也证实全天候地表蒸散发(AWET)遥感估算模型方案在大区域(流域)蒸散发监测及其趋势分析中的可行性。然而，现在的研究结果还存在一些缺陷和不足，还需继续深入探索。

参考文献

高彦春，龙笛，2008. 遥感蒸散发模型研究进展[J]. 遥感学报，12(3)，515-528.

何杰，阳坤，2011. 中国区域高时空分辨率地面气象要素驱动数据集. 寒区旱区科学数据中心.

王丽娟，郭铌，王玮，等，2017. 基于 TESEBS 模型估算高原地区地表蒸散发[J]. 遥感技术与应用，32(3)，507-513.

魏凤英，2007. 现代气候统计诊断与预测技术[M]. 北京：气象出版社.

温馨，周纪，刘绍民，等，2021. 基于多源产品的西南河流源区地表蒸散发时空特征[J]. 水资源保护，37(3)：1-16.

易永红，杨大文，刘钰，等，2008. 区域蒸散发遥感模型研究的进展[J]. 水利学报，39(9)：1118-1124.

尹云鹤，吴绍洪，赵东升，等，2012. 1981—2010 年气候变化对青藏高原实际蒸散的影响[J]. 地理学报，67(11)：1471-1481.

Chen X, Su Z, Ma Y, et al, 2014. Development of a 10 year (2001-2010) 0.1° dataset of land-surface energy balance for mainland China[J]. Atmospheric Chemistry and Physics, 14(10): 14471-14518.

Cui Y, Jia L, Hu G, et al, 2014. Mapping of interception loss of vegetation in the Heihe River basin of China using remote sensing observations[J]. Remote Sensing Letters, 12(1): 23-27.

Gu S, Tang Y, Cui X, et al, 2008. Characterizing evapotranspiration over a meadow ecosystem on the Qinghai-Tibetan Plateau[J]. Journal of Geophysical Research: Atmospheres, 113(D8): D08118.

Hu G, Jia L, 2015. Monitoring of evapotranspiration in a semi-arid inland river basin by combining microwave and optical remote sensing observations[J]. Remote Sensing, 7(3): 3056-3087.

Iida T, Saitoh S I, 2007. Temporal and spatial variability of chlorophyll concentrations in the Bering Sea using empirical orthogonal function (EOF) analysis of remote sensing data[J]. Deep Sea Research Part II: Topical Studies in Oceanography, 54(23): 2657-2671.

Lagerloef G S E, Bernstein R L, 1988. Empirical orthogonal function analysis of advanced very high resolution radiometer surface temperature patterns in Santa Barbara Channel[J]. Journal of Geophysical Research Oceans, 93(C6): 6863-6873.

Li X, Wang L, Chen D, et al, 2014. Seasonal evapotranspiration changes (1983-2006) of four large basins on the Tibetan Plateau[J]. Journal of Geophysical Research: Atmospheres, 119(23): 13-79.

Liu S, Li X, Xu Z, et al, 2018. The Heihe integrated observatory network: A basin-scale land surface processes observatory in China[J]. Vadose Zone Journal, 17(1): 1-21.

Martens B, Gonzalez Miralles D, Lievens H, et al, 2017. GLEAM v3: Satellite-based land evaporation and root-zone soil moisture[J]. Geoscientific Model Development, 10(5): 1903-1925.

Michel D, Jiménez C, Miralles D G, et al, 2016. The WACMOS-ET project-Part 1: Tower-scale evaluation of four remote-sensing-based evapotranspiration algorithms[J]. Hydrology and Earth System Sciences, 20(2): 803-822.

Miralles D G, Holmes T R H, Jeu R A M D, et al, 2011. Global land-surface evaporation estimated from satellite-based observations[J]. Hydrology and Earth System Sciences, 15(2): 453-469.

Miralles D, Jimenez C, Jung M, et al, 2014. The WACMOS-ET project-Part 2: Evaluation of global terrestrial evaporation data sets[J]. Hydrology and Earth System Sciences, 20(2): 823-842.

Mu Q, Zhao M, Running S W, 2011. Improvements to a MODIS global terrestrial evapotranspiration algorithm[J]. Remote Sensing of Environment, 115(8): 1781-1800.

North G R, Bell T L, Cahalan R F, et al, 1982. Sampling errors in the estimation of empirical orthogonal functions[J]. Monthly Weather Review, 110(7): 699-706.

Paden C A, Abbott M R, Winant C D, 1991. Tidal and atmospheric forcing of the upper ocean in the Gulf of California: 1. Sea surface temperature variability[J]. Journal of Geophysical Research Oceans, 96(C10): 18337-18359.

Peng J, Loew A, Chen X, et al, 2016. Comparison of satellite-based evapotranspiration estimates over the Tibetan Plateau[J]. Hydrology and Earth System Sciences, 20(8): 3167-3182.

Rodell M, Houser P R, Jambor U, et al, 2004. The global land data assimilation system[J]. Bulletin of the American Meteorological Society, 85(3): 381-394.

Shuttleworth W J, Wallace J S, 1985. Evaporation from sparse crops-an energy combination theory[J]. Quarterly Journal of the Royal Meteorological Society, 111(469): 839-855.

Song L, Zhuang Q, Yin Y, et al, 2017. Spatio-temporal dynamics of evapotranspiration on the Tibetan Plateau from 2000 to 2010[J]. Environmental Research Letters, 12(1): 014011.

Su Z, 2002. The Surface Energy Balance System (SEBS) for estimation of turbulent heat fluxes[J]. Hydrology and Earth System Sciences, 6(1): 85-99.

Taylor K E, 2001. Summarizing multiple aspects of model performance in a single diagram[J]. Journal of Geophysical

Research: Atmospheres, 106(D7): 7183-7192.

Wang W, Li J, Yu Z, et al, 2018. Satellite retrieval of actual evapotranspiration in the Tibetan Plateau: Components partitioning, multidecadal trends and dominated factors identifying[J]. Journal of Hydrology, 559(2018): 471-485.

Xue B L, Wang L, Li X, et al, 2013. Evaluation of evapotranspiration estimates for two river basins on the Tibetan Plateau by a water balance method[J]. Journal of Hydrology, 492: 290-297.

Yang X, Yong B, Ren L, et al, 2017. Multi-scale validation of GLEAM evapotranspiration products over China via ChinaFLUX ET measurements[J]. Remote Sensing, 38(20): 5688-5709.

Zhang K, Kimball J S, Nemani R R, et al, 2010. A continuous satellite-derived global record of land surface evapotranspiration from 1983 to 2006[J]. Water Resources Research, 46(9): doi: 10. 1029/2009WR008800.

Zhu G, Su Y, Li X, et al, 2013. Estimating actual evapotranspiration from an alpine grassland on Qinghai-Tibetan plateau using a two-source model and parameter uncertainty analysis by Bayesian approach[J]. Journal of Hydrology, 476: 42-51.

Zou M, Zhong L, Ma Y, et al, 2018. Comparison of two satellite-based evapotranspiration models of the Nagqu River Basin of the Tibetan Plateau[J]. Journal of Geophysical Research: Atmospheres, 123(8): 3961-3975.

缩 略 词

标准差：standard deviation，STD

表面能量平衡系统：surface energy balance system，SEBS

长波辐射：longwave radiation，LWR

低频分量：low-frequency components，LFC

地表短波净辐射：shortwave net radiation，SNR

地表反照率：Albedo_MODIS，ABD

地表能量平衡算法：surface energy balance algorithm for land，SEBAL

地表温度：land surface temperature，LST

地表蒸散发：evapotranspiration，ET

地面气温：surface air temperature，T_a

第二代先进微波扫描辐射计:advanced microwave scanning radiometer 2，AMSR2

多功能传输卫星：multifunctional transport satellite，MTSAT

高频分量：high-frequency components，HFC

归一化植被指数：normalized difference vegetation index，NDVI

国家制图组织：national mapping organizations，NMOs

近地表气温：near surface air temperature，NSAT

均方根偏差：root mean square deviation，RMSD

均方根误差：root mean square error，RMSE

美国国家航空航天局：national aeronautics and space administration，NASA

美国国家环境预报中心和大气研究中心：National Centers for Environmental Prediction and National Center for Atmospheric Research，NCEP/NCAR

美国航天飞机雷达地形测绘任务：shuttle radar topography mission，SRTM

美国一级大气数据档案和分布系统的分布式动态档案中心：The Level-1 and Atmosphere Archive and Distribution System Distributed Active Archive Center，LAADS DAAC

欧洲中尺度天气预报中心：European Centre for Medium-Range Weather Forecasts，ECMWF

欧洲中尺度天气预报中心再分析数据集：ERA-interim，ERAI

平均误差：mean bias error，MBE

气温直减率：lapse rate，LR

全球陆表特征参量：global land surface satellite，GLASS

全球陆表同化数据系统数据：global land surface data assimilation system，GLDAS

全球陆地蒸发阿姆斯特丹模型：global land evaporation amsterdam model，GLEAM

全天候地表蒸散发：All-weather ET，AWET

热带测雨卫星：tropical rainfall measuring mission，TRMM

三角帽：three-cornered hat，TCH

世界大地测量系统-1984 坐标系：world geodetic system-1984 coordinate system，WGS-84

世界气象组织：World Meteorological Organization，WMO

数字高程模型：digital elevation model，DEM

通用横向墨卡托投影：universal transverse mercatol projection，UTM

下行长波辐射：downward longwave radiation，$R_L^{\downarrow}$

下行短波辐射：downward shortwave radiation，$R_S^{\downarrow}$

先进微波扫描辐射计：advanced microwave scanning radionmeter-earth observing system，AMSR-E

相关系数：correlation coefficient，R

决定系数：coefficient of determination，R^2

再分析与热红外遥感集成：reanalysis and thermal infrared remote sensing merging，RTM

政府间气候变化专门委员会：intergovernmental panel on climate change，IPCC

中国高时空分辨率地表太阳辐射数据集：the high-resolution surface solar radiation datasets over china，HRSSR

中国陆面数据同化系统：China land surface data assimilation system，CLDAS

中国气象局：China Meteorological Administration，CMA

中国区域地面气象要素数据集：China meteorological forcing dataset，CMFD